全国高等职业教育“十三五”规划教材

测绘基础

主　编　袁济祥　崔佳佳
副主编　许江涛
参　编　郭　琦　任宁宁

中国矿业大学出版社
·徐州·

内容提要

本教材是全国高等职业教育“十三五”规划教材之一。全书共分九个项目，项目一介绍了测绘基础知识；项目二至项目四介绍了测绘基本原理和常用仪器的构造、操作使用方法及检验校正方法等基本测绘技能；项目五介绍了测量误差基本知识；项目六介绍了控制测量的基本方法；项目七和项目八介绍了地形测绘的基本知识、地形图测绘方法及地形图的识读与应用方法；项目九介绍了测设的基本工作。

本书是高等职业院校工程测量技术专业的基础教材，也可作为测绘相关专业的职业大学、函授大学及自学者用书，同时还可作为中等职业院校相关专业师生的参考用书。

图书在版编目(CIP)数据

测绘基础/袁济祥，崔佳佳主编．—徐州：中国矿业大学出版社，2018.7(2022.9 重印)

ISBN 978-7-5646-3961-7

Ⅰ．①测…　Ⅱ．①袁…　②崔…　Ⅲ．①测绘学—高等职业教育—教材　Ⅳ．①P2

中国版本图书馆 CIP 数据核字(2018)第096337号

书　　名　测绘基础
主　　编　袁济祥　崔佳佳
责任编辑　张　岩
出版发行　中国矿业大学出版社有限责任公司
（江苏省徐州市解放南路　邮编 221008）
营销热线　(0516)83884103　83885105
出版服务　(0516)83995789　83884920
网　　址　http://www.cumtp.com　**E-mail**：cumtpvip@cumtp.com
印　　刷　广东虎彩云印刷有限公司
开　　本　787 mm×1092 mm　1/16　**印张** 15.75　**字数** 393 千字
版次印次　2018 年 7 月第 1 版　2022 年 9 月第 3 次印刷
定　　价　33.00 元

前　言

本教材以高等职业教育的人才培养目标为依据，根据工程测量技术类专业人才培养方案和课程建设目标与要求编写，是工程测量技术及相关专业的基础教材。

本书结合目前测绘行业的发展状况和常用测绘技术及方法，以项目-任务的方式编写。编写内容摒弃了部分陈旧过时的内容，增加了一些测绘新知识、新仪器和新技术的介绍，力求做到易学够用。全书充分考虑了初学者对测绘行业的认知程度，本着知识和理论够用的原则，重点突出了测绘基本技能的训练和实践能力的培养。内容编排尽量由易到难，并努力做到图文并茂、便于学习，有利于学习者对必要测绘知识的掌握和对基本测绘能力的提升。教材内容主要包含了涉及大地测量学中的地球基本形态，工程测量学中的基本测量原理、基本测量仪器、测量误差知识、控制测量、地形测量、施工测量，地图学中的绘图基本知识等。

本书由甘肃能源化工职业学院袁济祥、河南工业和信息化职业学院崔佳佳担任主编，河南工业和信息化职业学院许江涛担任副主编。前言、项目一、项目二和项目三由甘肃能源化工职业学院袁济祥编写；项目四由长治职业技术学院郭琦编写；项目五、项目六由河南工业和信息化职业学院崔佳佳编写；项目七、项目八由河南工业和信息化职业学院许江涛编写；项目九由甘肃能源化工职业学院任宁宁编写。全书由袁济祥统稿。

在本书的编写和出版过程中，编者虽然做了很大努力，但因水平有限，加之编写时间仓促，书中难免存在疏漏和不妥之处，恳请广大读者批评指正。另外，本书配有相关课件，读者朋友如有需要，请与出版社编辑(邮箱：962065858@qq.com)联系。

编　者
2017年11月

目　录

项目一　测绘基础知识

任务一　认 识 测 绘

【知识要点】 测绘及测绘对象；测绘的分支学科及基本任务；测绘的现代发展和作用。

【技能目标】 能正确理解测绘工作的对象、内容和基本任务。

任务导入

测绘与人类活动紧密相关，在国家的现代化建设和提高人民生活水平中起着十分重要的作用，是为社会经济发展和国防建设提供时空地理信息的一项基础性工作。

任务分析

理解测绘的概念，了解测绘的学科体系、发展状况和作用，明确测绘工作的内容和基本任务。

相关知识

一、测绘及其对象

1. 测绘

测绘是指对自然地理要素或者地表人工设施的形状、大小、空间位置及其属性等进行测定、采集、表述以及对获取的数据、信息、成果进行处理和提供的活动。通俗地说，测绘就是测量和描绘的总称。

2. 测绘对象

测绘以地球及其表面的点位以及外层空间中各种自然和人造实体为对象。对于一般的工程施工与建设，测绘对象是地球表面的局部区域。

二、测绘的分支学科

1. 大地测量学

大地测量学是研究地球的形状与大小，地球的整体运动、局部运动以及地球重力场的理论和技术的学科。其主要任务是：为地球科学的研究提供理论依据和资料；为研究地球环境变化、预报提供依据和信息；为经济建设提供控制数据；为科学研究和导航提供定轨和定位依据；为军事用途提供控制基础。

2. 摄影测量与遥感

摄影测量与遥感是研究利用摄影或遥感的手段获取目标物的影像数据，从中提取几何的或物理的信息，并用图形、图像和数字形式表达测绘成果的学科。

3. 工程测量学

工程测量学是研究城市建设、矿山工厂、地质矿产等各种工程建设和资源开发领域的勘测设计、建设施工、竣工验收、生产经营、变形监测等方面的测绘工作。其主要任务是配合工程进程，解决施工测绘问题。

4. 海洋测绘学

海洋测绘学是研究以海洋水体和海底为对象所进行的测量及海图编制理论和方法。内容包括：海道测量、海洋大地测量、海底地形测量、海洋专题测量以及海图制图等。

5. 地图制图学

地图制图学是研究模拟地图和数字地图的基础理论、地图设计、地图编制和复制的技术方法及其应用的学科。其基本任务是利用各种测量成果编制各类地图。

三、测绘工作的主要内容

测绘常被人们称为测量，是在地球的表面确定点位的工作。在一般的矿产资源开发和工程建设中，测绘工作的主要任务包括两个部分：测定和测设。

测定就是利用测绘仪器和工具，通过一定的方法获取测区内地形的一系列空间数据，经过计算和处理，绘成各种纸质地图或数字地图，供科学研究、规划设计、国防和工程建设使用。

测设就是将规划在图上的建筑物或构筑物，按照空间位置、形状等设计要求测设到实地上，作为施工的依据。测设也称为标定。测定和测设是两个相反的过程。

四、测绘的发展与应用

测绘是一门基于科学技术的发展和时代需要而发展的专业技术，它的形成和发展在很大程度上依赖于测量仪器工具的创造和测量方法的改进，特别是20世纪中期以后出现的激光技术、微电子技术、空间技术、信息技术和计算机技术等，极大地推动了测绘科技的飞跃和革新，创造了如激光红外测距仪、全站仪、电子水准仪、自动绘图仪、测量机器人、GPS等先进仪器和系统，产生了数字化测图技术、卫星导航定位技术（GNSS）、摄影测量与遥感技术（RS）和地理信息系统（GIS）等先进技术，使过去手工作业、劳动强度大、测量精度低、工作效率低、服务范围小的传统模拟测绘逐渐向数字测绘过渡，目前正在向信息采集、数据处理和成果应用的自动化、数字化、网络化、实时化和可视化的信息化测绘方向发展。随着“数字地球”“数字城市”概念的提出和“3S”集成技术的发展，地球将会以数字方式进入计算机网络系统，人们在研究、观察和测绘地球时，将更加方便。2017年11月5日，随着两颗“北斗三号”导航卫星的成功发射，标志着我国北斗导航系统全球组网的开始，在不久的将来，它将使我国的测绘导航水平迈上一个新的、更高的台阶。

随着社会现代化水平的提高，测绘的应用范围愈来愈广。它为航空航天、空间技术、地壳形变、地震预报等科学研究工作提供了重要的测绘资料；为经济发展规划、土地资源调查和利用、海洋开发、农林牧渔业的发展、生态保护、疆界的划定、突发事件监测、自然灾害应急等方面提供了重要的基础数据资料；在国防建设和现代战争中，可持续、实时地提供战场环境，为作战指挥和武器定位与制导提供保障。

思考与练习

1. 什么是测绘？测绘的对象是什么？
2. 测绘有哪些分支学科？
3. 测绘工作的主要内容是什么？
4. 什么叫测定？什么叫测设？
5. 测绘在生活中有哪些应用？

任务二　学会表示地面点的位置

【知识要点】 大地水准面；地理坐标；高斯平面直角坐标系；高程；高差；相对高程。
【技能目标】 能用坐标和高程表示地面点的位置。

任务导入

为了确定地球表面点的位置，首先要对地球的形体进行认识，在其表面建立测量坐标系统，这样才能在坐标系中表示地面点的位置。

任务分析

认识地球的形体，理解其相关的概念，建立测量基准和坐标系，用地理坐标、高斯平面直角坐标、独立平面直角坐标及高程来表示地面点的位置。

相关知识

一、认识地球的形体

地球的表面可分为陆地和海洋两大部分，其中海洋面积约占 71%，陆地面积约占 29%。陆地上有高山、丘陵、平原、盆地、湖泊、河流，陆地最高处——珠穆朗玛峰海拔 8 844.43 m；海洋中有海沟、海岭和洋盆等，海洋最深处——马里亚纳海沟 11 095 m。总体来看，地球表面是一个高低起伏的不规则面，但这种高低起伏与地球平均半径(6 371 km)相比还是微不足道的。因此，我们将地球看成是一个被静止、封闭的海水面所包围的球体。

二、与确定点位有关的概念

1. 重力的作用线

重力的作用线称为铅垂线，简称垂线，是测量工作的基准线。在生活中，我们常见到的自由悬挂物体的静止的垂线就是铅垂线。

假想静止的海水面所形成的曲面称为水准面。水准面是一个理想化的静止曲面，其性质有：① 过水准面上任意一点作铅垂线在该点与水准面垂直；② 受海水潮汐影响，水准面的高度随时都在变化。与水准面相切的平面称为水平面。由于海水面有高有低，因此水准面有无穷多个，将其中与平均海水面重合并向陆地延伸所形成的封闭曲面称为大地水准面，它是测量工作的基准面。

2. 大地体

大地水准面所包围的曲面体称为大地体。大地测量学的研究表明,大地体是一个上下略扁的椭球体,如图 1-1 所示。

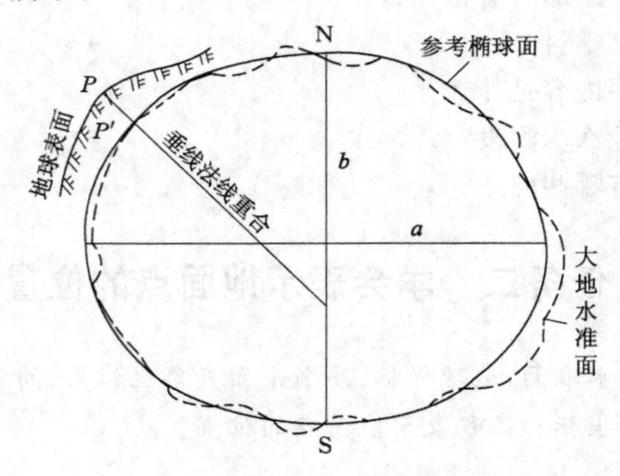

图 1-1 大地体、参考椭球体和地球的自然表面

3. 参考椭球体

大地体的表面是不规则的曲面,在其上进行精确的测量计算和数据处理是非常困难的。为此,选择一个由椭圆绕其短轴 NS 旋转而成的既非常接近大地体,又可用数学方程式表示的规则几何曲面体——旋转椭球体来代表大地体。旋转椭球体也称为参考椭球体,其表面称为参考椭球面,它是一个规则曲面,是测量计算和投影制图的基准面。大地体、参考椭球面和地球的自然表面之间的关系如图 1-1 所示。

参考椭球体有长半径 a、短半径 b 和扁率 α 三个元素,用数学公式可表示为:

$$\frac{x^2}{a^2}+\frac{y^2}{a^2}+\frac{z^2}{b^2}=1$$

扁率 α 可表示为:

$$\alpha=\frac{a-b}{a}。$$

通常采用 a 和 α 两个元素,即可确定椭球的形状和大小。

参考椭球体必须与大地体有较好的吻合,这种吻合又决定于世界各国实际采用的参考椭球体几何参数。我国采用过的参考椭球元素数值为:

① 1954 年北京坐标系

1954 年北京坐标系曾经采用苏联克拉索夫斯基参数,即:

$$a=6\ 378\ 245\ \text{m}\quad \alpha=1/298.3\quad 推算值\ b=6\ 356\ 863.019\ \text{m}$$

② 1980 年国家大地坐标系

1980 年以后,我国采用国际大地测量协会 IAG-75 参数,即:$a=6\ 378\ 140$ m,$\alpha=1/298.257$,推算值 $b=6\ 356\ 755.288$ m,并选择陕西省泾阳县永乐镇某点作为大地原点,由此建立的坐标系称为“1980 年国家大地坐标系”。

③ 2000 国家大地坐标系

为适应卫星大地测量、全球性导航和地球动态研究等现代空间技术研究与应用的需要,2008 年 7 月 1 日起,我国全面启用最新的“2000 国家大地坐标系”。“2000 国家大地坐标系”是全球地心坐标系，被世界各国所认可，也称为世界大地坐标系。它采用的地球椭球参数如下：

a＝6 378 137m　α＝1/298.257 222 101　推算值 b＝6 356 752.314 m

在工程上，当测量区域(简称测区)不大且精度要求不高时，可将地球看作是半径为6 371 km的圆球体；当测区很小时，又可将球面看成水平面，即水准面。

任务实施

坐标是表示地面点在所处坐标系统的位置参数。测量坐标系有多种，因用途不同，选择的坐标系统也不同。在工程建设中，常用的坐标系统有 4 种，即：大地地理坐标系、高斯平面直角坐标系、独立平面直角坐标系和高程系统。

一、大地地理坐标系

大地地理坐标系简称大地坐标，它是以旋转椭球面和法线作为基准的球面坐标系，常用大地经度和大地纬度表示，简称经度 L、纬度 B。

如图 1-2 所示，O 为参考椭球的球心，NS 为椭球旋转轴，通过该轴的平面称为子午面，子午面与椭球面的交线称为经线，其中通过英国伦敦格林尼治天文台 G 的子午面和子午线分别称为起始子午面(首子午面)和起始子午线(首子午线)。过球心 O 垂直于地轴 NS 的面称为赤道面，赤道面与参考椭球面的交线 W—g—n—E 称为赤道，过椭球面上任一点 P 且与该点切平面 Q 垂直的直线称为 P 点的法线。地面点在参考椭球面上的投影，即是过该点的法线与参考椭球面的交点。

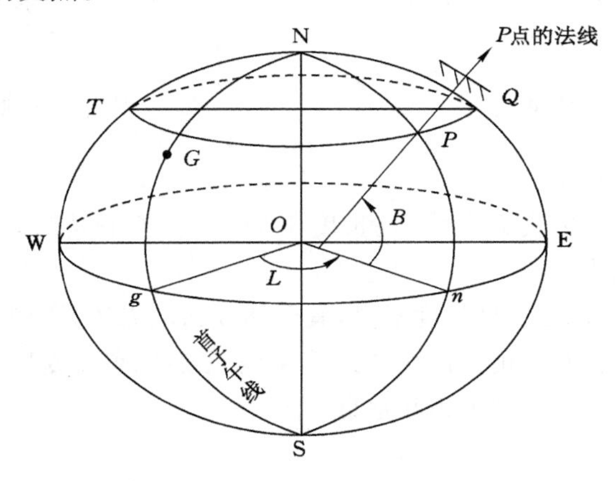

图 1-2　大地地理坐标系

过 P 点的大地子午面和首子午面所夹的二面角 L，称为该点的大地经度，简称经度，经度由首子午面起算，向东为东经，向西为西经，角值在 0°～180°之间；同一子午线上各点的大地经度相同。

过 P 点的法线与赤道面的夹角 B，称为大地纬度，简称纬度。纬度由赤道起算，向北为北纬，向南为南纬，角值在 0°～90°之间。同一纬线上各点纬度相同。我国位于东半球和北半球，所以地理坐标是东经和北纬。例如：某点的地理坐标为东经 116°21′55″、北纬 39°54′32″。

地面点的大地坐标确定后，若再确定了地面点沿法线到椭球面的距离（即大地高 H），地面点的空间位置就可以表示为(L,B,H)。

二、高斯平面直角坐标系

从整体看，地球表面是曲面，但在工程设计和施工中，经常因为测区范围较小而需要在平面上进行测量计算，这样就需要用平面上点的位置来表示曲面上点的位置。高斯投影法就能满足这样的要求。

1. 高斯投影

为了建立平面坐标系与曲面坐标系的联系，使平面坐标与曲面坐标能相互换算，我们设想在地球旋转椭球体的外面横套上一个由平面卷成的椭圆柱，使其轴线与赤道面重合并通过球心，如图 1-3 所示。这时，椭圆柱面一定与椭球某一子午线相切，该子午线称为中央子午线或轴子午线。用数学方法，在保持等角的条件下，将中央子午线及其附近的元素投影到椭圆柱上，然后将圆柱面通过 N 或 S 的母线切开，展为平面，就得到平面上的投影图形，这种投影称为高斯投影，如图 1-4 所示。

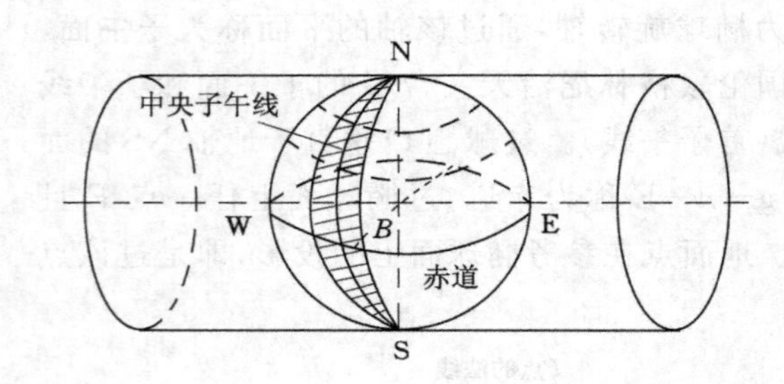

图 1-3　高斯投影

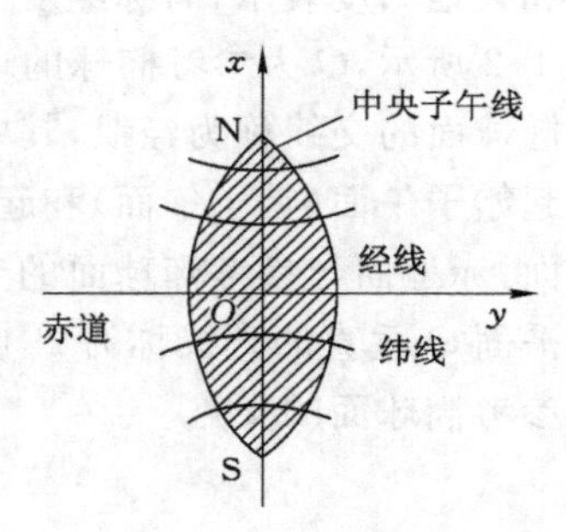

图 1-4　高斯投影图形

高斯投影平面的特点是：

(1) 投影后的中央子午线为直线，且长度不变，其余子午线凹向中央子午线并以其对称，且离其越远，变形越大。

(2) 投影后的赤道为直线，且长度不变，其余纬线凸向赤道并以其对称。

(3) 经纬线投影后仍保持相互正交的关系，即投影后无角度变形。

(4) 中央子午线和赤道的投影相互垂直。

2. 高斯投影带

为将经线、纬线的长度变形限制在允许范围以内，常采用分带投影的方法，控制投影带的宽度。一般按经差 6°、3°或 1.5°进行投影，称为 6°带、3°带和 1.5°带，如图 1-5 所示。从首子午线起，每隔经度 6°划分的带称为 6°带。6°带自西向东将整个地球分为 60 个带，带号从首子午线开始，用 1～60 表示。各带中央子午线的大地经度 L_0 与投影带的带号 N 的关系式为：

$$L_0 = 6^\circ \times N - 3^\circ \tag{1-1}$$

3°带的划分从 1°30′经线开始，自西向东每隔经差 3°划分为一带，全球共分为 120 个带，带号 n 与中央子午线大地经度的关系式为：

$$L_0 = 3^\circ \times n \tag{1-2}$$

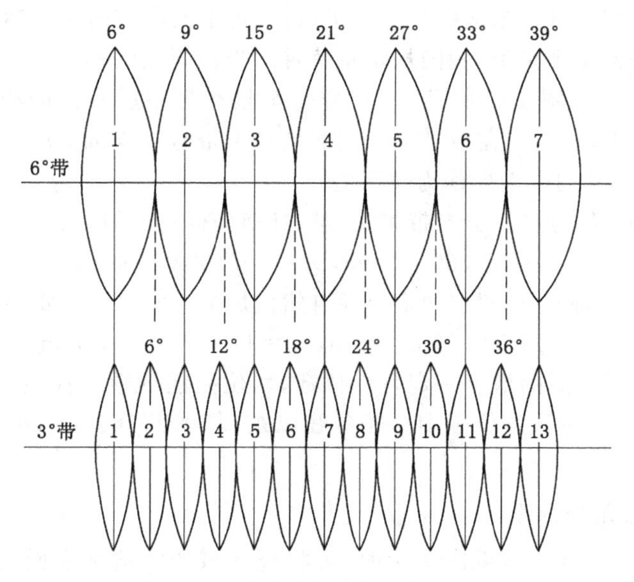

图 1-5 6°带投影与 3°带投影的关系

6°带投影与 3°带投影的关系如图 1-6 所示。我国版图的大地经度在 74°～135°之间，由西向东投影带的带号为：6°带在 13～23 之间，3°带在 25～45 之间。

3．高斯平面直角坐标系

如图 1-6(a)所示，依据高斯投影的特点，在每一投影带内，以中央子午线为 x 轴，向北为正，以赤道为 y 轴，向东为正，中央子午线与赤道的交点为坐标原点 O，组成的平面直角坐标系称为高斯平面直角坐标系。地面上任一点（如 C、P 点）在该坐标系中的坐标（x_C，y_C）、（x_P，y_P）称为高斯平面直角坐标，其中 x_C、x_P 表示点 C、P 到赤道的距离，y_C、y_P 表示点到中央子午线的距离。

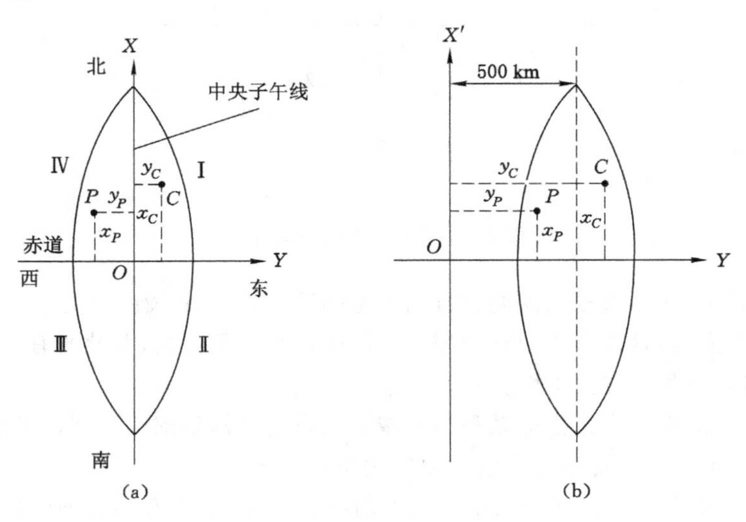

图 1-6 高斯平面直角坐标系

我国位于地球的北半球，纵坐标全部为正值，但每个投影带内横坐标则有正有负。为了计算方便，避免 y 坐标出现负值，我国规定将每带的坐标原点西移 500 km，也就是给每点的 y 坐标值加上 500 km，如图 1-6(b)所示，这样每个投影带中所有点的横坐标就均为正值。另外，为了区别投影带，还规定在横坐标 y 值之前加上带号。未加 500 km 的横坐标称为自然值，加 500 km 和带号的横坐标称为通用值。

设图 1-6(a)中 C、P 两点位于 6°带第 19 带，其横坐标自然值为：

$$y_C = 37\ 680.361\ \text{m}, y_P = -74\ 240.453\ \text{m}$$

如图 1-6(b)所示，将 C、P 两点的横坐标自然值加上 500 km 并加上带号后，通用值为：

$$y_C = 19\ 537\ 680.361\ \text{m}, y_P = 19\ 425\ 759.547\ \text{m}$$

坐标通用值中，带号后的数字一定是六位数，六位数前的数字代表带号。另外，当带号后的值大于 500 km，说明该点位于中央子午线以东，若小于 500 km，则点位于中央子午线以西。

三、独立平面直角坐标系

在对半径小于 10 km 的区域内测量时，可将该区域的大地水准面看成水平面，采用直角坐标来表示地面点的投影位置。如图 1-7 所示，在水平面上选定一点 O 作为坐标原点，以表示南北方向的 x 轴为纵轴，向北为正，向南为负；以表示东西方向的 y 轴为横轴，向东为正，向西为负。将地面点 A 垂直投影到该水平面上，A 点在平面直角坐标系中的坐标(x_A，y_A)就表示了该点在水平面上的投影位置。

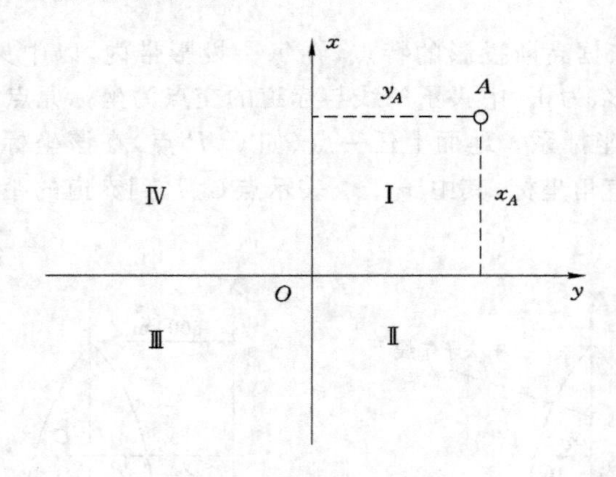

图 1-7　独立平面直角坐标系

在实际应用中，有时可根据需要自行确定坐标原点 O 和 x 轴的方向。一般是将坐标原点设在测区的西南角，这样可以使整个测区全部落在第一象限内，并使所有各点的横坐标为正值，这样的坐标系称为独立平面直角坐标系。

应该注意，高斯平面直角坐标系和小区域平面直角坐标系都属于测量平面直角坐标系，它与数学中的平面直角坐标系相比的主要区别是：

① 坐标轴的取名不同。即测量坐标系中的纵轴为 x 轴，横轴为 y 轴，数学坐标系中纵轴为 y 轴，横轴为 x 轴。

② 坐标系象限排序不同。测量坐标系中的象限按顺时针方向编号，数学中的象限按逆

时针方向编号。

需要说明的是：虽然测量直角坐标系与数学直角坐标系有区别，但这些区别不影响数学中三角计算公式在测绘中的应用。

四、高程系统

地面点的空间位置除了用投影位置表示之外，还需要确定地面点到全国统一的高程基准面的垂直距离。用统一的高程基准面作为起算面确定所有地面点的高程，称为高程系统。以大地水准面为起算面，用精密方法联测确定的地面高程起算基准点称为水准原点。目前我国采用的高程系统为“1985 国家高程基准”，这个高程系统推算的青岛验潮站水准原点的高程为 72.260 m，作为我国高程测量的依据。

地面点沿铅垂线方向量到大地水准面的距离称为该点的绝对高程或海拔，简称高程，用 H 表示。图 1-8 中，A、B 两点的高程表示为 H_A、H_B。

大地水准面是高程起算的基准面，该面上各点的高程为零。在局部偏远地区，无法引入绝对高程时，也可以假定一个水准面作为高程起算面。地面点到假定水准面的铅垂距离称为假定高程或相对高程，用 H' 表示。图 1-8 中，A、B 两点的相对高程表示为 H'_A、H'_B。

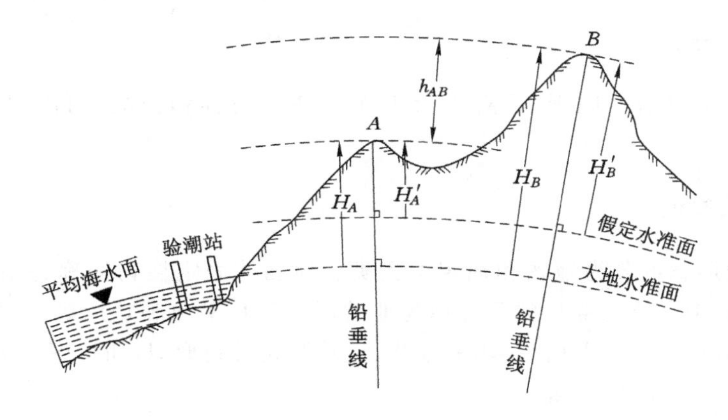

图 1-8　大地水准面与高程

地面上两个点之间的高程之差称为高差，用 h 来表示。图 1-8 中，A、B 两点高差为：

$$h_{AB} = H_B - H_A = H'_B - H'_A \tag{1-3}$$

高差是有方向的，上式为由 A 至 B 的方向。当由 B 至 A 的方向时，高差为：

$$h_{BA} = H_A - H_B = H'_A - H'_B \tag{1-4}$$

h_{AB} 与 h_{BA} 的绝对值相等，符号相反。即：

$$h_{AB} = - h_{BA} \tag{1-5}$$

思考与练习

1. 你认识的地球是什么形状的？
2. 什么是大地水准面，它在测绘中起什么作用？
3. 什么是参考椭球面，它与大地水准面有何关系？
4. 高斯投影有何特点？高斯平面直角坐标系是怎样建立的？
5. 在大地坐标系、高斯平面直角坐标系、独立平面直角坐标系中，地面点的位置用什么表示？

6. 地面上两点 A、B 在第35带内，与赤道的距离分别为 3 914 452.365 m、4 139 711.843 m，与所在投影带中央子午线的距离为 −187 853.548 m、145 683.368 m，试写出 A、B 两点的自然坐标和通用坐标。

7. 什么是高程、相对高程、高差？

任务三　理解测量工作的基本原则和内容

【知识要点】 测量工作的原则；测量工作的基本内容。

【技能目标】 能正确理解测量工作的原则，了解测量工作的基本技能。

任务导入

测量工作是一项复杂的活动。为了保证测量成果的质量，测量工作要按程序分步骤进行。

任务分析

理解测量工作的基本原则，了解测量工作的基本内容和技能，对测量工作有一定的认识。

相关知识

地球表面的形态可分为地物和地貌两大类。地面的固定性物体称为地物，如河流、湖泊、道路、房屋等；地面高低起伏的形态称为地貌，如高山、平原和陡崖等。地物和地貌总称为地形。地形图测绘是将测区范围内的地物、地貌测绘成地形图，如将图 1-9 所示的测区地形绘制成图 1-10 所示的地形图。

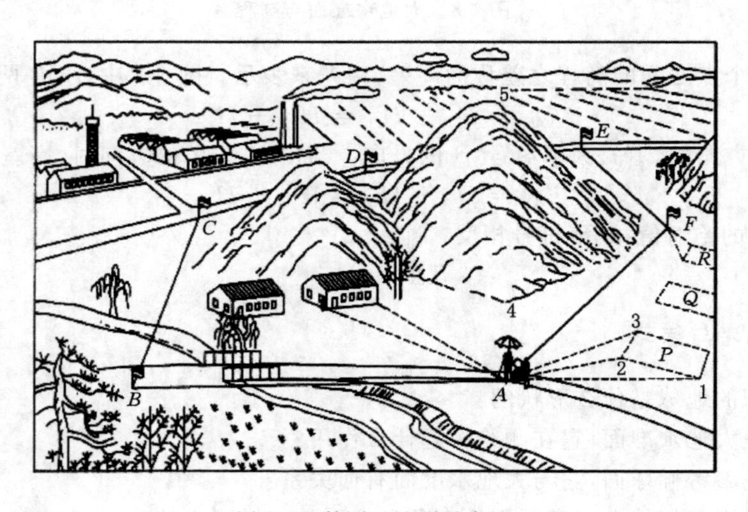

图 1-9　某测区地形示意图

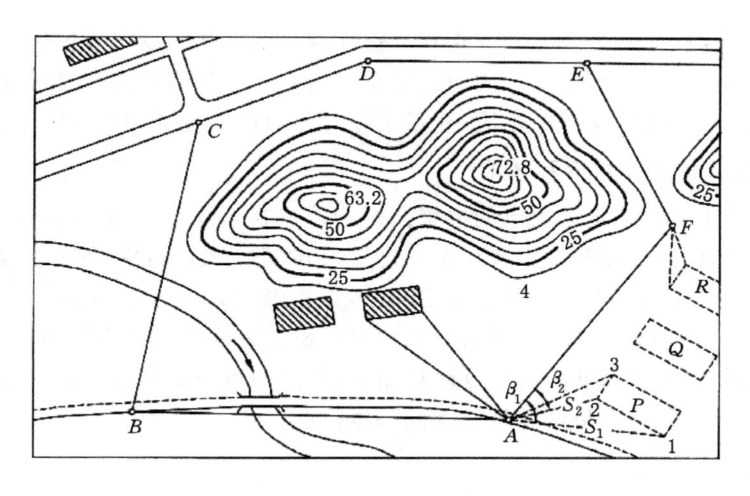

图 1-10　某测区地形图

任务实施

一、测量工作的原则

测量工作的原则主要有以下两点：

(1) 由高级到低级，从整体到局部，先控制后碎部

为了将图 1-9 所示测区的地形按要求准确测绘成图 1-10 所示的地形图，首先要在全测区范围内均匀选定若干个具有控制意义的点，如图 1-10 中的 A、B、C 等点，用较精密的方法确定其位置。然后在这些点上测量附近地物、地貌的形态变化特征点的相对位置，如 1、2、3 和 4、5 等点，就可以绘成地形图了。

以上测绘过程中，将选定的具有控制意义的点称为控制点，由控制点组成的网称为控制网。如图 1-10 中所示的 A、B、C、E、D、F 等点就是控制点，这些点组成的控制网为闭合多边形。对控制点位置的测量，称为控制测量。地物、地貌上的形态变化特征的点称为特征点，也称为碎部点。对碎部点位置的测量称为碎部测量。

由高级到低级是指随着控制网的加密，其测量精度应由高到低；从整体到局部，是指在布局上先考虑整体，再考虑局部；先控制后碎部是指在工作步骤上先进行控制测量，后进行碎部测量。

遵循以上原则，就能保证测区内使用统一的平面坐标系统和高程系统；实现分幅作业、加快测图速度；提高碎部测量的机动性和灵活性；方便各相邻图幅的拼接和使用；减小误差积累，保证测量成果的精度。

(2) 每一步工作有检核

测量工作是按照程序进行的，若工作过程的任何一个环节出现一丝错误，将会给后续的一系列工作造成严重的影响。每一步工作有检核是指为了保证每一项测量成果的正确性，保证最终的测量成果符合测量技术规范要求，避免出现错误和返工浪费，测量人员必须对每一环节的成果进行认真检核，确认无误后才能进行下一步工作。测量人员既要有严谨细致的工作态度，又要有团结协作的团队精神，才能保证每一组数据的正确性。

测绘工作分为内业和外业。外业是指在室外利用仪器和工具在现场进行踏勘、观测、记录、采集数据和测定、测设等工作。内业是指在室内对外业观测数据和资料进行整理、处理、计算和绘图等工作。按测量程序不同,测量工作可分为控制测量和碎部测量。

二、测量工作的基本内容和技能

测量工作的实质是确定地面点的位置。无论是控制测量、碎部测量还是施工放样,其目的都是确定控制点、碎部点和施工放样点的位置,但这些点的位置一般不是直接测定的,而是通过测量已知点与未知点的坐标或高程关系,然后经过计算才能得到。图 1-9 所示的 1、2、3 等点的位置,是通过测定 A 点到这些点的水平角 β、水平距离 l 和高差 h,再经过计算得到的。所以说,测量工作的基本内容是测量角度、测量距离和测量高差,为此而进行的观测、记录、计算和绘图是测量人员应熟练掌握的基本技能。

思考与练习

1. 测量工作应遵循哪些原则？各是什么含义？
2. 测量的基本工作内容是什么？
3. 测量人员应具备哪些基本技能？

任务四 了解用水平面代替水准面的限度

【知识要点】 用水平面代替水准面时对水平距离、高程和角度的影响。

【技能目标】 能正确理解小区域内用水平面代替水准面的限度范围。

任务导入

为了简化测量计算和绘图工作,减少许多不必要的问题,当测区范围不大时,常用过测区中心点 C 的大地水准面的切平面即水平面来代替大地水准面,如图 1-11 所示。但由于大地水准面是曲面,若用水平面代替曲面,测量结果是否会受到地球曲率的影响呢？

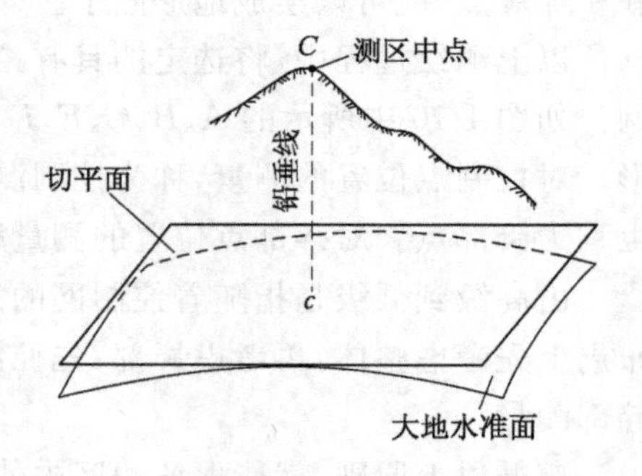

图 1-11 水平面代替大地水准面

任务分析

用水平面代替水准面对测量结果的影响应从对水平距离、高差和水平角三个要素的测量造成的影响进行分析。

相关知识

水平面是否能够代替水准面,是以水平面的变形程度不影响使用精度为限度的。在一定区域内,当水平面的变形程度不超过使用精度时,即对水平距离、高差和水平角的变形误差不超过地形测图、工程测量等的精度要求时,才能用水平面代替水准面。

任务实施

一、水平面代替大地水准面对水平距离的影响

如图 1-12 所示，设地球球心为 O，半径为 R，A 点为测区中心，$C'AB'$为过 A 点的水准面，CAB 为过 A 点所作水准面的切平面，B、C 为测区内的点，B'、C'两点为 B、C 水准面的投影位置，θ 为弧长 D 对应的圆心角。

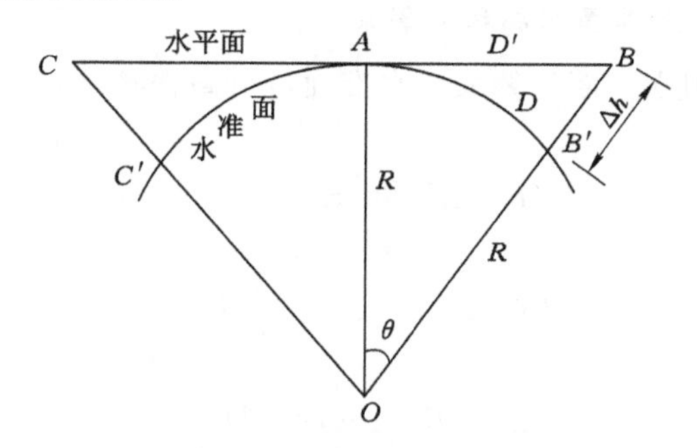

图 1-12　水平面代替大地水准面对水平距离的影响

从图中可以看出，AB 的水平距离 D'为：

$$D'=R\times\tan\theta$$

水准面上 AB'的弧长 D 为：

$$D=R\times\theta$$

设其距离误差 ΔD 为：

$$\Delta D=D'-D=R(\tan\theta-\theta)$$

将 $\tan\theta$ 用级数展开，并取级数前两项得：

$$\tan\theta=\theta+\frac{1}{3}\theta^3$$

则有：

$$\Delta D=R\left(\theta+\frac{1}{3}\theta^3\right)-R\theta=\frac{1}{3}R\theta^3$$

当 θ 很小时有：

$$\theta=\frac{D}{R}$$

所以

$$\Delta D=\frac{D^3}{3R^2} \tag{1-6}$$

取地球的半径 R 为 6 371 km，并将不同的 D 值代入上式，则计算结果见表 1-1。

从表 1-1 中可以看出，当地面距离为 10 km 时，用水平面代替水准面所产生的距离误差仅为 8.2 mm，其相对误差为 1/122 万。现代最精密的距离测量容许误差为其长度的 1/100 万，从而得出结论：在半径小于 10 km 的区域进行距离测量时，可以忽略地球曲率对水平距离的影响，用水平面代替大地水准面。在地形测量中，因精度要求低，测量范围的半径小于 25 km 时，可以不考虑地球曲率的影响。

表 1-1　　水平面代替大地水准面对水平距离的影响

距离 D/km	1	10	25	50
距离误差 ΔD/mm	0.008	8.2	128.3	1 026.5
距离相对误差$\frac{\Delta D}{D}$	1/1 250 万	1/122 万	1/19.5 万	1/4.9 万

二、水平面代替大地水准面对高程的影响

如图 1-12 所示，若用水平面代替大地水准面进行高程测量，会产生由 B'点到 B 点的高程误差 Δh，则有：

$$(R+\Delta h)^2=R^2+(D')^2$$

则

$$2R\times\Delta h+(\Delta h)^2=(D')^2$$

有

$$\Delta h(2R+\Delta h)=(D')^2$$

则

$$\Delta h=\frac{(D')^2}{2R+\Delta h} \tag{1-7}$$

由于地球曲率对水平距离的影响很小，所以弧长 D 代替水平距离 D'。上式中的 Δh 与 R 相比很小，可以忽略不计，则上式可写成：

$$\Delta h=\frac{D^2}{2R} \tag{1-8}$$

将 R=6 371 km 和不同 D 值代入上式，计算可得 Δh 的大小，见表 1-2。

表 1-2　　切平面代替大地水准面对高程的影响

距离 D/m	100	200	300	400	500	1 000	2 000
高程误差 Δh/mm	0.8	3.1	7.1	13.0	19.6	78.5	313.9

由表可知，用水平面代替大地水准面造成的高程误差随距离的增大而增大，当距离为 200 m 时就已有 3.1 mm 的高程误差，这是不能允许的。所以，在高程测量中，不能用水平面代替大地水准面。即便是距离很近，也不能忽视地球曲率对高程的影响。

三、水平面代替大地水准面对水平角的影响

如图 1-13 所示，设 M 平面为过测区中心点大地水准面的切平面。球面三角形 $A'B'C'$ 是平面三角形 ABC 在大地水准面上的投影。平面三角形的内角和为 180°，球面三角形的内角和为 180°+ε''，ε''称为球面角超，即用水平面代替水准面时，三角形内角的误差之和。

设 ε''为：

$$\varepsilon''=\frac{P}{R^2}\rho'' \tag{1-9}$$

式中　P——球面三角形的面积，km²

　　ρ''——1 弧度的秒数。

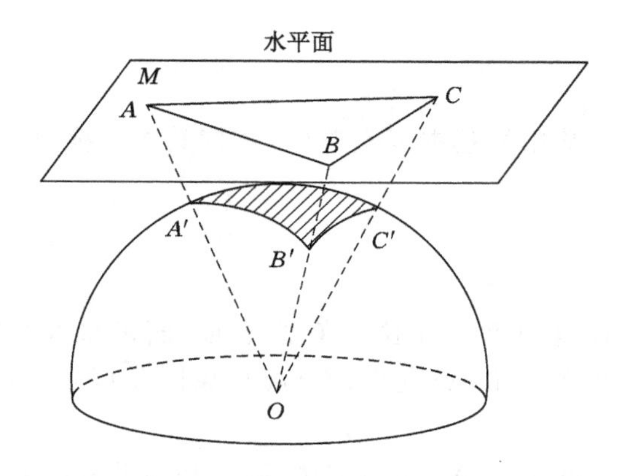

图 1-13　水平面代替大地水准面对水平角的影响

则每个角的误差 $\Delta\alpha$ 为：

$$\Delta\alpha = \frac{P}{3R^2}\rho'' \tag{1-10}$$

将不同的 P 值代入上式，得表 1-3。

表 1-3　水平面代替大地水准面对水平角的影响

三角形面积 P/km^2	10	100	200	1 000	10 000
角度误差 $\Delta\alpha/('')$	0.02	0.17	0.34	1.69	16.91

从表中可知，当测区面积在 200 km^2 以内时，角度误差不超过 0.34″。因此，由水平面代替大地水准面造成的水平角误差影响很小，在几百平方千米的小面积内测量可以不考虑角度误差的影响。

思考与练习

1. 用切平面代替大地水准面对水平距离、高程和水平角有什么影响？
2. 在高程测量中，能不能用水平面代替大地水准面作为高程起算面？为什么？
3. 在多大范围内进行测量时，可以不考虑地球曲率对水平距离的影响？

任务五　了解测绘中常用的度量单位

【知识要点】　角度单位；长度单位；面积单位；体积单位。

【技能目标】　能进行测绘基本度量单位的换算。

任务导入

在测绘中，经常会进行坐标、角度、方位角、高差、高程、距离等的测定、测设和计算工作，因此会用到相关的度量单位。

任务分析

只有了解测绘工作中常用的基本度量单位，掌握其相互换算关系，才能计算出正确的结果。

相关知识

在测绘工作中，常用的基本度量单位有角度、长度、面积和体积四种。

(1) 角度单位常用在水平角、竖直角、方位角、象限角以及各种相关角度的测量和计算中。

(2) 长度单位常用于距离、坐标、坐标增量、高程和高差等的测量和计算中。测量中常用的基本长度单位有千米(km)、米(m)、分米(dm)、厘米(cm)和毫米(mm)。

(3) 面积单位常用于面积的测量和计算中。测量上常用的面积单位有平方千米(km^2)、平方米(m^2)。

(4) 体积单位常用于体积的测量和计算中。

任务实施

一、角度单位

测量中常用的角度度量单位有三种：60 进制的度分秒制、弧度制和新度制。其中 60 进制的度分秒制和弧度制是我国法定平面角计量单位。

1. 度分秒制

$$1\ \text{圆周}=360^\circ(\text{度}),\quad 1^\circ=60'(\text{分}),\quad 1'=60''(\text{秒})$$

60 进制在计算器上常用“DEG”符号表示。

2. 弧度制

将圆周上等于半径的弧长所对应的圆心角角值称为 1 弧度。若用 R 表示圆的半径，L 表示弧长，θ 表示弧长对应的圆心角，则有：

$$\theta=\frac{L}{R} \tag{1-11}$$

因圆周的周长为 $2\pi R$，所以圆周角为 2π 弧度。即有：

$$1\ \text{圆周}=2\pi\ \text{rad}(\text{弧度})$$

弧度制在计算器上常用“RAD”表示。

60 进制的度分秒制与弧度制可互算。1 弧度对应的“度”“分”“秒”值可用符号“ρ°”“ρ'”“ρ''”表示。则有：

$$\rho^\circ=\frac{180^\circ}{\pi}=57.295\,8^\circ\approx57.3^\circ$$

$$\rho'=\frac{180^\circ}{\pi}\times60'=3\,437.75'\approx3\,438'$$

$$\rho''=\frac{180^\circ}{\pi}\times60'\times60''=206\,264.8''\approx206\,265''$$

3. 新度制

将圆周分为 400 等份，每一等份所对应的圆心角为 1 度。度、分、秒常用 g、c 和 cc 表

示。则有：

1 圆周=400 g(百分度)， 1 g=100 c(百分分)， 1 c=100 cc(百分秒)。

新度制也称为 100 进制，在计算器上常用符号“GRAD”表示。

二、长度单位

长度单位的换算关系为：

1 千米(km)=1 000 米(m)

1 米(m)=10 分米(dm)=100 厘米(cm)=1 000 毫米(mm)

三、面积单位

面积单位的换算关系为：

1 平方千米(km^2)=1 000 000 平方米(m^2)

1 平方米(m^2)=100 平方分米(dm^2)=10 000 平方厘米(cm^2)=1 000 000 平方毫米(mm^2)

1 公顷(hm^2)=10 000 平方米(m^2)

1 平方千米(km^2)=100 公顷(hm^2)=1 500 亩

四、体积单位

测量上常用的体积单位是立方米(m^3)。工程上常简称为“立方”或“方”。

思考与练习

1. 测量中常用的基本计量单位有哪些？各用在什么地方？
2. 32°26′30″等于多少度？多少分？多少秒？
3. 什么是 1 弧度？ρ''表示什么？
4. 15.348 千米等于多少米？0.652 米等于多少毫米？

项目二 水准测量

任务一 理解水准测量的原理

【知识要点】 水准测量原理。

【技能目标】 能正确理解水准测量原理；能计算两点间的高差和未知点高程。

任务导入

确定地面点高程的工作称为高程测量，是测绘工作的基本任务之一。按使用的仪器和施测方法及精度要求不同，将高程测量分为水准测量、三角高程测量、GPS高程测量和气压高程测量等。水准测量是高程测量的基本方法，理解水准测量原理是学会水准测量的基础。

任务分析

理解水准测量的原理，就能了解水准测量使用仪器的作用，了解标尺上的读数与计算高差和高程的关系，从而进一步理解连续测量。

相关知识

水准测量是利用水准仪提供的水平视线，在地面两点竖立的水准尺上分别读数，计算两点间的高差，再根据一个点的已知高程，计算出另一个点的高程。

任务实施

一、水准测量的基本原理

如图2-1所示，已知A点的高程为H_A，为了测量待定点B的高程H_B，在A、B之间安置水准仪。水准仪给出水平视线在A点水准尺上的读数为a，在B点水准尺上的读数为b。根据几何关系可知，A、B之间的高差h_{AB}可以用式(2-1)计算。

$$h_{AB} = a - b \tag{2-1}$$

在由A点测到B点的前进方向上，A点在仪器的后方，称为后视点，其上竖立的水准尺称为后视尺，读数a称为后视读数；B点在仪器的前方，称为前视点，其上竖立的水准尺称为前视尺，读数b称为前视读数。于是，式(2-1)用文字表述为：

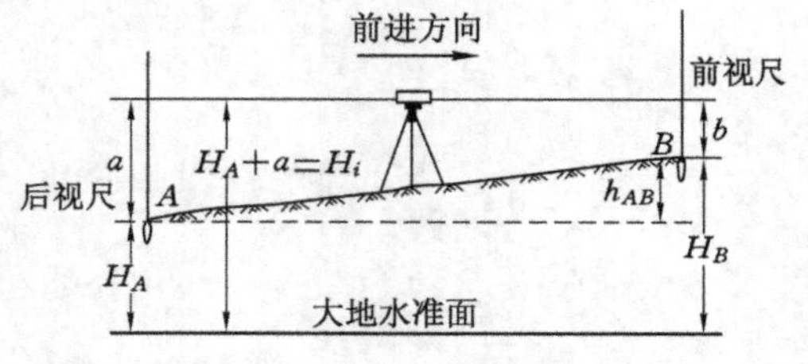

图2-1 水准测量原理

$$h_{AB}=后视读数-前视读数$$

应该注意：高差h_{AB}是有正负的，当前视点 B 高于后视点 A 时，读数 b 小于读数 a，高差为正；当前视点 B 低于后视点 A 时，读数 b 大于读数 a，高差为负。在观测和计算高差时，要注意计算结果与前、后视点的相对位置的一致性。

B 点的高程H_B 可以用下式计算：

$$H_B = H_A + h_{AB} \tag{2-2}$$

二、计算举例

例 2-1　已知 A 点高程为H_A＝1 358.526 m，A 点的后视读数 a 为 2.316 m，B 点的前视读数b 为 1.636 m，试确定 B 点的高程 H_B。

解　① 计算 AB 两点的高差 h_{AB}

$$h_{AB}=a-b=2.316-1.636=+0.680\ \text{m}$$

② 计算 B 点的高程H_B

$$H_B=H_A+h_{AB}=1\,358.526+(+0.680)=1\,359.206\ \text{m}$$

若将式(2-1)代入式(2-2)可得：

$$H_B = H_A + (a-b) = (H_A + a) - b = H_i - b \tag{2-3}$$

式(2-3)中，$H_i=H_A+a$，称为仪器的视线高程。在工程测量中，常出现已知一个后视点的高程，需要同时测定多个前视点高程的情况，这时应用公式(2-3)就很方便。

例 2-2　已知 A 点高程为 H_A＝1 628.583 m，A 点的后视读数 a 为 1.426 m，B 点的前视读数b 为 2.172 m，C 点的前视读数c 为 1.354 m，D 点的前视读数d 为 0.972 m。试确定 B、C、D 三点的高程H_B、H_C、H_D。

解　① 计算水平视线的高程H_i

$$H_i=H_A+a=1\,628.583+1.426=1\,630.009\ \text{m}$$

② 计算 B、C、D 三点的高程H_B、H_C、H_D

$$H_B=H_i-b=1\,630.009-2.172=1\,627.837\ \text{m}$$

$$H_C=H_i-c=1\,630.009-1.354=1\,628.655\ \text{m}$$

$$H_D=H_i-d=1\,630.009-0.972=1\,629.037\ \text{m}$$

三、连续水准测量

相邻两水准点间的路线称为测段。当 A、B 两水准点相距较远、高差较大或不能通视时，需要在 A、B 两点间设置若干个临时点 1、2、…，将整测段分为 n 段，多次设站，连续测定每一段高差，最后计算 A、B 两点的高差 h_{AB}，这种测量方法称为连续水准测量，如图 2-2 所示，此图中 n＝5。

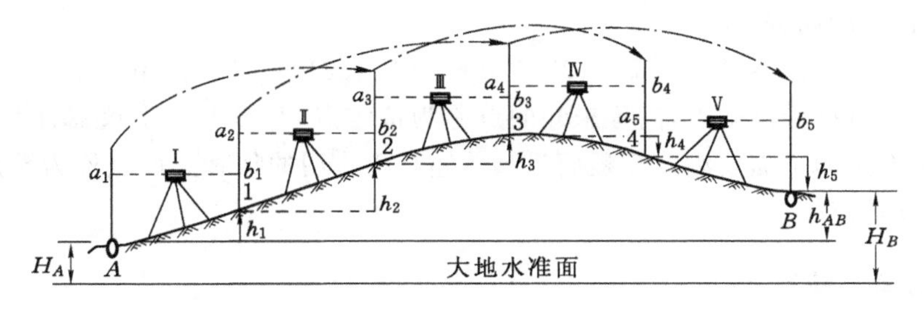

图 2-2　连续水准测量

由图(2-2)可以看出：

$$h_1=a_1-b_1$$
$$h_2=a_2-b_2$$
$$\vdots$$
$$h_n=a_n-b_n$$

各段高差之和即可得 A、B 两点的高差 h_{AB}：

$$h_{AB}=h_1+h_2+\cdots+h_n=\sum h_i \tag{2-4}$$

或

$$\begin{aligned} h_{AB} &= (a_1-b_1)+(a_2-b_2)+\cdots+(a_n-b_n) \\ &= (a_1+a_2+\cdots+a_n)-(b_1+b_2+\cdots+b_n) \\ &= \sum a_i-\sum b_i \end{aligned} \tag{2-5}$$

由式(2-4)和式(2-5)可知，A、B 两点间的高差应等于各段高差之和，同时也应等于各段后视读数之和减去前视读数之和。以此来检核高差计算的正确性。

$$H_B=H_A+h_{AB}=H_A+\sum h_i \tag{2-6}$$

例 2-3 已知 A 点的高程 $H_A=127.570$ m，欲测 B 点的高程。由于 A、B 两点距离较远，需要设转点 1、2，分三段进行连续测量。现测得第一站 $A1$ 段的后视读数 a_1 为 0.437 m，前视读数 b_1 为 1.631 m，第二站 1 至 2 段的后视读数 a_2 为 0.806 m，前视读数 b_2 为 2.624 m，第三站 2 至 B 段的后视读数 a_3 为 2.183 m，前视读数 b_3 为 1.327 m。试计算 AB 的高差 h_{AB} 及 B 点高程。

解 ① 计算各分段的高差 h_i

第一站：　$h_{A1}=a_1-b_1=0.437-1.631=-1.194$ m

第二站：　$h_{12}=a_2-b_2=0.806-2.624=-1.818$ m

第三站：　$h_{2B}=a_3-b_3=2.183-1.327=+0.856$ m

② 计算 AB 的高差 h_{AB}

$$h_{AB}=\sum h=h_{A1}+h_{12}+h_{2B}=(-1.194)+(-1.818)+0.856=-2.156\text{ m}$$

或

$$\begin{aligned} h_{AB} &= \sum a-\sum b=(a_1+a_2+a_3)-(b_1+b_2+b_3) \\ &= (0.437+0.806+2.183)-(1.631+2.624+1.327) \\ &= -2.156\text{ m} \end{aligned}$$

③ 计算 B 点的高程 H_B

$$H_B=H_A+h_{AB}=127.570+(-2.156)=125.414\text{ m}$$

已知高程的点称为已知点，高程未知的点称为待定点，每设置一次仪器称为一个测站。在测量过程中选定的不需要测定高程而只起传递高程作用的临时立尺点称为转点，如图2-2中的 1、2、…、n 等点。

思考与练习

1. 简要说明水准测量的原理。

2. 在水准测量中，水准仪起什么作用？

3. 已知后视点 A 点的高程 H_A =1 457.382 m，后视读数 a =1.215 m，前视读数 b = 1.861 m，试计算 A、B 两点的高差 h_{AB} 和前视点 B 的高程 H_B，并绘出示意图。

4. 设由 A 点到 B 点共测了两站：第一站，后视读数为 1.974 m，前视读数为 0.158 m；第二站，后视读数为 0.863 m，前视读数为 1.862 m。试计算 A、B 两点间的高差 h_{AB} 及 B 点的高程 H_B，并绘图表示。

任务二 认识水准测量的仪器和工具

【知识要点】 水准仪的种类、结构及各部分功用；水准尺的种类和注记；尺垫的作用。

【技能目标】 能正确使用水准仪上的各个螺旋；能认识水准尺的注记。

任务导入

水准测量使用的仪器称为水准仪，与其配合的工具有水准尺和尺垫。水准仪的作用是提供清晰的水平视线。要熟练地使用水准仪，必须先认识水准仪的组成部分和其上的各种螺旋的作用。

任务分析

了解 DS_3 型水准仪的组成部分、各部分结构和作用；了解水准仪上各种螺旋的作用。

相关知识

水准仪按结构可分为微倾式水准仪、自动安平式水准仪、激光水准仪和电子水准仪；按精度可分为普通水准仪和精密水准仪。常用水准仪的型号有 DS_{05}、DS_1、DS_3 等。符号中：D 表示大地测量，S 表示水准仪，数字 05(指 0.5)、1 等表示仪器的精度指标，即每千米往返测量高差中数的偶然中误差分别为 0.5、1 mm。数字越小，表示精度越高。DS_{05}、DS_1 型水准仪属于精密水准仪，用于精密水准测量和特种工程测量中；DS_3、DS_{10} 型属于普通水准仪，广泛用于地形测量及一般工程测量中。本任务主要介绍 DS_3 型微倾式水准仪。

任务实施

一、DS_3 型微倾式水准仪

DS_3 型微倾式水准仪主要由望远镜、水准器和基座三部分组成，如图 2-3 所示。

（一）望远镜

1. 望远镜的结构

望远镜的结构如图 2-4 所示，它主要由物镜、目镜、对光透镜和十字丝四部分组成。望远镜的作用是瞄准水准尺并读数。

2. 望远镜成像原理

如图 2-5 所示，远处物体 AB 发出的光线经过由物镜 2 和对光透镜 4 组成的透镜组折射后，在镜筒内的十字丝平面上形成一个缩小的倒立的实像 a_1b_1。通过调节对光螺旋，使对

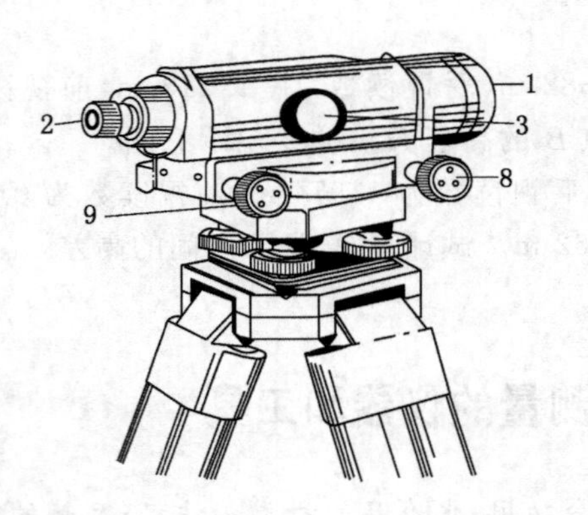

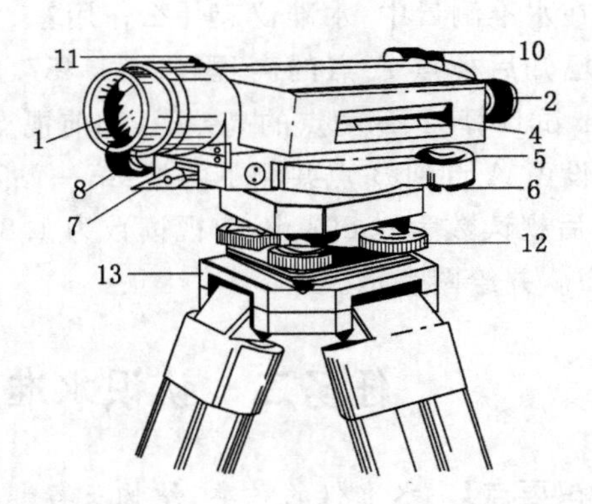

图 2-3　水准仪的结构

1——物镜；2——目镜；3——对光螺旋；4——管水准器；5——圆水准器；
6——圆水准器校正螺丝；7——制动扳手；8——微动螺旋；9——微倾螺旋；
10——缺口；11——准星；12——脚螺旋；13——三脚架

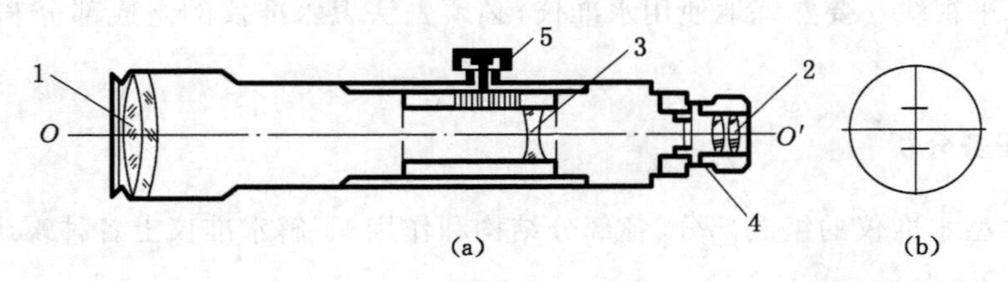

图 2-4　望远镜的结构

1——物镜；2——目镜；3——对光透镜；4——十字丝；5——对光螺旋

光透镜在镜筒内的位置发生移动，最终使远近不同物体的像成在十字丝平面 5 上。目镜 3 起放大作用，即从镜筒中看，将物像 a_1b_1 放大成倒立的虚像 a_2b_2。

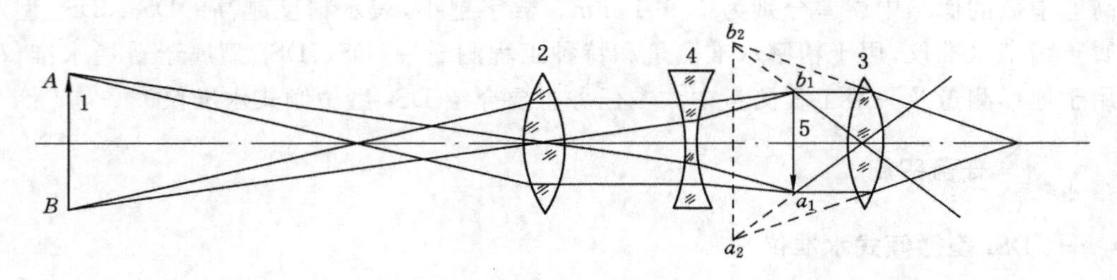

图 2-5　望远镜的成像原理

1——物体；2——物镜；3——目镜；4——对光透镜；5——十字丝平面

十字丝是用来照准尺子和读数的装置，其结构如图 2-4(b)所示。它是刻在玻璃板上的两条相互垂直的细丝，其中竖向的称为竖丝，横向中间长的一条称为中丝，合起来称为十字丝。竖丝用来瞄准水平方向的目标，中丝用来瞄准竖直方向的目标。上、下两条短丝分别称为上丝和下丝，是用来测量距离的，又称为视距丝。调节目镜螺旋可以使十字丝清晰。竖丝和中丝的交点称为十字丝交点，十字丝交点和物镜光心的连线称为视准轴，即图 2-4 所示的

OO'线，瞄准时视准轴方向就是视线的方向。

3. 制动扳手、微动螺旋

如图 2-3 所示，望远镜下方前端的制动扳手 7（或螺旋），是用来控制望远镜绕竖轴转动的。当制动扳手处于制动位置时，望远镜处于锁定状态，不能转动，当松开制动螺旋时，望远镜就可以绕竖轴转动。望远镜下方侧面前端的微动螺旋 8 与制动螺旋配合使用，在制动螺旋处于制动位置时，转动微动螺旋，可以使望远镜绕竖轴在平面内作微小转动。

（二）水准器

水准器是用来指示视准轴是否水平或仪器竖轴是否竖直的重要装置。水准器分为圆水准器和管水准器，如图 2-3 所示的 4、5。

1. 圆水准器

圆水准器如图 2-6 所示，用玻璃制成，是一封闭的玻璃圆盒，其顶面的玻璃内壁研磨成球面，球面的正中刻有圆圈，圆圈的中心叫水准器零点。通过球面零点的法线 LL'，称为圆水准器轴。当气泡中心和零点重合时，圆水准器轴就处于铅直位置，相切于零点的平面就是水平面。当圆水准器的圆圈中心向任意方向偏移 2 mm 时，圆水准器轴所倾斜的角值，称为圆水准器分划值。相对于管水准器来说，圆水准器分划值较大，一般为 $8'\sim10'$，因此灵敏度较低，只用于粗略整平仪器。

2. 管水准器

管水准器通常又称为水准管，是用来精确整平视准轴的。它由一个内壁研磨成圆弧形的玻璃管制成，如图 2-7 所示。水准管上刻有间隔 2 mm 的分划线，如图 2-7(b)所示。分划线的中点 O 称为水准管零点，如图 2-7(a)所示。水准器内充满酒精或乙醚，中间有一气泡。通过水准管零点作圆弧的切线，称为水准管轴，如图 2-7(a)所示的 HH'线。当气泡两端对称于圆弧上的中点 O 时，气泡即居中，此时水准轴处于水平位置。水准管上每 2 mm 分划所对应的圆心角，称为水准管分划值，用 τ 表示。分划值越小，则水准管越灵敏。DS_3 型水准仪上的水准管，其分划值不大于 $20''$。

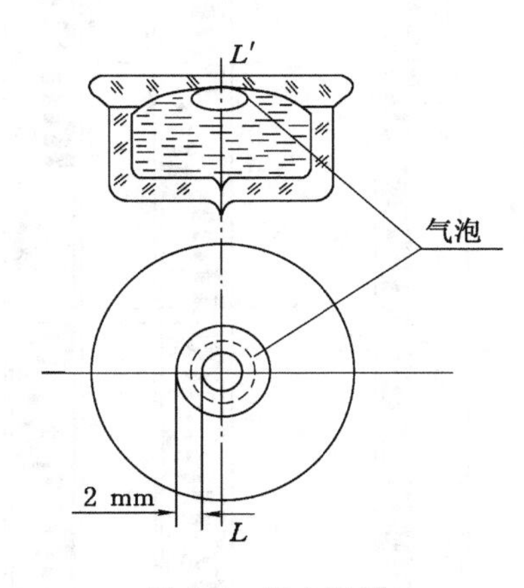

图 2-6 圆水准器

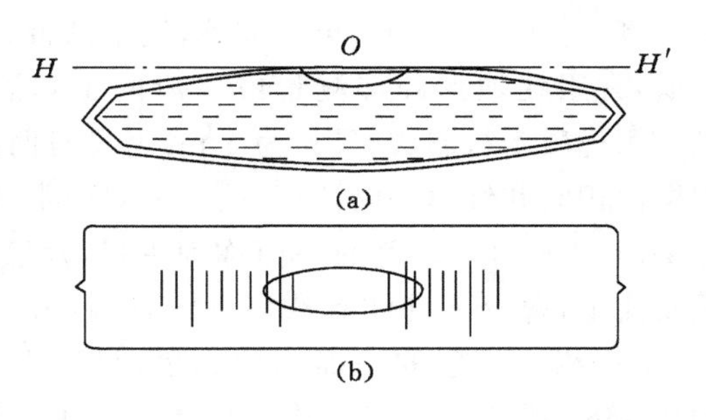

图 2-7 管水准器

3. 复合棱镜系统

为了提高水准管气泡居中的目估精度，微倾式水准仪的水准管上方都装有复合棱镜系统，如图 2-8(a)所示。该系统可使水准管两端气泡的半边影像经过三次全反射进入望远镜旁的放大镜内。当气泡不居中时，气泡的两个半边影像不重合，如图 2-8(b)所示。如果气泡居中，则气泡两端的两个半边影像重合，如图 2-8(c)所示，这时水准管轴即处于水平位置，视线也就水平了。

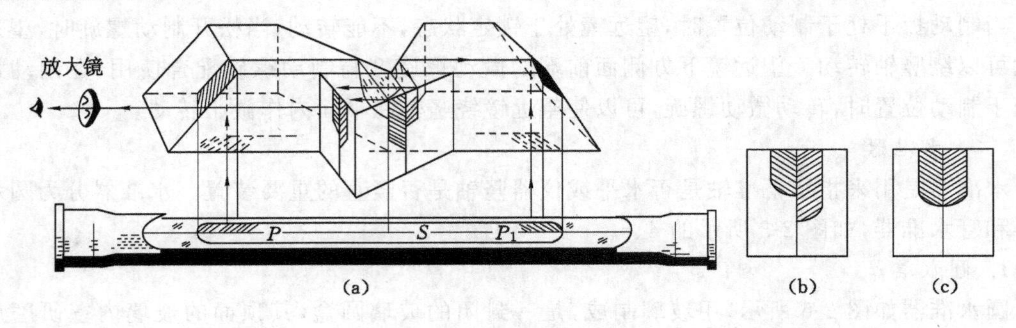

图 2-8 符合水准器及影像

4. 微倾螺旋

微倾螺旋的作用是调节管水准器气泡居中。转动微倾螺旋时，管水准器作仰俯微动，管水准器气泡也随之移动，与管水准器连在一起的望远镜镜筒也同时微倾，因此可以实现视准轴水平。

(三) 基座

基座起着承托仪器上部的作用，它由轴座、脚螺旋和连接板组成。仪器上部通过竖轴插入轴座内，并用限定螺旋将竖轴限定在轴座内，竖轴可以在轴座内自由转动。调节基座上的三个脚螺旋，可以使圆水准器气泡居中。基座通过旋紧中心连接螺旋与三脚架连接。

二、水准尺

水准尺是水准测量的重要工具，其质量的好坏直接影响水准测量的精度。水准尺的式样较多，常用的有塔尺和直尺两种，如图 2-9 所示。塔尺的形状类似塔状，如图 2-9(a)所示。用木质或铝合金制成，长度为 3 m 或 5 m，可以伸缩，便于携带，但精度较低，常用在地形碎部测量或一般的工程测量中。直尺用优质木材制成，尺长为 3 m，因尺身两面分别用黑白相间和红白相间注记，故称为双面水准尺，如图 2-9(b)所示。黑色的一面称为主尺，尺底端从 0 开始注记，每分米处注有数字，最小注记为 1 cm 或 5 mm 一格。红色的一面称为副尺，尺底端注记分别从 4687 或 4787 开始，称为尺常数。为了检核读数的正确性和提高读数精度，直尺必须成对使用。直尺精度较高，常用于三、四等水准测量。

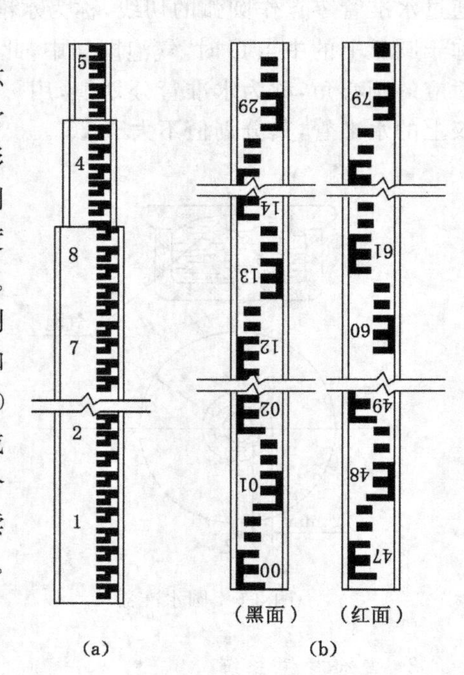

图 2-9 水准尺

三、尺垫

尺垫呈三角形状，用生铁铸成，中间有一突起的半球形，下方有三个支脚，如图 2-10 所示。尺垫主要用来标志转点并防止其下沉和移动位置。使用尺垫时，先将其踩实在地面上，再将水准尺轻放在尺垫突起的半球形上。

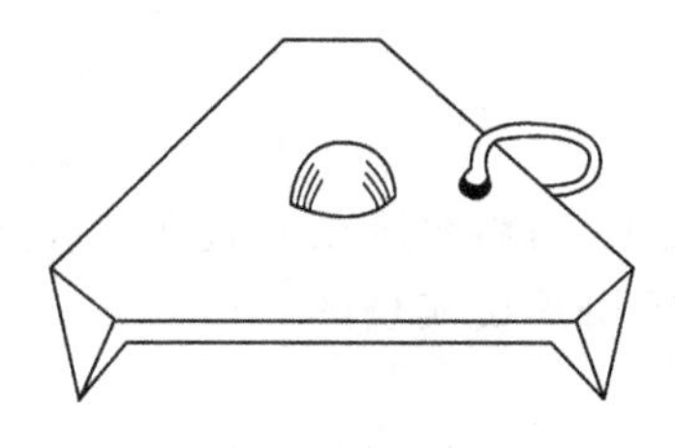

图 2-10 尺垫

思考与练习

1. 水准仪分哪几类？型号表示什么含义？
2. DS_3 微倾式水准仪由哪几部分组成？各部分有什么作用？
3. 望远镜由哪几部分组成？各起什么作用？
4. 调焦透镜有什么作用？用哪个螺旋调节？
5. 水准仪上的制动、微动螺旋有什么作用？怎样使用？
6. 微倾螺旋有什么作用？
7. 基座上的三个角螺旋有什么作用？
8. 十字丝由哪几部分组成？有什么作用？
9. 水准尺上的注记是怎样的？认识水准尺的注记。

任务三 学会操作水准仪

【知识要点】 水准仪的操作过程；视差及其产生的原因。

【技能目标】 学会安置水准仪并粗平；学会照准和消除视差；学会精平视线和读数，能熟练操作水准仪。

任务导入

安置和操作水准仪是水准测量工作的基本技能，熟练掌握这一技能就能在提高观测速度的同时，保证测量成果的正确性。

任务分析

水准仪的操作程序主要包括：安置与粗略整平、对光和照准水准尺、消除视差、精平视线和读数。

相关知识

根据水准测量原理，水准仪的主要作用是提供水平视线，并读取读数。快速安置仪器、视线严格水平是正确读数的基本保证。

任务实施

一、水准仪的使用方法

1. 安置与粗略整平

安置是将三脚架安放在测站上，再将水准仪安置在三脚架上；粗略整平就是让水准仪的竖轴处于铅垂位置，这是通过调节脚螺旋实现的。

操作方法如下：

(1) 在选定的测站处，松开三脚架上的架腿伸缩制动螺旋，调节三个架腿长度，使三脚架高度适应观测者身高(略高于胸部)，拧紧伸缩制动螺旋。

(2) 打开三脚架，先使一个架腿着地，将另两个架腿同时拉开，当架头大致水平、三个架腿的位置大致呈等边三角形时落地。若地面倾斜较大时，先将一个架腿1伸缩到与地面倾斜程度相适应的长度，并放置在倾斜向上的方向上，将另两个架腿2、3放置在与其垂直的方向上，保持架头大致水平，如图2-11所示。最后踩实架腿，使三脚架稳固。

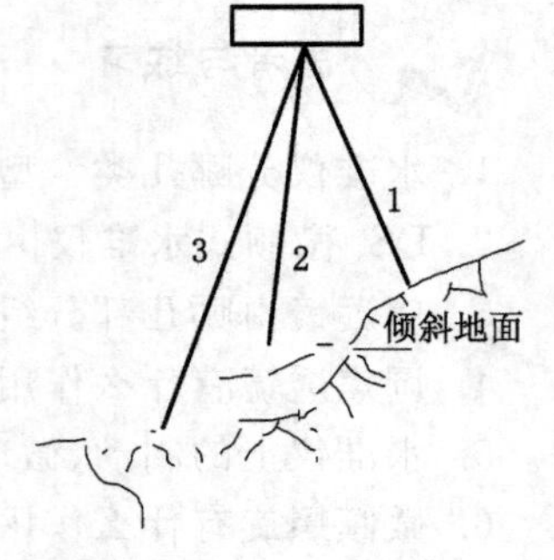

图 2-11　倾斜地面安置仪器

(3) 将仪器从箱中取出放在架头上，并用中心连接螺旋将其固定，调节脚螺旋高度，使其处于中间位置。

(4) 转动望远镜，使视准轴平行(或垂直)于任意两个脚螺旋的连线。调节这两个脚螺旋，使圆水准器气泡移动到两个脚螺旋连线方向的中点，且与水准器零点的连线垂直于两个脚螺旋的连线。调节两个脚螺旋时，左手大拇指的转动方向即气泡移动方向，另一个脚螺旋应相向旋转，如图2-12(a)所示。

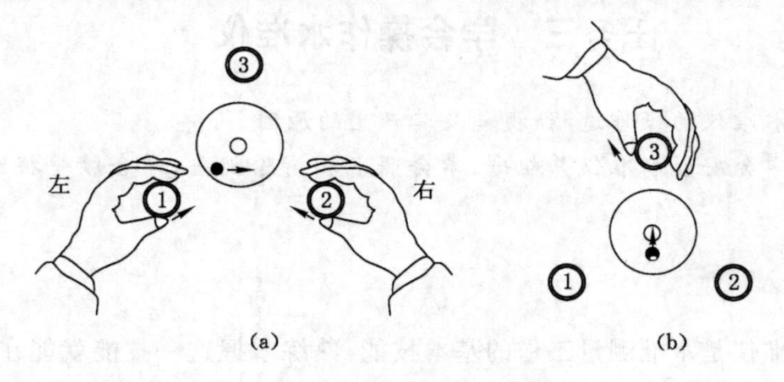

图 2-12　粗略整平

(5) 升高(或降低)第三个脚螺旋，使气泡居中，如图2-12(b)所示。

如此反复操作，直至气泡在任何位置都居中为止。操作熟练后，可以通过仅调节两个脚螺旋的方法使气泡居中。

2. 对光和照准水准尺

操作方法如下：

(1) 将望远镜对向明亮背景处，调节目镜螺旋使十字丝最清晰，也称为目镜对光。

(2) 转动望远镜，利用镜筒上方的缺口和准星照准水准尺，拧紧制动螺旋。

(3) 旋转调焦螺旋,使物像清晰,也称为物镜对光。旋转微动螺旋,使十字丝竖丝精确照准水准尺影像的一边或中间。

3. 消除视差

为了检查对光质量,可在目镜后上下晃动眼睛(a、b、c 处),若发现十字丝与物体影像之间的位置有相对移动的现象,这种现象称为视差现象。视差现象是由于物体影像平面与十字丝平面不重合而产生的,如图 2-13(a)所示。视差会造成读数错误或误差增大,必须消除。

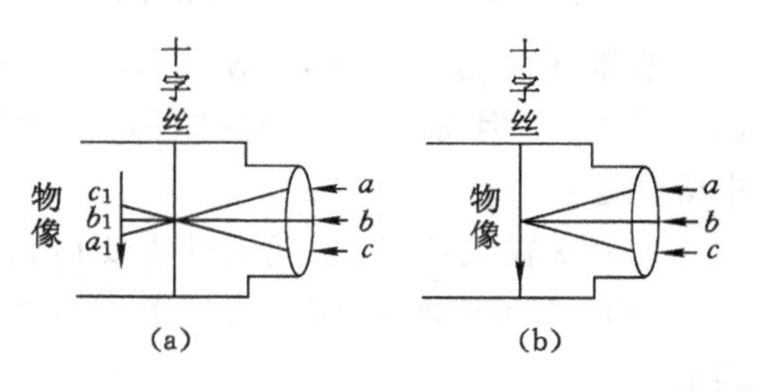

图 2-13　视差现象

(a) 有视差现象;(b) 消除视差现象

消除视差的方法是:反复调节调焦螺旋和目镜螺旋,使物体影像和十字丝都很清晰,直至上下晃动眼睛时,水准尺上的读数不变为止。如图 2-13(b)所示。

4. 精平视线

精平视线就是使视线水平,也即使视准轴水平,是通过调节微倾螺旋实现的。操作方法如下:

(1) 观察符合水准气泡观察镜内两个半抛物影像的位置,如图 2-14(a)或(b)所示。

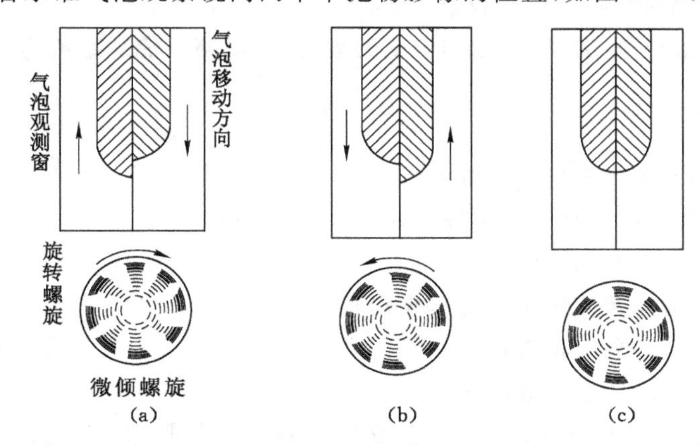

图 2-14　精平视线

(2) 用右手缓慢转动微倾螺旋,旋转方向与左边半抛物影像的移动方向一致,直至两个半抛物影像完全重合,如图 2-14(c)所示。

5. 读数

利用望远镜十字丝的中丝在水准尺上读数,读数应在精平后迅速进行。方法如下:

由于在望远镜中水准尺的影像是倒立的,所以读数时应注意按从上向下、由大到小的顺序直接读出米、分米、厘米,并估读毫米。为防止错误,习惯上只读 4 位,不读小数点。如1.135 m 和 0.543 m 读为 1135 和 0543。如图 2-15 所示读数为 1821。读数后,再次检查符合水准气泡影像的

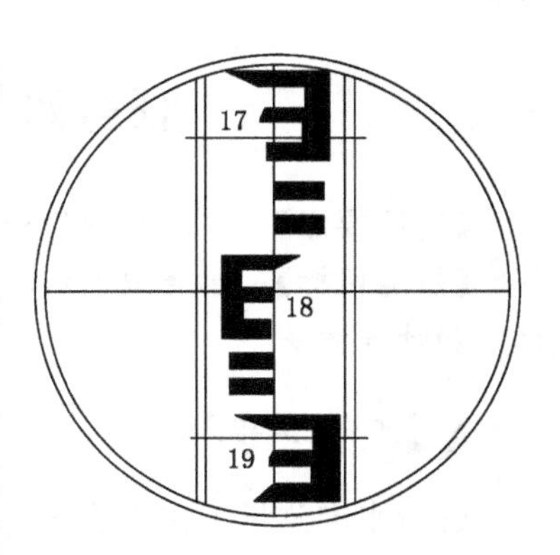

图 2-15　水准尺读数

符合情况。若不符合，则应重新精平后再读数。

二、操作水准仪时应注意的问题

水准仪是精密仪器，在使用过程中一定要精心爱护，小心使用，才能取得正确的观测数据。否则，不但得不到正确的数据，浪费时间，而且还会损坏仪器，造成经济损失。使用过程中应注意：

(1) 安置仪器时，架腿上的螺旋应松紧适度。注意踩实架腿，防止翻倒。

(2) 搬动仪器前，应检查仪器箱是否扣好或锁好，提手或背带是否牢固。搬运时要轻拿轻放。

(3) 开箱取仪器前，应观察好装箱位置，然后手握仪器基座慢慢取出。仪器用完后，应将脚螺旋调到中间位置，并按原位置装箱。关闭仪器箱盖后，应将箱锁锁好。

(4) 仪器放置在架头上后，应立即旋紧连接螺旋。仪器安置后，测量人员不得离开仪器，以防意外情况发生，损坏仪器。

(5) 使用仪器上各个螺旋时动作要轻巧，制动螺旋松紧适度，微动螺旋和脚螺旋应使用其中间部分。尺垫应踩实，水准尺应轻放在尺垫上，并立在竖直位置。

(6) 望远镜的物镜和目镜应用擦镜纸擦，切忌用手巾和毛巾擦拭；禁止任意拆卸仪器。在烈日下或雨天观测时应撑伞保护仪器。

(7) 仪器应放在干净、通风、阴凉和安全的地方，仪器箱不能踩踏或当凳子用。

**思考与练习**

1. 水准仪的操作程序有哪些步骤？
2. 粗平、照准的目的是什么？怎样操作？
3. 什么是视差？怎样消除？
4. 为什么读数前一定要精平？怎样操作？
5. 怎样读数？读数后应检查什么？
6. 使用水准仪时应注意哪些问题？
7. 进行 DS_3 水准仪的操作练习，学会安置仪器、粗平、照准、对光、消除视差、精平和读数。

任务四　学会水准测量的外业工作

【知识要点】 水准测量的外业工作内容。

【技能目标】 学会拟定水准路线和布设水准点；能熟练掌握普通水准测量的外业观测、记录和计算方法。

**任务导入**

进行水准测量工作之前，先要了解测区情况，拟定可行的水准路线，做好技术设计，统筹安排，有计划、分步骤地完成水准测量任务。

任务分析

水准测量的外业工作包括拟定水准路线、选点、埋石、观测、记录及计算等。

相关知识

一、水准点

用水准测量的方法测定的高程控制点称为水准点。水准点分为永久性和临时性两种。

1. 永久性水准点

需要长期保存的点称为永久性水准点。国家一、二、三、四等水准点和为重要工程服务的水准点必须设置成永久性固定标志。永久性水准点必须用混凝土现场浇筑，顶面嵌入半球形金属标志，如图 2-16(a)所示。在城镇地区，在稳定建筑物墙角的适当位置处也可以埋设水准点，如图 2-16(b)所示。埋设的水准点经一段时间的凝固、稳定之后才能使用。

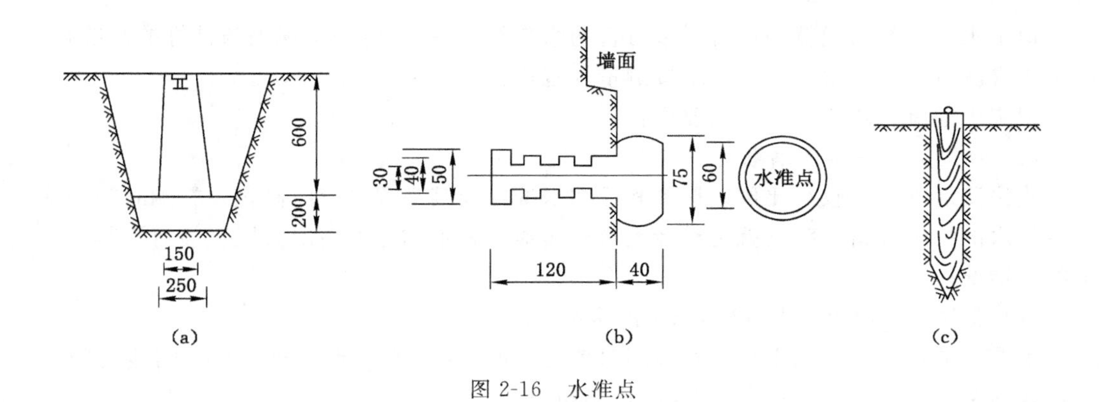

图 2-16 水准点

2. 临时性水准点

不需要长时保存的水准点称为临时性水准点。临时性水准点可在选定的位置处打入木桩，在木桩顶部打入半球帽钉子，如图 2-16(c)所示。也可以将稳固物体的突出且便于立尺的位置作为临时水准点用。所有水准点都应在适当的位置标明编号。

二、水准路线

水准测量经过的路线称为水准路线。水准路线有附合水准路线、闭合水准路线和支水准路线三种基本形式。

(1) 附合水准路线

如图 2-17(a)所示，是从一个已知高程点出发，沿一条路线施测到另一个已知高程点上的水准路线。

(2) 闭合水准路线

闭合水准路线如图 2-17(b)所示，是从一个已知高程点出发，沿一条路线施测到出发点上的水准路线。

(3) 支水准路线

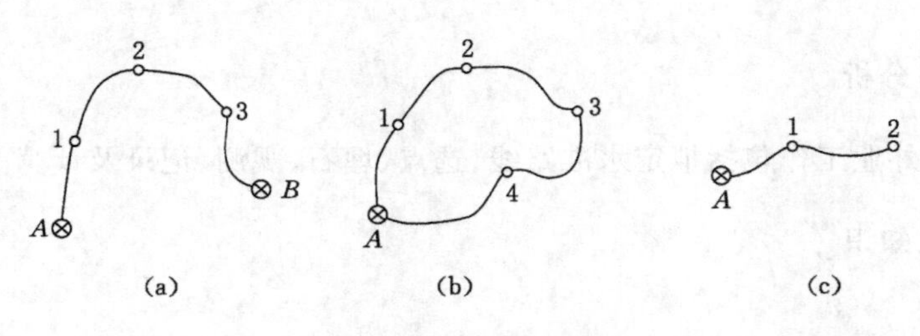

图 2-17 水准路线

支水准路线如图 2-17(c)所示，是从一个已知高程点出发，沿一条路线施测到终点的水准路线。

任务实施

一、水准测量的外业工作步骤

1. 拟定水准路线

拟定水准测量路线就是从若干条可行的水准路线中，拟定一条观测条件好的水准路线。拟定水准测量路线要根据精度要求按测量规范进行。

拟定水准测量路线的步骤和要求：

(1) 收集资料并实地踏勘。

收集测区现有的较小比例地形图和已知水准点及其高程、精度、高程及施测时间和施测单位等水准测量资料。踏勘就是设计人员到实地了解水准点的情况，勘察、核对资料与实地的相符情况。

(2) 在收集的地形图上，绘出拟定的水准路线。

水准点的位置应在拟定水准路线同时考虑，同时注明水准点编号。水准路线必须或尽量沿地面坚实、坡度尽量较小且均匀的道路布设。

2. 选点、埋石

选点就是到实地选择水准点的具体位置。埋石就是水准点标石的浇筑和埋设。选点、埋石工作要按照设计图上拟定的水准路线进行。

(1) 选点：水准点的位置选择，要满足交通方便、布点均匀、土质坚实稳固、便于保存和观测等条件。

(2) 埋石：水准点的位置选好后，要根据其等级和性质按照要求埋设标志。

(3) 编写“点之记”：为了便于日后寻找和使用水准点，所有水准点都应做“点之记”。“点之记”记录的内容有：测区名称、所在图幅、点号、点名、等级、地理坐标、所在地、交通及点位情况、交通路线略图、选点情况、点位略图、埋石情况和标石断面图等。“点之记”应作为测量成果长期保存。

3. 施测、记录和计算

按照水准测量的等级要求不同，其外业观测的程序也不相同。普通水准测量的外业观测程序、记录和计算步骤如下：

(1) 立尺员甲将水准尺立于已知高程的水准点上，作为后视尺。

(2) 观测员将水准仪安置在水准路线前进方向的适当位置。

(3) 立尺员乙将尺垫放置在仪器前方的适当位置并踩实。在尺垫上立水准尺,作为前视尺。要求:仪器到两水准尺的距离不超过 150 m;仪器到前、后水准尺的距离基本相等,其互差不大于 20 m。

(4) 粗平水准仪,用望远镜照准后视尺并对光,消除视差,调节微倾螺旋使水准管气泡居中,借助望远镜十字丝的中丝在水准尺上读取后视读数,记录员将数据记入表 2-1 所示的记录手簿。

(5) 转动望远镜照准前视尺,消除视差,精平视线,用十字丝中丝在水准尺上读取前视读数。记录员将读数记入手簿后,立即计算两点间的高差。

(6) 为了及时发现观测中的错误,保证每一测站观测高差的正确性,应对观测得到的高差进行当场检核,这项工作称为测站检核。

测站检核的方法有两种:

① 双仪高法:又称为两次仪器高法,是在一个测站上按照水准测量高差观测的方法完成第一次高差观测后,再在原地将仪器高度升高或降低 10 cm 以上,进行本测站第二次高差观测。若两次观测得到的高差之差不超过限差,取两次观测高差的平均值作为最后的观测高差。

② 双面尺法:仪器安置在测站上后,利用水准尺的黑面和红面分别观测出两点之间的高差,若黑面的观测高差与红面的观测高差之差不超过限差,取黑面、红面观测高差的平均值作为最后的观测高差。

用双仪高法或双面尺法进行测站检核,再次记录并计算高差。当两个高差之差不超过 ±6 mm,取平均值作为最后的观测高差。

至此,第一测站的外业测量完成,进入第二测站的测量工作。

(7) 第一站的前视尺不动,变为第二站的后视尺。将仪器移动到第二站后视尺前进方向的适当位置,将第一站的后视尺移动到仪器前方的适当位置,作为第二站的前视尺。按与第一站相同的观测程序进行第二站的观测。重复以上过程,直至观测到待定点或已知点。

双仪高法观测和双面尺法观测的记录、计算见表 2-1 和表 2-2。

二、水准测量外业工作的注意事项

(1) 在开始测量工作之前,应对水准仪进行检验校正,对水准尺进行检查,保证测量仪器和工具合格与完好。

(2) 水准仪应安置在稳固、坚实的地面上。在光滑的地面上安置仪器时,要采取防滑措施,防止架腿滑动。

(3) 将水准尺直接立在已知点和待定点的标石或木桩的标志上,不能立在尺垫上。

(4) 仪器到前、后视尺的距离应大致相等,立尺时可用步丈量。

(5) 水准点标志上及水准尺底部不能沾有泥土杂物。水准尺应立直,不能左右倾斜,更不能前后仰俯。

(6) 记录员未计算出结果前,观测员不能迁站。观测员未迁站前,后视点的尺垫不能移动。

表 2-1　　　　水准测量记录手簿(双仪高法)

观测日期:2017.09.20　　　仪器编号:DS_3　No.1088　　　观测员:×××

天　　气:晴　　　观测地点:职教园区　　　记录员:×××

测站	点号	后视读数/m	前视读数/m	高差/m 后视减前视 +	后视减前视 −	平均高差 +	平均高差 −	高程/m
Ⅰ	BM_A	1.432 (a_1) 1.318		0.814 (h_1) 0.812		0.813		432.815
	TP_1		0.618 (b_1) 0.506					
Ⅱ	TP_1	2.119 (a_2) 1.945		0.741 (h_2) 0.744		0.742		
	TP_2		1.378 (b_2) 1.201					
Ⅲ	TP_2	2.109 (a_3) 2.264		1.043 (h_3) 1.041		1.042		
	TP_3		1.066 (b_3) 1.223					
Ⅳ	TP_3	1.507 (a_4) 1.345			0.811 (h_4) 0.807		0.809	
	TP_4		2.318 (b_4) 2.152					
Ⅴ	TP_4	1.545 (a_5) 1.712			0.619 (h_5) 0.617		0.618	
	B		2.164 (b_5) 2.329					433.985
合计/m		17.296	14.955	5.195	2.854	2.597	1.427	
计算过程检核		$h=\frac{1}{2}(\sum a-\sum b)$ $=\frac{1}{2}(17.296-14.955)$ $=+1.170$ m		$\frac{1}{2}\times(5.195-2.854)$ $=+1.170$ m		+1.170 m		432.815+1.170=433.985

(7) 读数必须在现场直接记录在手簿中,数据和文字应端正、整洁、清晰,杜绝潦草模糊。记录的原始数据不能涂改,读错和记错的数据应划去,但对厘米和毫米位的数据不允许更改,而应将本测站观测结果作废,重新观测。

表 2-2 水准测量记录手簿(双面尺法)

观测日期:2017.09.20　　仪器编号:DS_3　No.2115　　观测员:×××

天　　气:晴　　观测地点:职教园区　　记录员:×××

测站	测点		后视读数/m	前视读数/m	后视－前视/m	平均高差/m	高程/m	备注
	点号	尺号						
Ⅰ	A	05	1.432(黑面) 6.221(红面)		0.575(黑面) 0.677(红面)	+0.576	841.257	
	1	06		0.857(黑面) 5.544(红面)				
Ⅱ	1	06	1.548(黑面) 6.233(红面)		－0.350(黑面) －0.452(红面)	－0.351		
	2	05		1.898(黑面) 6.685(红面)				
Ⅲ	2	05	1.538(黑面) 6.321(红面)		－0.309(黑面) －0.213(红面)	－0.311		
	3	06		1.847(黑面) 6.534(红面)				05号尺的尺常数为4.787,06号尺的尺常数为4.687
Ⅳ	3	06	1.453(黑面) 6.142(红面)		－0.194(黑面) －0.292(红面)	－0.193		
	4	05		1.647(黑面) 6.434(红面)				
Ⅴ	4	05	1.643(黑面) 6.430(红面)		+0.728(黑面) +0.824(红面)	+0.726	841.740	
	B	06		0.915(黑面) 5.606(红面)				
计算检核	① 黑红面读数之差＝黑面读数＋尺常数－红面读数 ② 黑红面所测高差之差＝黑面高差－(红面高差±0.100 m) ③ 平均高差＝$\frac{\text{黑面高差}+(\text{红面高差}\pm0.100\ \text{m})}{2}$							

(8) 有正、负意义的数据,在记录时都应在数据前写上“＋”“－”号,对中丝读数,要求记4位数,首位和末位的0都要读、记。

思考与练习

1. 水准点分为哪几种？水准路线的基本形式有哪几种？
2. 水准测量的外业工作有哪些？

3. 水准点的位置应怎样选择?

4. 进行水准测量时,应注意哪些问题?

5. 按普通水准测量要求,完成一条水准路线的外业测量工作。

任务五　学会水准测量的内业工作

【知识要点】 水准测量的内业工作的目的、内容和步骤。

【技能目标】 能进行水准测量内业计算。

任务导入

水准路线的外业观测完成后,要对取得的数据进行内业处理,最后计算出各水准点的高程。

任务分析

水准测量的内业工作主要有检查外业成果、高差闭合差的计算和调整及高程计算等。

相关知识

水准测量内业计算的目的是计算各待定水准点的高程。为了防止计算初始数据出现错误,计算开始前要对外业观测手簿进行整理和检查,并绘制水准线路略图。内业计算工作主要有高差闭合差的计算和调整,各水准点高程的计算等,这些工作主要在室内完成。

任务实施

一、检查外业手簿、绘制路线略图

为保证基本数据的正确性,在计算开始前,应先对外业手簿的数据进行检查。检查的内容包括记录是否有错误或违规现象,注记是否齐全等。然后绘制水准路线略图,注明已知点的高程和各测段的观测高差、距离或测站数,如图 2-18 所示。

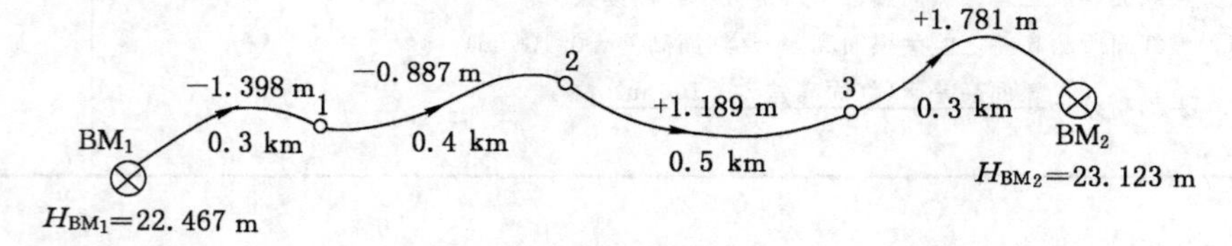

图 2-18　水准路线略图

二、高差闭合差的计算

由于受各种观测因素的影响,水准测量的外业成果中总是含有一定的误差或错误,因此要对水准测量的成果进行路线检核。由于外业成果中的误差或错误的存在,会使水准测量路线的实际测量高差与其理论高差不相等,其差值称为水准路线高差闭合差,用 f_h 表示。

由于附合水准路线、闭合水准路线和支水准路线的已知条件各不相同,检核时,其高差闭合差的计算公式也不相同。

1. 附合水准路线

从图 2-19 中可以看出，各测段实测高差的代数和 $\sum h_{测}$ 为：

$$\sum h_{测} = h_{1测} + h_{2测} + \cdots + h_{n测}$$

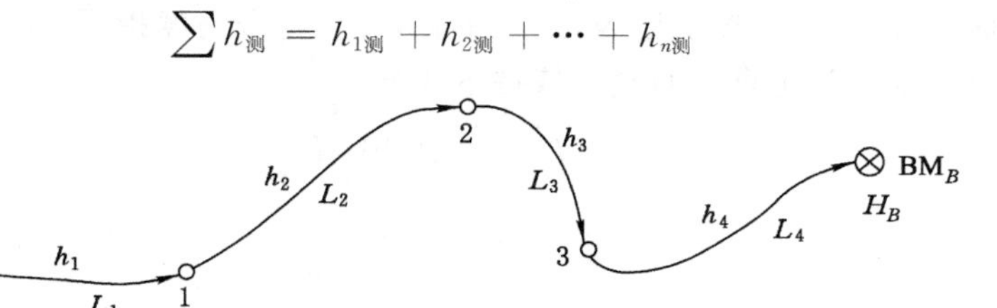

图 2-19 附合水准路线

在理论上应该等于 A、B 两点的高差 $\sum h_{理}$，若不相等，则其代数和与起终点的高差之差就是附合水准路线的高差闭合差 f_h。即：

$$f_h = h_{1测} + h_{2测} + \cdots + h_{n测} - h_{AB} = \sum h_{测} - (H_B - H_A) \tag{2-7}$$

写成通式为：

$$f_h = \sum h_{测} - (H_{终} - H_{始}) \tag{2-8}$$

2. 闭合水准路线

闭合水准路线如图 2-20 所示。理论上该水准路线上各测段高差的代数和应等于零，即 $\sum h_{理} = 0$。由于测量过程中误差的存在，往往 $\sum h_{测} \neq 0$，则不等于零的这个数称为闭合水准路线的高差闭合差，即：

$$f_h = \sum h_{测} \tag{2-9}$$

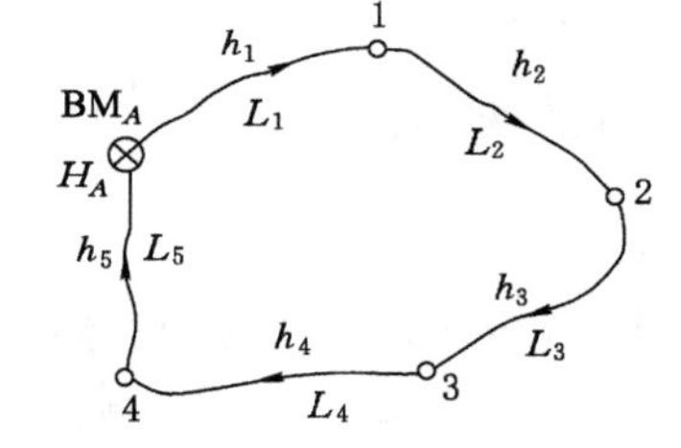

图 2-20 闭合水准路线

3. 支水准路线

由于附合水准路线和闭合水准路线有检核条件，所以一般采用单程观测，而支水准路线没有已知条件作为检核。为了提高观测精度和增加检核条件，必须进行往测和返测。如图 2-21 所示，往测是从 A 点测至 3 点的路线；返测是从 3 点测回至 A 点的路线。

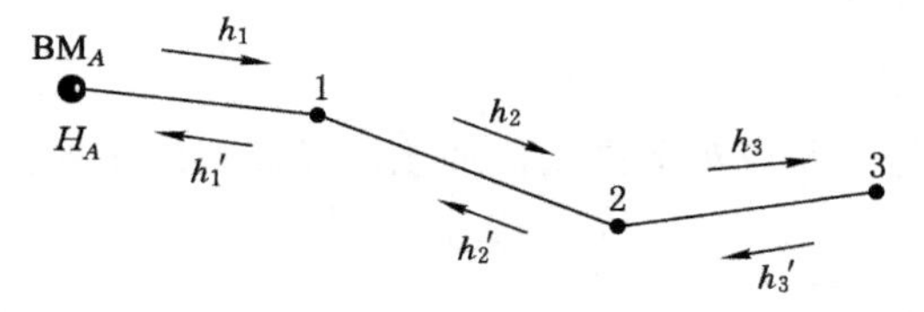

图 2-21 支水准路线

在理论上，往测高差总和 $\sum h_{往}$ 与返测高差总和 $\sum h_{返}$ 的绝对值应相等，符号相反，二者的代数和应为零。但由于误差的存在，往、返测高差之和往往不等于零，这个不等于零的数就称为支水准路线的高差闭合差，用 f_h 表示。即：

$$f_h = \sum h_{往} + \sum h_{返} \tag{2-10}$$

在进行水准测量时，高差闭合差是衡量观测值质量的一个精度指标。高差闭合差是否符合精度要求，必须有一个限度规定，如果超过了这个限度，即当$f_h \leqslant f_{h允许}$时，说明外业观测的精度不够或有问题，应查明原因，返工重测，直至符合精度指标。

普通水准测量高差闭合差的允许值按下式计算：

$$f_{h允许} = \pm 40\sqrt{L} \tag{2-11}$$

或

$$f_{h允许} = \pm 12\sqrt{n} \tag{2-12}$$

式中 $f_{h允许}$——允许闭合差，mm；

L——水准路线的总长度(km)，计算支水准路线的高差闭合差允许值时，L取往(或返)测的单程距离；

n——水准路线的测站总数。

三、高差闭合差的调整

高差闭合差可按两种方法进行调整：

(1) 按各测段的距离L_i成正比例，反号调整于各测段高差之中。各测段的高差改正数为v_i，则：

$$v_i = -\frac{f_h}{L} \times L_i \tag{2-13}$$

(2) 在山区测量时，可按各测段的测站数分配闭合差。各测段的高差改正数v_i为：

$$v_i = -\frac{f_h}{n} \times n_i \tag{2-14}$$

式中 n——水准路线的总测站数，$n = n_1 + n_2 + \cdots + n_i$；

n_i——第i测段的测站数。

以上两种闭合差调整方法中，改正数凑整至毫米，余数分配到测段较长或测站数较多的测段高差中。

闭合差分配后，可用下式检核计算的正确性：

$$\sum v = -f_h \tag{2-15}$$

若不满足以上条件，应查明原因，重新计算。

四、计算待定点的高程

1. 各测段改正后高差计算

各测段改正后高差等于测段观测高差值加该测段高差改正数。即：

$$h_i = h_{i测} + v_i \tag{2-16}$$

式中 h_i——第i测段改正后的高差；

$h_{i测}$——第i测段的观测高差；

v_i——第i测段的改正数。

对于支水准路线，各测段平均高差等于各测段往、返测高差的平均值。

$$h_i = \frac{h_{i往} - h_{i返}}{2} \tag{2-17}$$

式中　h_i——第 i 测段的高差平均值，m；

$h_{i往}$——第 i 测段往测高差，m；

$h_{i返}$——第 i 测段返测高差，m。

2. 计算各点的高程

各水准点的高程用下式计算：

$$H_i = H_{i-1} + h_i \tag{2-18}$$

式中　H_i——第 i 点的高程；

H_{i-1}——第 $i-1$ 点的高程。

对于附合水准路线，由起始点高程推算到终点的高程应与终点的已知高程相等；对于闭合水准路线，由已知点高程推算得到的高程应与所给值相等，以此来检验高程计算是否正确；对于支水准路线，由于缺乏检核条件，最好由两人各自计算，以资检核。

五、计算举例

例 2-4　图 2-22 所示为一附合水准路线及观测结果，求各待定点 1、2、3 的高程。

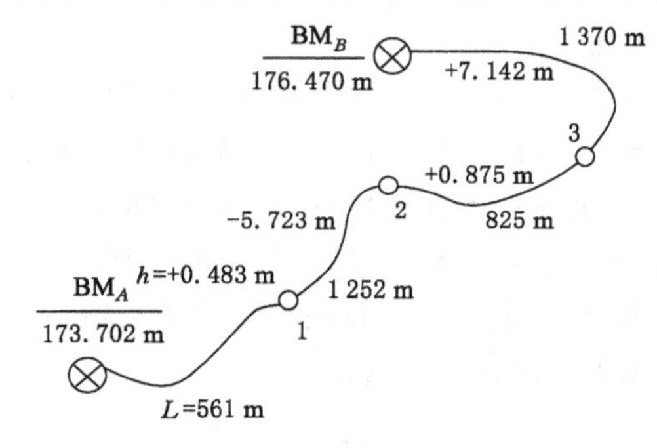

图 2-22　附合水准路线

解　(1) 附合水准路线的高差闭合差计算

附合水准路线的总长度 L 为：

$$L = 0.561 + 1.252 + 0.825 + 1.370 = 4.008 \text{ km}$$

水准路线的观测高差之和 $\sum h_{测}$ 为：

$$\sum h_{测} = 0.483 + (-5.723) + 0.875 + 7.142 = +2.777 \text{ m}$$

水准路线的高差闭合差为：

$$f_h = \sum h_{测} - (H_B - H_A) = 2.777 - (176.470 - 173.702)$$
$$= +0.009 \text{ m} = +9 \text{ mm}$$

(2) 闭合差允许值计算

$$f_{h允许} = \pm 40\sqrt{L} = \pm 40\sqrt{4.008} = \pm 80.1 \text{ mm}$$

$f_h \leqslant f_{h允许}$ 符合精度要求条件，可以进行闭合差分配。

(3) 各测段高差改正数和改正后高差的计算

① 计算高差改正数 v_i：

$$v_i = -\frac{f_h}{L} \times L_i = -\frac{+9 \text{ mm}}{4.008 \text{ km}} \times L_i \approx -2.24 \times L_i$$

第 1 测段　　　　　　$v_1=-2.24\times0.561\approx-1.2\ (\text{mm})\approx-1\ \text{mm}$

第 2 测段　　　　　　$v_2=-2.24\times1.251\approx-2.8\ (\text{mm})\approx-3\ \text{mm}$

第 3 测段　　　　　　$v_3=-2.24\times0.852\approx-1.9\ (\text{mm})\approx-2\ \text{mm}$

第 4 测段　　　　　　$v_4=-2.24\times1.370\approx-3.1\ (\text{mm})\approx-3\ \text{mm}$

检核：

$$\sum_{i=1}^{4}v=v_1+v_2+v_3+v_4=(-1)+(-3)+(-2)+(-3)=-9\ \text{mm}=-f_h$$

说明计算过程和结果都正确。

② 计算改正后高差：

$$h_1=h_{1测}+v_1=+0.483+(-0.001)=+0.482\ \text{m}$$

$$h_2=h_{2测}+v_2=(-5.723)+(-0.003)=-5.726\ \text{m}$$

$$h_3=h_{3测}+v_3=+0.875+(-0.002)=+0.873\ \text{m}$$

$$h_4=h_{4测}+v_4=+7.142+(-0.003)=+7.139\ \text{m}$$

(4) 计算各水准点的高程

$$H_1=H_A+h_1=173.702+0.482=174.184\ \text{m}$$

$$H_2=H_1+h_2=174.184+(-5.726)=168.458\ \text{m}$$

$$H_3=H_2+h_3=168.458+0.873=169.331\ \text{m}$$

$$H_B=H_3+h_4=169.331+7.139=176.470\ \text{m}$$

计算得到的 B 点高程与已知高程相等，说明计算结果正确。

以上过程用表格计算更为方便、清楚，见表 2-3。

表 2-3　　　　　　　　　　　　**水准测量计算表**

测点	距离/km	测站数	实测高差/m	改正数/mm	改正后高差/mm	高程/m	测点
MB_A						173.702	MB_A
	0.561	4	+0.483	−1	+0.482		
1						174.184	1
	1.252	5	−5.723	−3	−5.726		
2						168.458	2
	0.825	3	+0.875	−2	+0.873		
3						169.331	3
	1.370	6	+7.142	−3	+7.139		
MB_B						176.470	MB_B
$\sum$	4.008	18	+2.777	−9	2.768		
备注	$f_h=\sum h_{测}-(H_B-H_A)=+2.777-(176.470-173.702)=+0.009\ \text{m}=+9\ \text{mm}$ $f_{h允许}=\pm40\sqrt{L}=+40\sqrt{4.008}=+80\ \text{mm}$　$f_h\leqslant f_{h允}$　符合要求 $v_i=-\frac{f_h}{L}\times L_i=-\frac{+9\ \text{mm}}{4.008\ \text{km}}\times L_i\approx-2.24\times L_i$						

思考与练习

1. 水准测量的内业工作需要进行哪些工作？

2. 水准测量的高差闭合差是怎样计算的？

3. 水准测量的高差闭合差是怎样调整的？

4. 为了保证计算正确，水准测量的计算过程中需要进行哪些检核？

5. 完成下列内业工作：

（1）水准点 A、B 的高程分别为 $H_A=22.467$ m、$H_B=23.123$ m，各测段的高差及路线长度如图 2-18 所示，试计算 1、2、3、4 各点的高程。

（2）如图 2-23 所示，水准点 BM_A 的高程为 33.012 m，1、2、3 点为待定高程点，各段高差及路线长度均标注在图中，试计算闭合水准路线上各水准点的高程。

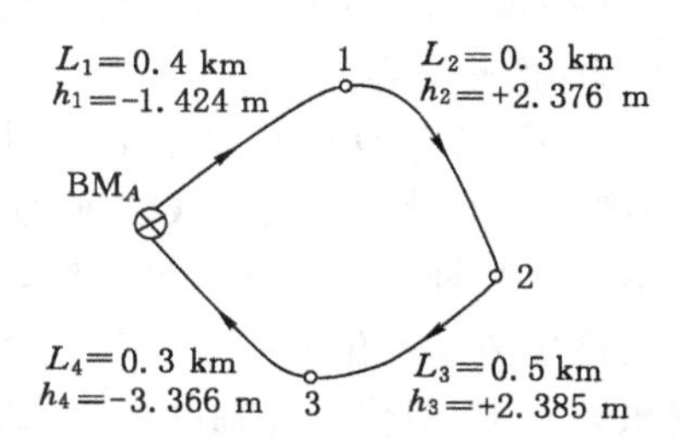

图 2-23 闭合水准路线略图

任务六 学会 DS_3 型水准仪的检验与校正

【知识要点】 水准仪检验校正的目的、项目和检验原理。

【技能目标】 能对 DS_3 型水准仪进行检验和校正。

任务导入

由于受搬运过程中的震动或长期使用等因素的影响，水准仪各轴线之间的几何关系可能发生了变化。使用不符合条件的仪器进行测量，测量结果达不到精度要求。

任务分析

为确保水准仪能提供水平视线并且能正确读数，使用仪器前，应该对水准仪各轴线之间的几何关系进行检验，对不符合要求的仪器进行校正，使各轴线之间的相互关系满足要求后才能投入使用。

相关知识

如图 2-24 所示，水准仪的主要轴线有望远镜的视准轴 CC、管水准器轴 LL、圆水准器轴 $L'L'$ 和竖轴 VV。在观测过程中，视线（视准轴）水平是以管水准器气泡居中（即管水准轴水平）来判断的。因此，水准仪应满足的条件有：

（1）圆水准器轴平行于竖轴；

（2）十字丝横丝应垂直于仪器竖轴；

（3）管水准器轴平行于视准轴。

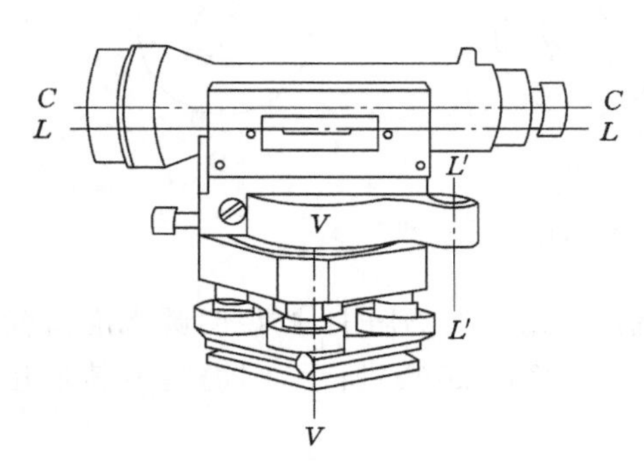

图 2-24 水准仪的轴线

任务实施

一、圆水准器轴平行于仪器竖轴的检验与校正

1. 检验目的

检验圆水准器轴是否平行于仪器竖轴。

2. 检验原理

如图 2-25(a)所示，设仪器竖轴 VV 与圆水准器轴 $L'L'$ 不平行。当圆水准器气泡居中时，圆水准器轴处于铅垂线位置，竖轴则与铅垂线偏差 α 角；将望远镜绕竖轴旋转 180°，圆水准器轴从竖轴的一侧移到另一侧，并与铅垂线的夹角成 2α，如图 2-25(b)所示。此时，圆水准气泡偏离零点位置所对的圆心角等于 2α。若转动脚螺旋使气泡移向零点距离的一半，气泡虽未居中，但仪器竖轴已铅直，如图 2-25(c)所示。另一半用圆水准器校正螺丝使气泡居中，此时 $L'L'$ 就平行于 VV，如图 2-25(d)所示。

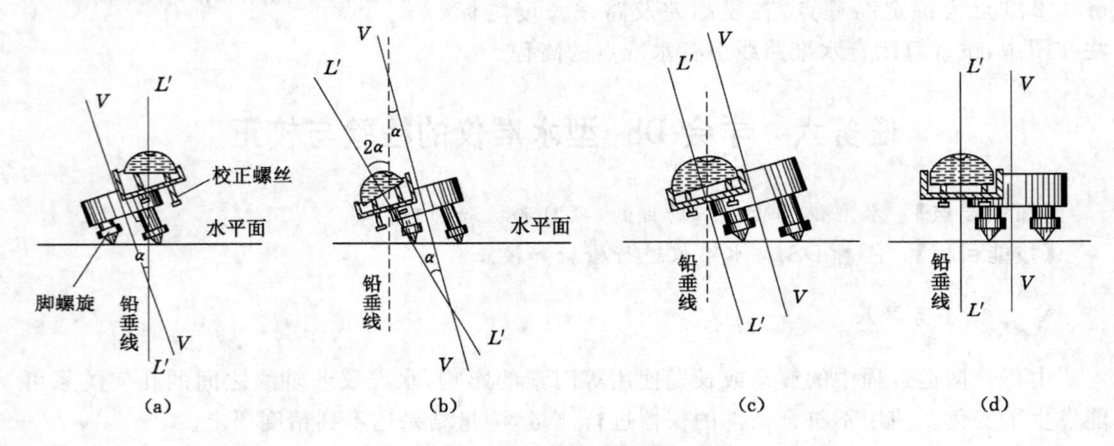

图 2-25 圆水准器轴的检验原理

3. 检验过程与步骤

(1) 转动脚螺旋，使圆水准器气泡居中，如图 2-26(a)所示。

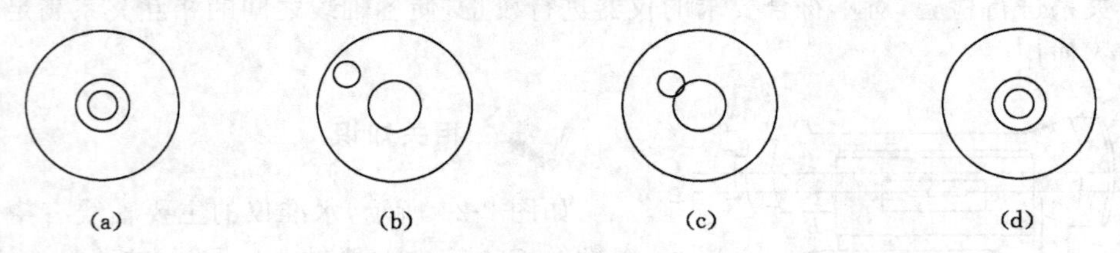

图 2-26 圆水准器轴的检验过程

(2) 将望远镜绕竖轴旋转 180°，观察气泡的位置。如果气泡仍居中，则说明圆水准器轴与仪器竖轴平行，不需校正。如果气泡位置偏离中心，如图 2-26(b)所示，则说明不满足几何条件，需要校正。

4. 校正过程与步骤

(1) 圆水准器的校正是利用安装在水准器下方的校正螺丝来实现的，如图 2-27 所示。

用校正针分别拨动圆水准器上的三个校正螺丝，使水准气泡移动偏离量的一半，如图 2-26(c)所示。

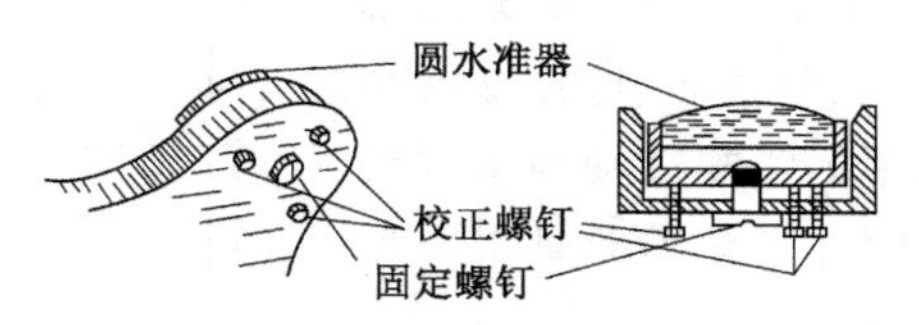

图 2-27 圆水准器的校正螺钉

(2) 转动脚螺旋使气泡向圆水准器零点方向移动，使气泡居中，如图 2-26(d)所示。

(3) 再转动望远镜 180°，重新调节校正螺丝和脚螺旋，使气泡居中。此操作须反复进行，直至气泡在任何位置处都居中，此时仪器竖轴处于铅直位置。

二、十字丝的检验与校正

1. 检验目的

检验十字丝横丝是否与仪器竖轴垂直。

2. 检验原理

当水准仪竖轴处于铅直位置时，若十字丝横丝与仪器竖轴垂直，十字丝横丝应处于水平位置，此时转动微动螺旋，横丝在水准尺上的读数不变；当不满足以上条件时，微动横丝，横丝在水准尺上的读数就会发生变化。

3. 检验过程与步骤

(1) 整平水准仪，用横丝的一端对准远处一个明显的固定小标记点 P，如图 2-28(a)所示，制动望远镜。

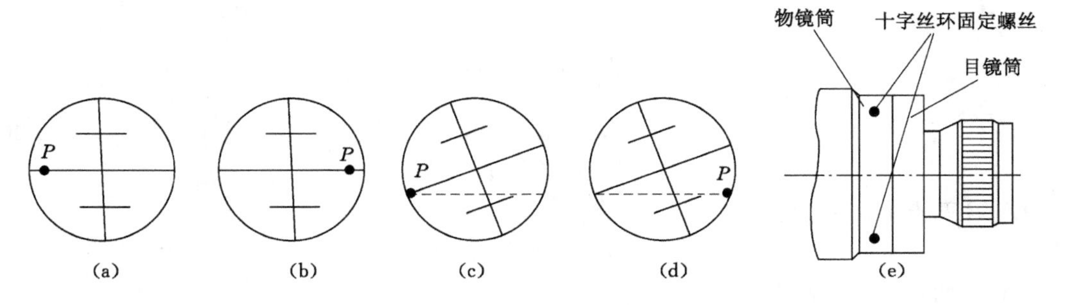

图 2-28 十字丝的检验与校正

(2) 慢慢转动水平微动螺旋，从望远镜内观察标记点 P 的移动情况。若该标记始终沿横丝从一端移动到另一端，如图 2-28(b)所示，则说明横丝垂直于竖轴，不需要校正。若标记点 P 在移动过程中偏离了横丝，如图 2-28(c)、(d)所示，则说明不满足条件，应进行校正。

4. 校正过程与步骤

(1) 卸下目镜镜筒上十字丝校正螺丝保护罩，用起子松开十字丝环固定螺丝，如图 2-28(e)所示。

(2) 按与横丝倾斜方向相反的方向轻轻转动十字丝环，使横丝水平。此项校正需反复进行，直到满足条件为止。

三、望远镜视准轴与水准管轴平行的检验与校正

如图 2-29 所示，当水准管轴水平时，如果水准管轴与视准轴不平行，二者在竖直面上的投影会产生夹角 i，称为 i 角误差，望远镜视准轴与水准管轴平行的检验也称为 i 角检验。i 角检验是水准仪检验的重要项目。

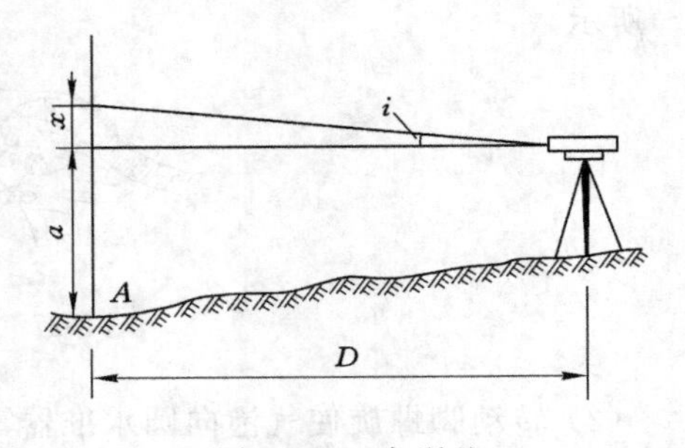

图 2-29 i 角误差

1. 检验目的

检验水准管轴是否与视准轴平行。

2. 检验原理

由于受 i 角误差的影响，会产生与视线水平长度 D 成正比的读数误差为 x。由于 i 角较小，则 x 为：

$$x = D \times \tan i = D \times \frac{i''}{\rho''} \tag{2-19}$$

如图 2-30(a)所示，设后视水准尺上的实际读数为 a'，由 i 角引起的读数误差为 x_A，前视尺上的实际读数为 b'，读数误差为 x_B，则后、前视尺上的正确读数 a、b 应为：

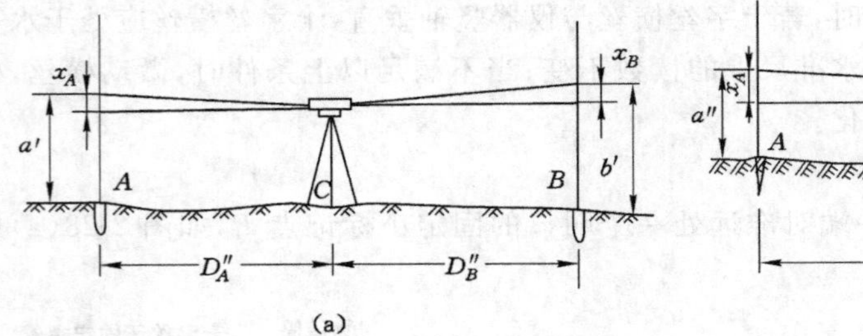

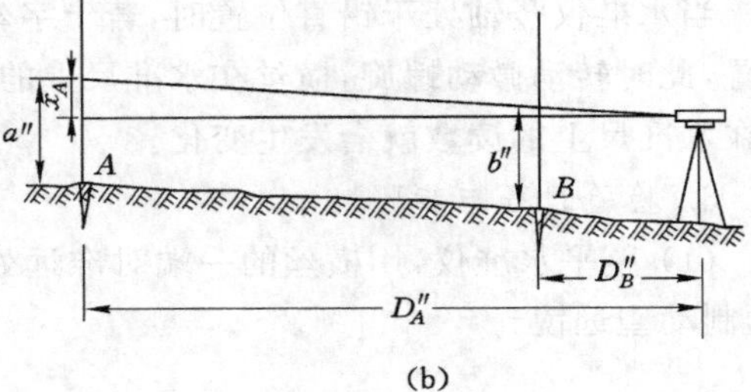

图 2-30 i 角检验

$$a = a' - x_A \qquad b = b' - x_B \tag{2-20}$$

A、B 两点的高差为：

$$h'_{AB} = a' - b'$$

A、B 两点的正确高差为：

$$h_{AB} = (a' - x_A) - (b' - x_B) = h'_{AB} - (x_A - x_B)$$

式中 $x_A - x_B$ 为 i 角在高差中的影响，用 δh_{AB} 表示，即：

$$\delta h_{AB} = x_A - x_B = \frac{i}{\rho''} \times (D'_A - D'_B) \tag{2-21}$$

则 h'_{AB} 的正确高差为：

$$h_{AB} = h'_{AB} - \delta h_{AB} = h'_{AB} - \frac{i}{\rho''} \times (D'_A - D'_B) \tag{2-22}$$

设安置仪器如图 2-30(b)所示，则 h''_{AB} 的正确高差为：

$$h_{AB} = h''_{AB} - \delta h_{AB} = h''_{AB} - \frac{i}{\rho''} \times (D''_A - D''_B) \tag{2-23}$$

两式相减可推出：

$$i = \frac{h''_{AB} - h'_{AB}}{(D''_A - D''_B) - (D'_A - D'_B)} \times \rho'' \tag{2-24}$$

3. 检验过程与步骤

(1) 如图 2-30(a)所示，在平坦的地面上选择相距约 80 m 的两点 A、B，打上木桩或放置尺垫立尺。用皮尺丈量 AB 的距离并确定中点 C。

(2) 将水准仪安置在 C 处，测量 AB 的高差。用双仪高法检核两点的高差。当两次仪器高的高差互差小于 3 mm 时，取平均值作为 AB 的高差 h'_{AB}。

由于前、后视距相等，所以 i 角对前、后视读数产生的影响都相等，计算出的高差不受 i 角误差影响，即：

$$h'_{AB} = a' - b' = (a' - x) - (b' - x) \tag{2-25}$$

(3) 将水准仪移至 B(或 A)点的外侧距 2～3 m 处，如图 2-30(b)所示。整平仪器，测量 A、B 的高差，读数分别是 a''、b''，则 $h''_{AB} = a'' - b''$。若 $h'_{AB} = h''_{AB}$，则说明水准管轴平行于视准轴。

(4) 若 $h'_{AB} \neq h''_{AB}$，将数据代入式(2-24)，计算 i 角值。当 $i > \pm 20''$ 时，则不满足条件，必须进行校正。

4. 校正过程与步骤

(1) 利用检验、计算的结果，将 i 角值代入 $a = a' - x_A$，计算出 A 尺的正确读数 a。

(2) 调节微倾螺旋，使望远镜十字丝的中丝对准 A 尺上的读数 a，这时视准轴就处于水平位置了，而望远镜上的附合水准管气泡必然不居中。

(3) 用校正针拨动目镜端水准管的上、下两个校正螺丝，如图 2-31 所示，使气泡居中，此时水准管轴也就处于水平位置了。校正时，必须先松一个，后紧另一个。

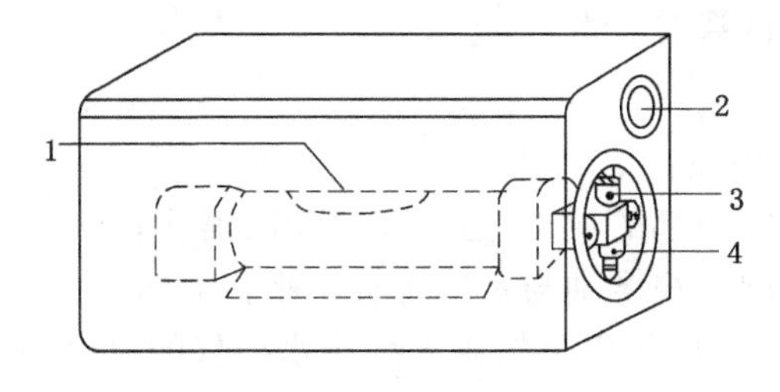

图 2-31 水准管轴校正

1——水准管气泡；2——气泡观察窗；3——上校正螺丝；4——下校正螺丝

校正后，重新观测 A、B 两点的高差，如果测出高差与正确高差的互差小于 3 mm，则认为已经校正好了。否则，还应重新校正，直到满足条件为止。

需要注意的是：

① 以上三项检验和校正按顺序进行，不应颠倒；

② 每项检验和校正要反复进行才能达到满意的效果。

思考与练习

1. 没有检验和校正的水准仪能直接拿来使用吗？为什么？

2. 水准仪的检验和校正包括哪些项目？

3. 在检验和校正水准仪时，各个项目能一次完成吗？

4. 练习完成一台 DS_3 型水准仪各项目的检验、校正。

任务七　了解水准测量误差的来源及消减办法

【知识要点】 分析水准测量误差的来源及影响。

【技能目标】 能采取措施消除或减小水准测量中的各种误差。

任务导入

由于受各种因素的影响，在水准测量的观测成果中总是不可避免地会含有误差。这些误差将影响测量成果的精确程度。

任务分析

对水准测量误差的来源进行分析，采用恰当措施消除或减小各种误差。

相关知识

水准测量的误差来自3个方面，即仪器和工具的自身误差、观测误差和外界因素引起的误差。

任务实施

一、水准仪和水准尺的误差

1. 水准仪的误差

水准仪的误差主要表现在：

(1) 仪器加工不够精密引起的误差，这种误差无法消除；

(2) 校正不够完善引起的视准轴与水准管轴不平行而造成的 i 角误差。

在水准测量外业作业时，应采以下措施来减小水准仪的自身误差：

(1) 在每一测站的观测中，尽量使测站到前、后视尺的距离相等；或在整个测程内，使前、后视距累计差很小。

(2) 严格检校仪器，并按水准测量技术再求限制视距差的长度，是降低水准仪误差的主要措施。

2. 水准尺的误差

水准尺的注记是从起始线0000、4687或4787开始的。水准尺因磨损使尺身底面与注记起始线不一致造成的零点差，或因尺长发生变化、尺身弯曲、分划不均匀等都会引起误差。

减小水准尺误差采取的措施有：

(1) 布设水准路线时，尽量设测站数为偶数，可以消除水准尺零点差。

(2) 使用满足技术要求的标准水准尺。

二、观测误差

观测误差包括水准管气泡居中误差、估读误差和水准尺倾斜误差。

1. 水准管气泡居中误差

观测时,水准管气泡的居中程度,是依靠观测者的眼睛观察气泡两端的两个半边影像是否重合后做出判断的。由于观测者的生理条件和观察习惯所限,当两个半边影像没有严格重合的现象没有被发现时,视准轴就不水平,就会引起误差。这种误差在读前视读数和后视读数时一般是不相等的,在计算每测站的高差时无法抵消。

设水准管分划值 $\tau=20''$,居中误差为 0.2 格,视线长度 D 为 75 m,根据式(2-19),产生的误差为:

$$x=\frac{0.2\tau\times D}{\rho''}=\frac{0.2\times 20''\times 75}{206\ 265''}=1.5\ \text{mm}$$

观测人员应加强练习,努力提高观测水平,养成仔细整平水准管的良好习惯,尽可能减少此项误差。

2. 估读误差

估读误差包含两个因素:

(1) 估读的毫米数误差。读数时,毫米数是通过望远镜十字丝的中丝,在水准尺的厘米分格的影像内估读出来的,这样必然有误差。从望远镜内看到中丝的粗细和厘米分格影像的宽度决定了估读毫米数的误差大小,而这两者又与望远镜的放大率和视距的长度有关。当望远镜放大率较小或视距过长时,会导致水准尺的成像小,估读误差增大。

(2) 视差没有完全消除引起的误差。视差的存在会影响读数的正确性。望远镜对光时,若视差没有完全消除,就会带来读数误差。

减弱误差采取的措施有:

(1) 在不同等级的水准测量中,限制视距的长度,有利于减小估读误差。

(2) 消除视差时,一定要认真地调焦对光。

3. 水准尺倾斜误差

如图 2-32 所示,水准尺不管是前倒还是后仰,都会将读数 a 读成始终偏大的读数 a',造成读数误差。因此,要求水准尺必须竖立在地面上,不能倾斜。

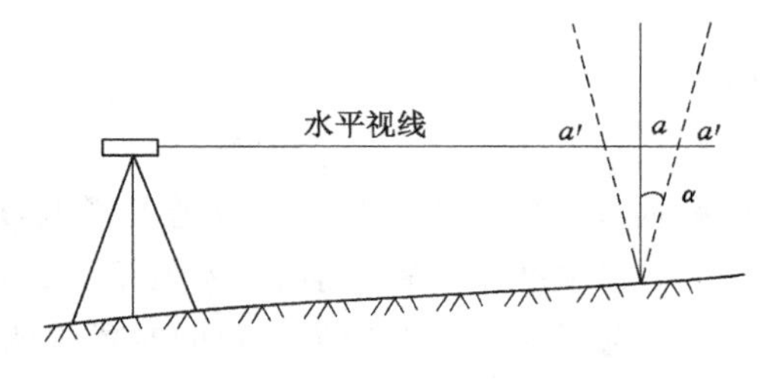

图 2-32　水准尺倾斜误差

为避免水准尺倾斜,要做到:

(1) 水准尺侧面配有水准器,扶尺时应保持气泡居中。

(2) 扶尺员应站立在水准尺的后方,双手扶尺,以便使水准尺竖直。

三、外界环境条件引起的误差

1. 地球曲率影响

水准测量时,要求水准尺沿铅垂线方向竖立,如图 2-33 所示。由于地球曲率的影响,大地水准面是曲面,如果水准仪的视线与大地水准面平行,则在水准尺上的读数应为 a 和 b,即正确高差为 $h=a-b$。但在现实中,水准仪提供的水平视线是直线,在水准尺上的读数分别为 a' 和 b',则 a' 与 a、b' 与 b 之差 c 就是地球曲率的影响。通过式 $h_{AB}=a'-b'=(a+c)-(b+c)=a-b$ 可以看出,如果水准仪距前、后视点的距离相等,地球曲率的影响在高差计算时就可以相互抵消。如果前、后视距差增大,地球曲率对高差影响增大。

外业作业时消除地球曲率影响的措施有：

(1) 在每一测站安置仪器时，将水准仪安置在前、后视距离相等处。

(2) 按等级要求，将水准路线的前、后视距差限定在一定范围内。

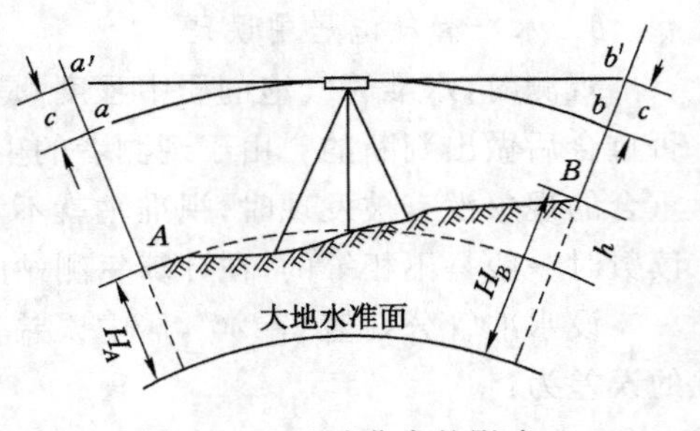

图 2-33 地球曲率的影响

2. 大气折光影响

光线穿过密度不均匀的介质时会发生折射，使光线的方向发生偏移，这种现象称为大气折光。

如图 2-34 所示，由于温度、湿度的不同，使得沿水准仪视线的大气密度不同，视线受到折射影响而发生弯曲，从而使水准尺上的读数 a 和 b 分别产生 r_1 和 r_2 的误差。在不平坦的区域，地面起伏较大，前、后视线与地面的距离不相等，从而对读数的影响也不相等。

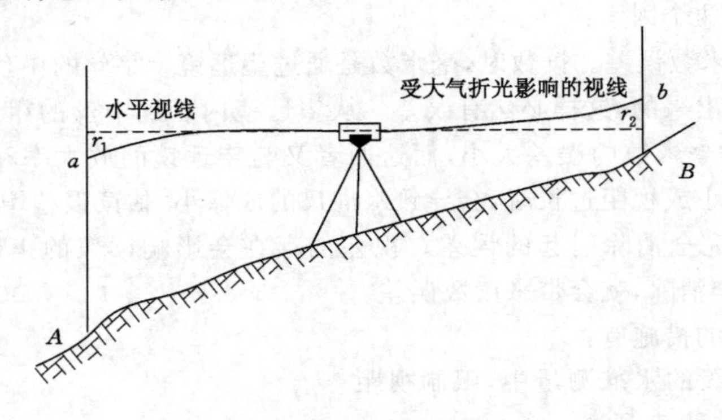

图 2-34 大气折光的影响

减弱以至消除大气折光对高差的影响，应采取以下措施：

(1) 将水准仪安置在前、后视距相等处。

(2) 选择大气状况较为稳定的时段观测。避免气温高的晴天中午进行观测。

(3) 抬高视线的高度，视线高于地面 0.3 m 以上。

3. 水准仪和水准尺下沉影响

(1) 水准仪下沉影响

由于土质疏松及仪器重量的影响，在观测过程中仪器会随放置时间的延长而逐渐下沉，从而引起误差。

如图 2-35 所示，若采用“后、前、前、后”的观测程序，第一次读取后视读数 a_1，当读前视读数 b_1 时，仪器下沉了 Δ，高差为 $h_{黑}=a_1-(b_1+\Delta)$。在读红面读数时，先读前视读数 b_2，当最后读取后视读数 a_2 时，仪器又下沉了 Δ，则 $h_{红}=(a_2+\Delta)-b_2$，取黑、红面高差的平均值：

$$h=\frac{(a_1-b_1)-(a_2-b_2)}{2} \tag{2-26}$$

从式(2-26)可以看出，取两高差平均值的方法就能消除仪器下沉的影响。但实际上，仪器的下沉量是不稳定的，所以，这种措施只能减弱仪器下沉的影响。

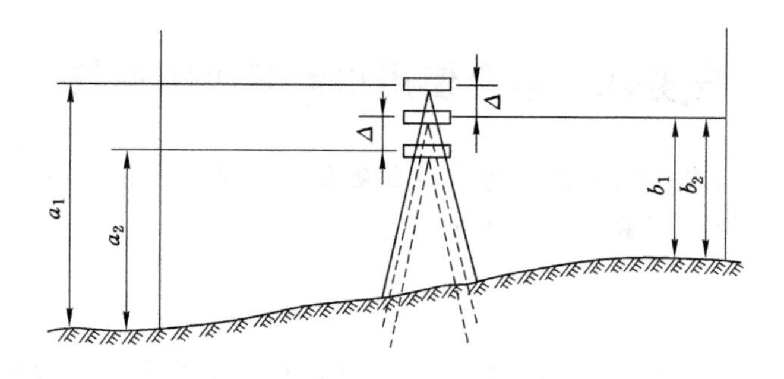

图 2-35　水准仪下沉的影响

（2）水准尺下沉影响

如图 2-36 所示，当第一站测量工作完成后转入第二站时，2 点的水准尺会由前视尺变为后视尺。由于 2 点处土质疏松或水准尺及尺垫重量的影响，使第一站的 2 点与第二站的 2 点在竖直方向上不在同一位置，水准尺的零点产生了 Δ 值的下降量。对于土质疏松程度相同的水准路线，造成的这种影响是系统性的，如果尺子下沉，则使高差增大，反之则使高差减小。

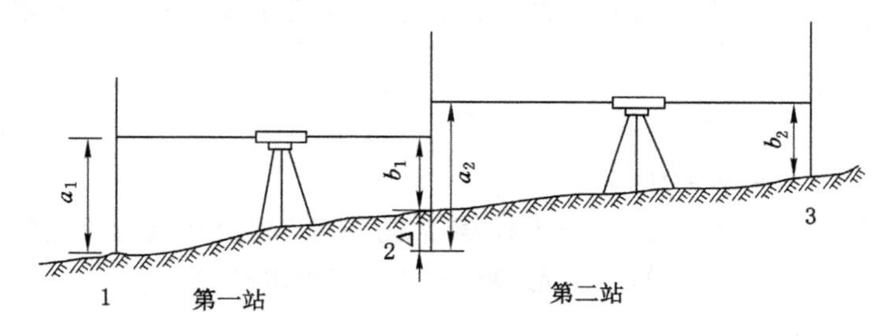

图 2-36　水准尺下沉的影响

为减弱和消除水准仪和水准尺下沉的影响，应采取以下措施：

① 在观测时，选择土质坚实的地方设测站和立尺，并把脚架、尺垫踩实。

② 熟练操作，提高观测效率，缩短观测时间。

③ 测站检核时，采用“后、前、前、后”的观测顺序。

④ 同一水准路线，采用往、返测观测取平均高差的方法会减弱误差影响。

以上各种影响会同时存在，也可能会相互抵消一部分。因此，应综合考虑其共同影响，在各方面都采取减小误差的措施，以减弱和消除影响，提高水准测量观测成果的精度。

思考与练习

1. 水准测量的误差来自于哪几个方面？

2. 在水准测量的外业作业时，采取什么措施来减弱或消除地球曲率的影响、大气折光的影响及仪器和水准尺下沉的影响？

任务八　学会使用自动安平水准仪

【知识要点】　自动安平水准仪的特点和自动安平原理。

【技能目标】　能操作自动安平水准仪。

任务导入

自动安平水准仪是自20世纪40年代以来，国内外厂家为了减少测量人员的工作量、减小外界因素的影响而设计生产的仪器。这种仪器用自动安平补偿装置代替了微倾式水准仪的管水准器。使用该仪器时，只需将仪器粗略整平，就可以实现视准轴精确水平，从而减少了仪器操作步骤，缩短了观测时间，减小了外界因素影响，提高了成果的精度。目前，自动安平水准仪得到了广泛使用。

任务分析

自动安平水准仪与微倾式水准仪的结构不同在于：在望远镜的光学系统中安装自动安平补偿器来代替管水准器，利用补偿器的自动补偿功能实现视准轴的快速水平。

相关知识

一、自动安平水准仪的结构

自动安平水准仪由望远镜、自动安平补偿器、竖轴系、制微动机构及基座等部分组成，并附有水平度盘装置。图2-37为苏州一光DSZ2自动安平水准仪。

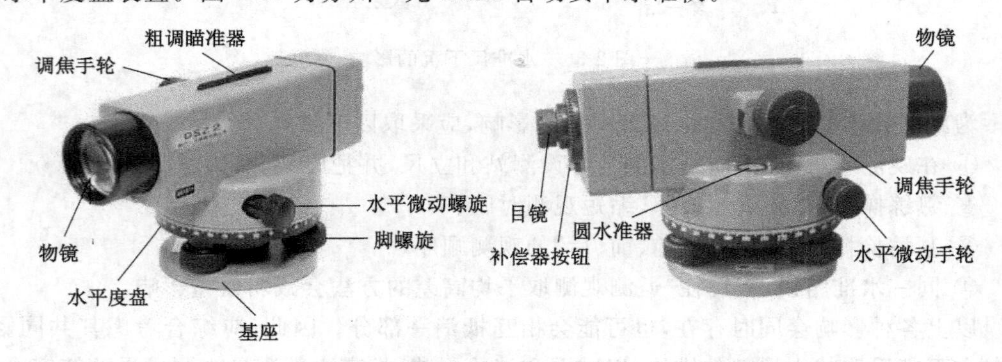

图2-37　苏州一光DSZ2自动安平水准仪

二、自动安平原理

自动安平水准仪类型很多，但其自动安平原理基本相同。

自动安平补偿原理：如图2-38(a)所示，设望远镜视准轴水平时，读数为a。当视准轴倾斜一个小偏角α，若没有补偿器时，则读数为a'。当在望远镜镜筒内安装一个补偿器时，如图2-38(b)所示。过物镜中心的水平光线就可以通过补偿器偏转一相应的角度β后依然到达十字丝交点，从而仍可读得视准轴水平时应有的读数a。实际上α、β都很小，若物镜焦距

f 与补偿器到十字丝距离 D 的关系满足 $f \cdot \alpha = D \cdot \beta$ 就能达到补偿的目的。

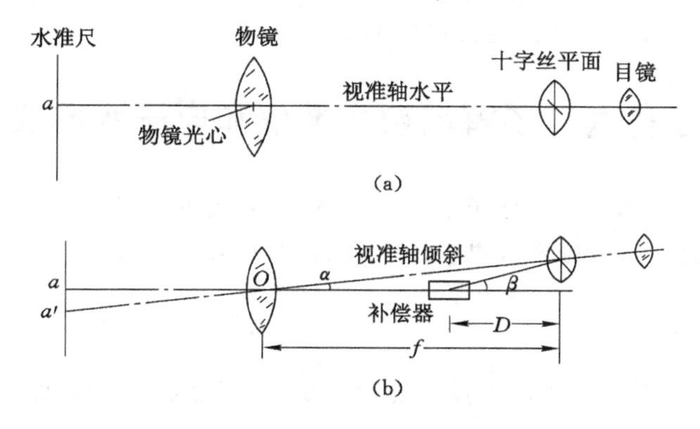

图 2-38 自动安平补偿原理

补偿器可分为空气阻尼补偿器和磁阻尼补偿器两大类。其中磁阻尼补偿器按照构造不同可分为台式磁阻尼补偿器、交叉式磁阻尼补偿器。

任务实施

一、自动安平水准仪的使用

与微倾式水准仪的使用方法相比，自动安平水准仪在操作中减少了精平视线的过程。因此，节省了观测时间。具体操作步骤为：

① 安置与粗平；

② 瞄准与调焦；

③ 读数。

二、使用自动安平水准仪时应该注意的问题

使用自动安平水准仪时，应十分注意圆水准器的气泡居中情况，并随时检查补偿器的自由悬挂情况，确保补偿器处于工作状态。

对于不同的仪器，补偿器是否正常工作的检查方法有以下几种情况：

(1) 对于有补偿器检查按钮的仪器：读数前轻按一下仪器目镜旁的补偿器触动按钮，如果水准尺读数变动后能恢复原有读数，则表示工作正常。

(2) 对于没有补偿器检查按钮的仪器：可用微调脚螺旋的方法，使仪器竖轴在视线方向稍作倾斜，若读数不变则表示补偿器工作正常。

(3) 对于有警告指示板的仪器：观察望远镜视场侧面的警告指示窗。当警告指示窗全部呈绿色，则表示补偿器工作正常。若窗内一端出现红色时，应重新安置仪器。

思考与练习

1. 自动安平水准仪在结构上与微倾式水准仪有何不同？
2. 自动安平水准仪的补偿原理是怎样的？
3. 怎样使用自动安平水准仪？
4. 使用自动安平水准仪时应注意什么问题？

5. 怎样检查补偿器的工作状态?

6. 学会使用自动安平水准仪进行水准测量。

任务九　了解精密水准仪和电子水准仪

【知识要点】 精密水准仪和电子水准仪的特点、精度及应用。

【技能目标】 能认识精密水准仪、电子水准仪和标尺。

任务导入

在进行国家一、二等水准测量以及重要建筑物、重要设备的沉降观测、地震观测时,都要进行精密水准测量。

任务分析

了解精密水准测量使用的仪器和工具。了解电子水准仪及其工具。

相关知识

精密水准仪一般是指精度高于±1 mm/km 的水准仪,与精密水准仪配合使用的是精密水准尺。

电子水准仪又称为数字式水准仪,它是在自动安平水准仪的基础上发展起来的集光电技术、计算机技术与数字摄影技术于一体的高科技新型水准仪,能进行水准测量的数据采集与处理。电子水准仪结构复杂,使用方便,它的出现彻底改变了人眼观测、读数的历史,是测量史上的一次革命。

任务实施

一、精密水准仪及精密水准尺简介

1. 精密水准仪

精密水准仪有微倾式、自动补偿式和数字式。精密水准仪必须具有精确性和可靠性,具体有以下要求:

(1) 有高质量的望远镜光学系统。一般精密水准仪的放大倍率应大于 40 倍,物镜的孔径应大于 50 mm,亮度高、影像清晰。

(2) 有坚固稳定的仪器结构。主要构件均用特殊的合金钢制成,并在仪器上套有起隔热作用的防护罩。

(3) 有高精度的测微器装置。光学测微器可以读到 0.1 mm,估读到 0.01 mm。

(4) 有高灵敏的管水准器。管水准器的格值为 $10''/2$ mm。

2. 精密水准尺

精密水准尺又称为因瓦水准尺。精密水准尺与普通水准尺相比较,制作要求高,分划精度高,分划为线条式,分划值小。精密水准尺尺身中镶有铟钢尺带,尺面基辅双排读数,尺身附有圆水准器,尺框不可伸缩。

图 2-39(a)所示为苏州一光 DS_{05} 型精密水准仪。该仪器采用自动补偿技术和数字式光学测微尺读数系统，可大大提高作业效率和测量精度。与其配套使用的高质量铟钢标尺如图 2-39(b)所示。

(a) (b)

图 2-39 苏州一光 DS_{05} 型精密水准仪和铟钢标尺

二、电子水准仪及条形编码水准尺简介

1. 电子水准仪的特点

电子水准仪具有以下特点：

(1) 操作简捷，测量速度快，能减轻劳动强度。

(2) 读数客观、测量精度高。

(3) 自动观测和记录，用数字显示测量结果，易实现测量工作自动化和流水线作业。

2. 电子水准仪的结构

电子水准仪包括传统光学系统、机械系统和信息处理系统。具体由基座、水准器、望远镜、操作面板和信息处理器等部件组成。信息处理系统中有行阵传感器和数字图像处理装置。行阵传感器可以摄取图像，数字图像处理装置可以识别数字图像并进行处理。数字图像处理的方法有相关法、几何法和相位法。

3. 条形编码水准尺

条形编码水准尺由玻璃钢或铟钢制成。由于各生产厂家采用的数字图像处理方法不同，标尺编码的条码图案各不相同，因此条码标尺不能互换使用。

三、电子水准仪的测量原理

采用条纹编码标尺和电子影像处理原理，用传感器代替观测者的眼睛，将望远镜像面上的标尺成像摄取并转换成数字信息，再利用数字图像处理技术来识别标尺条码，进而获得标尺读数和视距，并以数字的形式在显示屏上显示出来。

四、天宝 Trimble Dini03 电子水准仪

如图 2-40(a)所示为天宝 Trimble Dini03 电子水准仪，是目前世界上高精度的电子水准仪之一。它每千米往返水准观测精度可达 0.3 mm，最小显示 0.01 mm。其性能卓越，操作

方便，工作效率高，已广泛应用于地震、沉降观测、测绘及各项重大工程中。图 2-40(b)所示为条纹编码标尺。

(a) (b)

图 2-40 天宝 Trimble Dini03 电子水准仪及水准尺

五、电子水准仪的使用

电子水准仪使用主要有以下过程：

(1) 安置与粗平：由人工完成仪器的安置，并进行粗略整平。

(2) 瞄准：用瞄准器瞄准条形编码水准尺。

(3) 按下测量键。约 3～4 s 后，就可以显示出测量结果，并进行储存。

思考与练习

1. 什么样的水准仪被称为精密水准仪？
2. 对精密水准仪和精密水准尺有什么要求？
3. 电子水准仪有什么特点？
4. 说说电子水准仪的测量原理。

项目三 角度测量

任务一 理解角度测量的原理

【知识要点】 水平角、竖直角的概念。

【技能目标】 能正确理解水平角与竖直角的测量原理。

任务导入

角度测量是测量工作的基本内容之一。为了确定地面点的平面位置，需要观测水平角；为了确定地面点的高程，也经常需要观测竖直角。

任务分析

明确水平角、竖直角的概念，理解角度测量原理。

相关知识

水平角就是从一点出发的两条方向线所构成的空间角在水平面上的投影，用 β 表示。如图 3-1 所示，O 为测站点，角 AOB（即 β）为测站点和目标点构成的空间角，它在水平面 P 上的投影角 $A'O'B'$ 即为角 AOB 的水平角；水平角 β 是通过方向线 OA 和 OB 的两个竖面所形成的两面角。水平角的取值范围为 0°～360°。

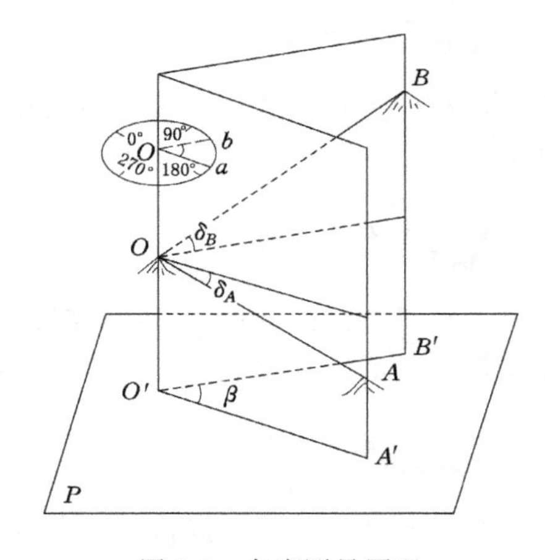

图 3-1 角度测量原理

竖直角又称垂直角，是同一竖直面内目标视线与水平线的夹角，用 δ 表示。如图 3-1 所示，竖直角有仰角和俯角之分，当目标视线位于水平线之上时，称为仰角，角值为正；当目标视线位于水平线之下时，称为俯角，角值为负。如图 3-1 所示，δ_A 为仰角，δ_B 为俯角。竖直角的取值范围为 0°～±90°。

任务实施

一、水平角测量原理

(1) 在测站点的上方某一高度水平放置一个有分划的圆盘，使其中心（O'）恰位于过测

站点 O 的铅垂线 O'—O 上。圆盘的刻划按顺时针注记。

(2) 由过 OA 的竖直面与圆盘的交线可得一目标读数 a；过 OB 的竖面与圆盘的交线得另一目标读数 b。

(3) 右方目标读数 a 减去左方目标(一般称为起始目标)读数 b 可得水平角：

$$\beta=a-b$$

二、竖直角测量原理

如图 3-1 所示，若在目标视线 OA 的竖直面内放置带有刻划的度盘(称为竖直度盘，简称竖盘)，当瞄准目标 A 时，目标视线 OA 在竖盘上的读数与水平线在竖盘上的读数差即为 OA 的竖直角 δ_A。由于水平线在竖盘上的读数是一个定值，所以在观测竖直角时只需观测目标点一个方向并读数，就可以计算该方向的竖直角。

思考与练习

1. 何谓水平角？在同一铅垂面内，瞄准不同高度的目标，在水平度盘上的读数是否相同？

2. 何谓竖直角？为何只瞄准一个目标即可测得垂直角？

任务二　认识 DJ_6 型光学经纬仪

【知识要点】 经纬仪的型号、构造以及各部分的功用。

【技能目标】 能从读数显微镜读出正确的度盘读数。

任务导入

经纬仪是角度测量中最常用的仪器，认识经纬仪的构造并学会使用它，是必须掌握的技能。

任务分析

了解经纬仪的系列和型号，掌握 DJ_6 型光学经纬仪构造及其各部件的作用，学会 DJ_6 型光学经纬仪的读数方法。

相关知识

光学经纬仪的种类按精度系列可分为 DJ_{07}、DJ_1、DJ_6、DJ_{15} 和 DJ_{60} 等六个级别，其中“D”、“J”分别为“大地测量”和“经纬仪”的汉语拼音的第一个字母，下标数字表示仪器的精度，即一测回水平方向中误差的秒数。下面着重了解地形测量和一般工程测量中最为常用的 DJ_6 型经纬仪和 DJ_2 型经纬仪。

一、DJ_6 型光学经纬仪的构造

光学经纬仪主要由照准部、水平度盘和基座三部分组成。图 3-2 为北京光学仪器厂生产的 DJ_6 型光学经纬仪。

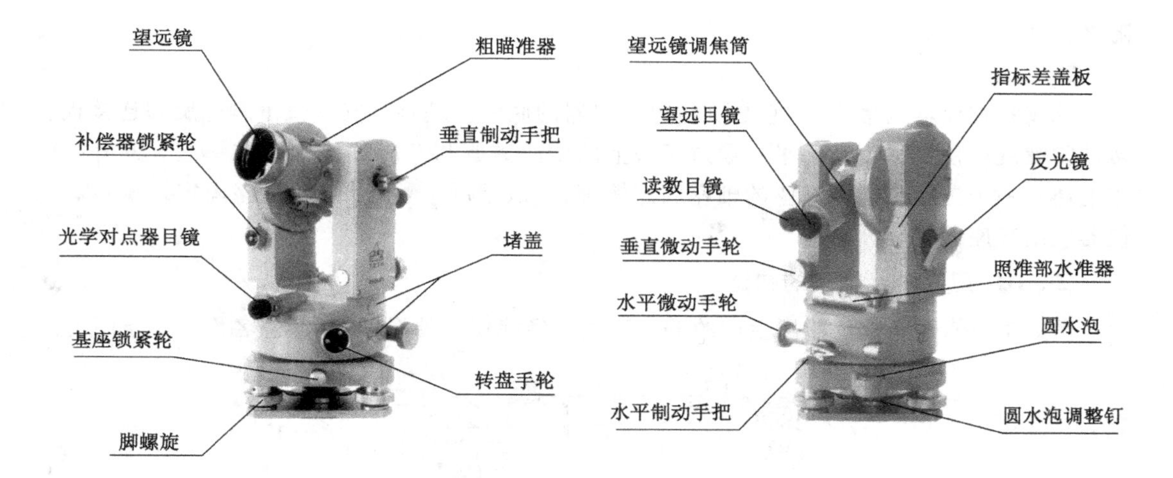

图 3-2　DJ_6型光学经纬仪

1. 照准部

照准部为经纬仪上部可绕竖轴转动的部分，由望远镜、竖直度盘、横轴、支架、竖轴、水准器、读数显微镜及其光学读数系统等组成。

(1) 望远镜：望远镜用于精确瞄准目标。它在支架上可绕横轴在竖直面内作仰俯转动，并由望远镜制动扳钮和望远镜微动螺旋控制。经纬仪望远镜的结构与水准仪望远镜的结构相同，由物镜、调焦镜、十字丝分划板、目镜和固定它们的镜筒组成。望远镜的放大倍率一般为 20～40 倍。

(2) 竖直度盘：竖直度盘用于观测竖直角。竖直度盘安装在横轴的一端，并随望远镜一起转动。竖直度盘是由光学玻璃制成的圆盘，其圆周刻有间隔相等的度盘分划，用于量度竖直角，度盘上相邻两分划间所含的圆心角值称为度盘分划值。

(3) 水准器：照准部上设有一个管水准器和一个圆水准器，与脚螺旋配合，用于整平仪器。和水准仪一样，圆水准器用于粗平，而管水准器则用于精平。

(4) 竖轴：照准部的旋转轴即为仪器的竖轴，竖轴插入竖轴轴套中，该轴套下端与轴座固连，置于基座内，并用轴座固定螺旋固紧，使用仪器时切勿松动该螺旋，以防仪器分离坠落。照准部可绕竖轴在水平方向旋转，并由水平制动扳钮和水平微动螺旋控制。图 3-2 所示的经纬仪，其照准部上还装有光学对中器，用于仪器的精确对中。

2. 水平度盘

水平度盘是由光学玻璃制成的圆盘，其边缘按顺时针方向刻有 0°～360°的分划，用于测量水平角。水平度盘与一金属的空心轴套结合，套在竖轴轴套的外面，并可自由转动。水平度盘的下方有一个固定在水平度盘旋转轴上的金属复测盘。复测盘配合照准部外壳上的转盘手轮，可使水平度盘与照准部结合或分离。按下转盘手轮，复测装置的簧片便夹住复测盘，使水平度盘与照准部结合在一起，当照准部旋转时，水平度盘也随之转动，读数不变；弹出转盘手轮，其簧片便与复测盘分开，水平度盘也和照准部脱离，当照准部旋转时，水平度盘则静止不动，读数改变。

有的经纬仪没有复测装置，而是设置一个水平度盘变位手轮，转动该手轮，水平度盘即随之转动。

3. 基座

基座是在仪器的最下部，它是支撑整个仪器的底座。基座上安有三个脚螺旋和连接板。转动脚螺旋可使水平度盘水平。通过架头上的中心螺旋与三脚架头固连在一起。此外，基座上还有一个连接仪器和基座的轴座固定螺旋，一般情况下，不可松动轴座固定螺旋，以免仪器脱出基座而摔坏。

二、DJ_2 型光学经纬仪的构造

图 3-3 为苏州光学仪器厂生产的 DJ_2 型光学经纬仪的外形图，各部件名称均注于图上。

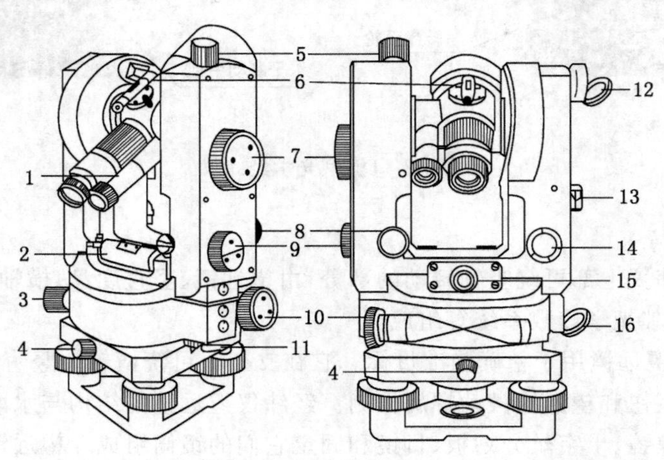

图 3-3　苏光 DJ_2 型光学经纬仪

1——读数显微镜；2——照准部水准管；3——水平制动螺旋；4——轴座连接螺旋；5——望远镜制动螺旋；6——瞄准器；7——测微轮；8——望远镜微动螺旋；9——换向手轮；10——水平微动螺旋；11——水平度盘位置变换手轮；12——竖盘照明反光镜；13——竖盘指标水准管；14——竖盘指标水准管微动螺旋；15——光学对点器；16——水平度盘照明反光镜

DJ_2 型光学经纬仪与 DJ_6 型光学经纬仪相比，在轴系结构和读数设备上均不相同。DJ_2 型光学经纬仪一般都采用对径分划线影像符合的读数设备，即将度盘上相对 180°的分划线，经过一系列棱镜和透镜的反射与折射后，显示在读数显微镜内，应用双平板玻璃或移动光楔的光学测微器，使测微时度盘分划线作相对移动，并用仪器上的测微轮进行操纵。采用对径符合和测微显微镜原理进行读数。

DJ_2 型光学经纬仪读数设备有如下两个特点：

(1) 采用对径读数的方法能读得度盘对径分划数的读数平均值，从而消除了照准部偏心的影响，提高了读数的精度。

(2) 在读数显微镜中，只能看到水平度盘读数或竖盘读数，可通过换向手轮分别读数。

任务实施

一、DJ_6 型光学经纬仪的读数方法

DJ_6 型光学经纬仪的水平度盘和竖直度盘的分划线通过一系列的棱镜和透镜作用，成像于望远镜旁的读数显微镜内，观测者用读数显微镜读取读数。由于测微装置的不同，DJ_6

型光学经纬仪的读数方法分为下列两种。

1. 分微尺测微器及其读数法

北京光学仪器厂生产的 DJ_6 型光学经纬仪采用的是分微尺读数装置。通过一系列的棱镜和透镜作用，在读数显微镜内，可以看到水平度盘和竖直度盘的分划以及相应的分微尺像，如图 3-4 所示。度盘最小分划值为 1°，分微尺上把度盘为 1°的弧长分为 60 格，所以分微尺上最小分划值为 1′，每 10′作一注记，可估读至 0.1′。

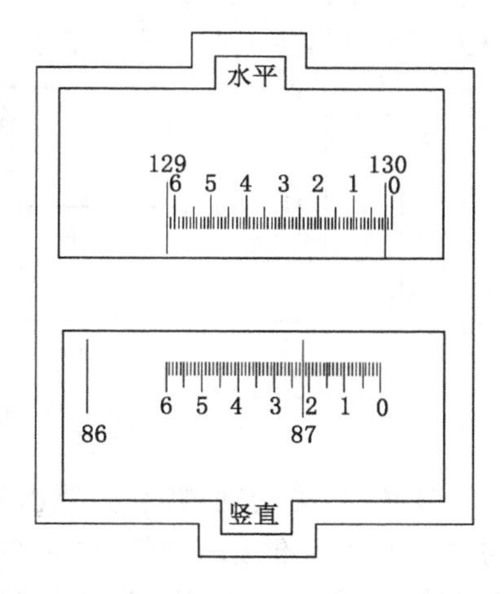

图 3-4　分微尺测微器读数窗视场

读数时，打开并转动反光镜，使读数窗内亮度适中，调节读数显微镜的目镜，使度盘和分微尺分划线清晰，然后，“度”可从分微尺中的度盘分划线上的注字直接读得，“分”则用度盘分划线作为指标，在分微尺中直接读出，并估读至 0.1′，两者相加，即得度盘读数。如图 3-4 所示，水平度盘的读数为 130°＋01′30″＝ 130°01′30″；竖盘读数为 87°＋22′00″＝ 87°22′。

2. 单平板玻璃测微器的读数方法

北京光学仪器厂生产的 DJ_6-1 型光学经纬仪，采用以下读数方法读数。图 3-5 所示为单平板玻璃测微器的读数窗视场，读数窗内可以清晰地看到测微盘（上）、竖直度盘（中）和水平度盘（下）的分划像。度盘凡整度注记，每度分两格，最小分划值为 30′；测微盘把度盘上 30′弧长分为 30 大格，1 大格为 1′，每 5′一注记，1 大格又分 3 小格，每小格 20″，不足 20″的部分可估读，一般可估读到 1/4 格，即 5″。

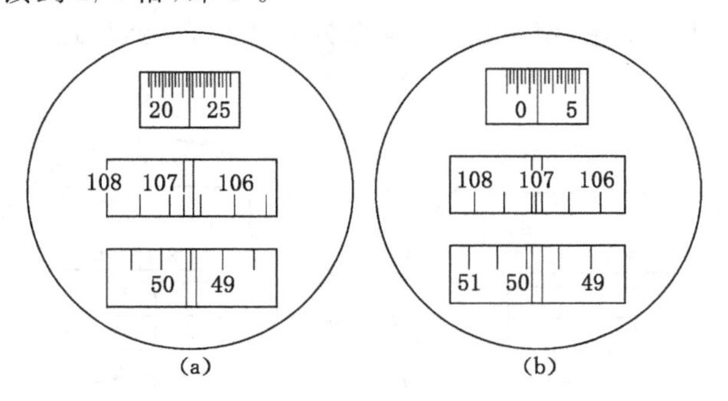

图 3-5　单平板玻璃测微器读数视场

读数时，打开并转动反光镜，调节读数显微镜的目镜，然后转动测微轮，使一条度盘分划线精确地平分双线指标，则该分划线的读数即为读数的度数部分，不足 30′的部分再从测微盘上读出，并估读到 5″，两者相加，即得度盘读数。每次水平度盘读数和竖直度盘读数都应调节测微轮，然后分别读取，两者共用测微盘，但互不影响。

图 3-5(a)中，水平度盘读数为 49°30′＋ 22′40″＝ 49°52′40″；

图 3-5(b)中，竖直度盘读数为 107°＋ 01′40″＝ 107°01′40″。

二、DJ_2 型光学经纬仪的读数方法

图 3-6 所示为一种 DJ_2 型光学经纬仪读数显微镜内符合读数法的视窗。读数窗中注记

正字的为主像，倒字的为副像。其度盘分划值为 20′，左侧小窗内为分微尺影像。分微尺刻划由 0′～10′，注记在左边。最小分划值为 1″，按每 10″注记在右边。

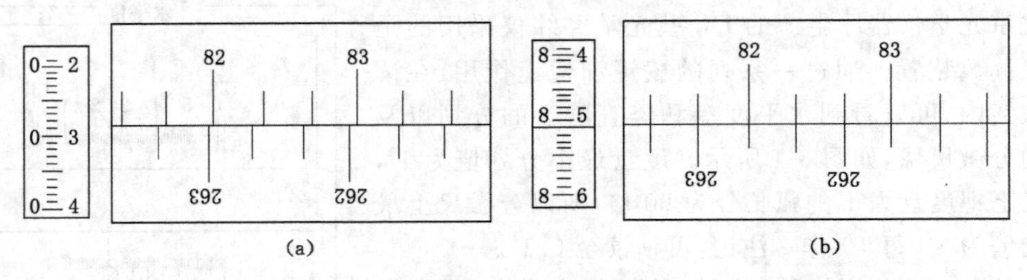

图 3-6 苏光 DJ_2 型光学经纬仪符合读数法视场

读数时，先转动测微轮，使相邻近的主、副像分划线精确重合，如图 3-6(b)所示，以左边的主像度数为准读出度数，再从左向右读出相差 180°的主、副像分划线间所夹的格数，每格以 10′计。然后在左侧小窗中的分微尺上，以中央长横线为准，读出分数、10 秒数和秒数，并估读至 0.1″，三者相加即得全部读数。图 3-6(b)所示的读数为 82°28′51″。

应该注意，在主、副像分划线重合的前提下，也可读取度盘主像上任何一条分划线的度数，但如与其相差 180°的副像分划线在左边时，则应减去两分划线所夹的格数乘以 10′，小数仍在分微尺上读取。例如图 3-6(b)中，在主像分划线中读取 83°，因副像 263°分划线在其左边 4 格，故应从 83°中减去 40′，最后读数为 83°－40′＋8′51″＝82°28′51″，与根据先读 82°分划线算出的结果相同。

近年来生产的 DJ_2 型光学经纬仪采用了数字化读数装置。如图 3-7 所示，中窗为度盘对径分划影像，没有注记；上窗为度和整 10′注记，并用小方框标记整 10′数；下窗读数为分和秒。读数时先转动测微手轮，使中窗主、副像分划线重合，然后进行读数。图 3-7 所示的读数为 64°15′22″。

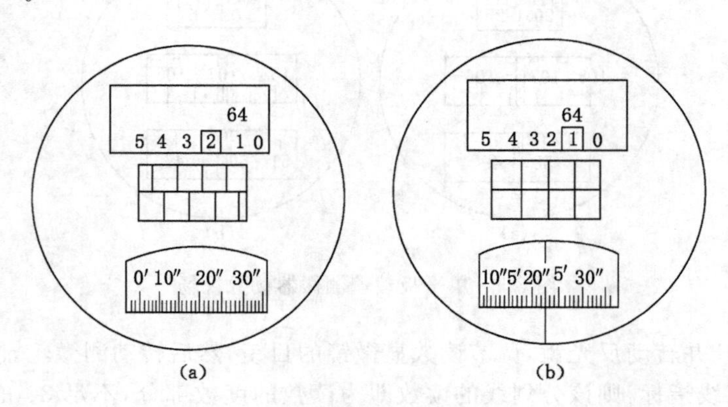

图 3-7 DJ_2 型光学经纬仪“数字化”读数窗视场

思考与练习

1. 经纬仪由哪些主要部件构成？各起什么作用？
2. 经纬仪上有哪些螺旋？各有什么作用？

任务三 学会 DJ_6 型经纬仪的操作和使用

【知识要点】 经纬仪的操作过程。

【技能目标】 能操作经纬仪并进行对中、整平、瞄准和读数。

任务导入

学会经纬仪的操作使用方法是进行角度测量工作的前提。

任务分析

经纬仪的使用操作包括三项内容：安置仪器、瞄准和读数。其中，经纬仪的安置包括对中、整平两项工作。

相关知识

对中的目的是：使仪器度盘中心与测站点标志中心位于同一铅垂线上。对中的方式有垂球对中和光学对中器对中两种。垂球对中易受风力影响，对中精度较低，工作中采用不多，这里不再介绍。目前生产的经纬仪均安装有光学对中器，对中精度可提高到 0.5 mm，在实际工作中大多采用光学对中器对中。光学对中器对中包括初步对中和精确对中。初步对中是通过推拉、旋转三脚架使测站点标志的影像进入对中器分划板标志中心。精确对中是通过在架头上平移仪器使测站点标志的影像进入对中器分划板标志中心。

整平的目的是：使经纬仪的水平度盘处于水平位置，使竖轴处于垂直位置。整平包括粗略整平和精确整平。粗略整平称为粗平，是通过伸缩三脚架腿使圆水准器气泡居中。精确整平称为精平，是通过调节基座上的脚螺旋使管水准器气泡居中。

瞄准就是用望远镜十字丝交点精确地照准目标。读数就是通过读数显微镜从读数窗读取度盘读数。

任务实施

一、安置仪器

采用光学对中器对中时，对中与整平是同时进行的，其操作步骤如下：

(1) 张开三脚架，调节脚架腿，使其高度适宜，并通过目估使架头水平、架头中心大致对准测站点。从箱中取出经纬仪安置于架头上，旋紧连接螺旋。

(2) 旋转对中器目镜螺旋使对中器分划板十分清晰，再推、拉对中器的目镜筒，使地面标志点成像清晰。

(3) 初步对中。保持三脚架架头大致水平并使一条架腿着地不动，两手分别提起另外两条架腿，同时眼睛观察光学对中器；推或拉两条架腿或转动三脚架，使测站点标志的影像进入分划板标志中心后，踩实三条架腿。

(4) 粗略整平。通过伸缩三脚架腿，调节三脚架的长度，使经纬仪圆水准器气泡居中。

(5) 精确对中。稍微松开仪器连接螺旋，观察光学对中器，平移仪器使测站点标志的影像进入分划板标志中心。

(6) 精确整平。旋转照准部，使水准管平行于任一对脚螺旋，如图 3-8(a)所示。转动这两个脚螺旋，使水准管气泡居中；将照准部旋转 90°，转动第三个脚螺旋，使水准管气泡居中，如图 3-8(b)所示。按以上步骤重复操作，直至水准管在这两个位置上气泡都居中为止。

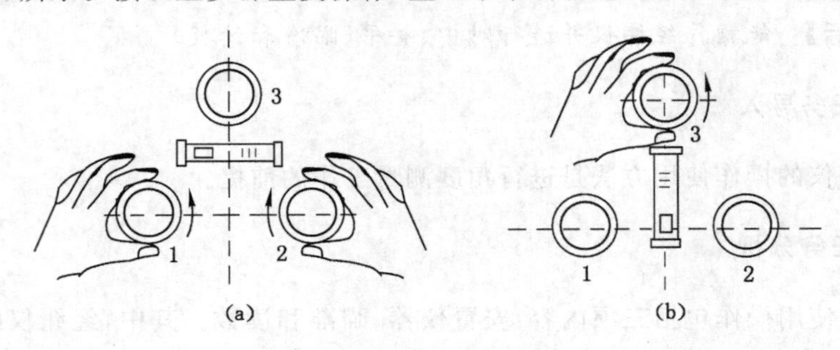

图 3-8 整平

由于对中与整平是相互影响的，因此，在安置仪器时，精确对中与精确整平要反复进行，直至既对中又整平时仪器才能安置好。

二、瞄准

瞄准的操作步骤如下：

(1) 目镜对光：将望远镜对向明亮背景，转动目镜对光螺旋，使十字丝成像清晰。

(2) 粗略瞄准：松开照准部制动螺旋与望远镜制动螺旋，转动照准部与望远镜，通过望远镜上的瞄准器对准目标，然后旋紧制动螺旋。

(3) 物镜对光：转动位于镜筒上的物镜对光螺旋，使目标成像清晰并检查有无视差存在，如果发现有视差存在，应重新进行对光，直至消除视差。

(4) 精确瞄准：旋转微动螺旋，使十字丝准确对准目标。观测水平角时，应尽量瞄准目标的基部，当目标宽于十字丝双丝距时，宜用单丝平分，如图 3-9(a)所示；目标窄于双丝距时，宜用双丝夹住，如图 3-8(b)所示；观测竖直角时，用十字丝横丝的中心部分对准目标位，如图 3-9(c)所示。

三、读数

读数前应调整反光镜的位置与开合角度，使读数显微镜视场内亮度适当，然后转动读数显微镜目镜进行对光，使读数窗成像清晰，再按上节所述方法进行读数。

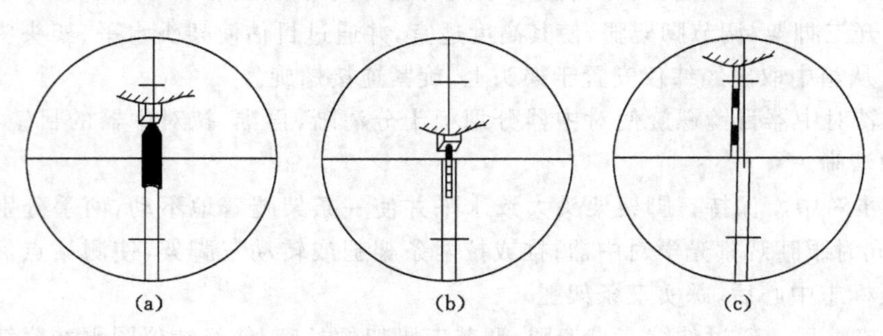

图 3-9 瞄准目标

思考与练习

1. 安置经纬仪时，为什么要进行对中和整平？
2. 进行经纬仪对中、整平练习。

任务四 学会测量水平角

【知识要点】 镜位；测回；测回法和全圆方向观测法的适用条件。

【技能目标】 能用测回法、全圆方向观测法观测水平角；对观测数据能进行正确记录和计算。

任务导入

角度测量是测量工作的基本内容。水平角是确定地面点位的基本工作之一。为了确定地面点平面坐标，需要进行水平角测量。

任务分析

经纬仪有不同的镜位。测量水平角时，根据观测的方向数目不同采用不同的测角方法。水平角的观测、记录和计算是按规定的步骤进行的，并按一定的要求进行记录和计算。

相关知识

一、镜位

镜位也称盘位，有盘左和盘右之分。当经纬仪的竖盘在望远镜视准轴的左侧时，称为盘左，也称正镜；当竖盘在视准轴方向的右侧时则称盘右，也叫倒镜。正镜时测的角度称为上半测回，倒镜时测的角度为下半测回，上、下两个半测回合称为一个测回。

二、水平角的测量方法

常用的水平角观测的方法有测回法和全圆方向观测法两种。

（1）测回法：适用于观测两个方向之间的单个水平角。

（2）全圆方向观测法：在一个测站上，当观测方向在三个以上时，一般采用全圆方向观测法。即从起始方向顺次观测各个方向后，最后要回测起始方向，即全圆的意思。最后一步称为“归零”，这种半测回归零的方法称为“全圆方向法”，如图 3-10 中 OA 为起始方向，也称零方向。若在半测回中不归零，则称为方向观测法。

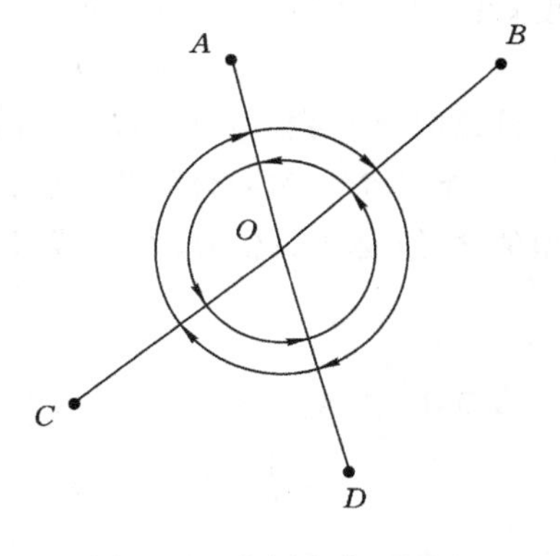

图 3-10 全圆方向观测法

任务实施

一、测回法观测

如图 3-11 所示，欲测出地面上 OA、OB 两方向间的水平角 β，可按下列步骤进行观测：

图 3-11　测回法观测水平角

(1) 在角顶 O 点安置经纬仪，在 A、B 点上分别竖立花杆。

(2) 以盘左位置照准左边目标 A，得水平度盘读数 $a_{左}$（如为 0°01′10″），记入表 3-1（观测手簿）第 4 栏相应位置。

(3) 松开照准部和望远镜制动螺旋，顺时针转动照准部，瞄准右边目标 B，得水平度盘读数 $b_{左}$（如为 145°10′25″），记入观测手簿相应栏内。

则盘左所测的角值为：

$$\beta_{左}=b_{左}-a_{左}=145°10'25''-0°01'10''=145°09'15''$$

以上完成了上半个测回。为了检核及消除仪器误差对测角的影响，应该以盘右位置再作下半个测回观测。

(4) 松开照准部和望远镜制动螺旋，纵转望远镜成盘右位置，先瞄准右边目标 B，得水平度盘读数 $b_{右}$（如为 325°10′50″），记入手簿；逆时针方向转动照准部，瞄准左边目标 A，得水平度盘读数 $a_{右}$（如为 180°01′50″），记入手簿，完成了下半测回，其水平角值为：

$$\beta_{右}=b_{右}-a_{右}=325°10'50''-180°01'50''=145°09'00''$$

计算时，均用右边目标读数 b 减去左边目标读数 a，不够减时，应加上 360°。

上、下两个半测回合称为一测回。用 DJ_6 型经纬仪观测水平角时，上、下两个半测回所测角值之差（称不符值）应小于或等于±40″。达到精度要求取平均值作为一测回的结果。

$$\beta=\frac{1}{2}(\beta_{左}+\beta_{右}) \tag{3-1}$$

本例中，因 $\beta_{左}-\beta_{右}=145°09'15''-145°09'00''=15''<+40''$，符合精度要求，故：

$$\beta=\frac{1}{2}(\beta_{左}+\beta_{右})=\frac{1}{2}(145°09'15''+145°09'00'')=145°09'08''$$

若两个半测回的不符值超过±40″时，则该水平角应重新观测。

观测数据的记录格式及计算见表 3-1。

当测角精度要求较高时，须观测 n 个测回。为了消除度盘刻划不均匀的误差，每个测回应按 $180°/n$ 的差值变换度盘起始位置。

表 3-1 是测回法水平角观测手簿。

表 3-1　　水平角观测手簿（测回法）

仪器型号 DJ_6　　　　日期 2017.06.10

测点	竖盘位置	目标	水平度盘读数	半测回角值	一测回角值	各测回平均角值	备注
O	左	A	0°01′10″	145°09′15″	145°09′08″	145°09′06″	
		B	145°10′25″				
	右	A	180°01′50″	145°09′00″			
		B	325°10′50″				
O	左	A	90°02′35″	145°09′00″	145°09′03″		
		B	235°11′35″				
	右	A	270°02′45″	145°09′05″			
		B	55°11′50″				

观测者＿＿＿＿＿　　　　记录者＿＿＿＿＿

二、全圆方向观测法观测

1. 全圆方向观测法的观测步骤

（1）如图 3-10 所示，安置仪器于 O 点，盘左位置且使水平度盘读数略大于 0°时照准起始方向，如图中的 A 点，读取水平度盘读数 a。

（2）顺时针方向转动照准部，依次照准 B、C、D 各个方向，并分别读取水平度盘读数为 b、c、d，继续转动照准部再次照准起始方向 A，读水平度盘读数 a'。这步观测称为“归零”，a' 与 a 之差，称为“半测回归零差”。DJ_6 型经纬仪为 24″。如归零差超限，则说明在观测过程中，水平度盘位置有变动，此半测回应该重测。测量规范要求的限差参见表 3-2。

表 3-2　　方向观测法水平角观测限差

项目 ＼ 仪器类型	DJ_2	DJ_6
半测回归零差	±8″	
一测回 $2c$ 变动范围	±13″	±24″
各测回同一归零方向值互差	±9″	±36″
光学测微器两次重合差	±3″	±24″

以上观测过程为全圆方向法的上半个测回。

（3）以盘右位置按逆时针方向依次照准 A、D、C、B、A，并分别读取水平度盘读数。以上为下半个测回的观测，下半测回归零差也不应超过限差规定。

每次读数都应按规定格式记入表 3-3 中。

上、下半测回合起来称为一测回。当精度要求较高时，可观测 n 个测回，为了消除度盘刻划不均匀误差，每测回也要按 $180°/n$ 的差值变换度盘的起始位置。

表 3-3 **水平角观测手簿(全圆方向观测法)**

测区________ 观测者________ 记录者________

____年____月____日 天气________ 成像________ 仪器型号________

测回	测站	目标	水平度盘读数		2c=左−(右±180°)	平均读数=1/2[左+(右±180°)]	归零后之方向值	各测回归零方向值之平均值	略图及角值
			盘左	盘右					
			(° ′ ″)	(° ′ ″)	(″)	(° ′ ″)	(° ′ ″)	(° ′ ″)	
1	O	A	0 01 00	180 01 18	−18	(0 01 15) 0 01 09	0 00 00	0 00 00	
		B	91 54 06	271 54 00	+6	91 54 03	91 52 48	91 52 45	
		C	153 32 48	333 32 48	0	153 32 48	153 31 33	151 31 33	
		D	214 06 12	34 06 06	+06	214 06 09	214 04 54	214 05 00	
		A	0 01 24	180 01 18	+06	0 01 21			
2	O	A	9 001 12	270 01 24	−12	(90 01 27) 90 01 18	0 00 00		
		B	181 54 00	1 54 18	−18	181 54 09	91 52 42		
		C	243 32 54	63 33 06	−18	243 33 00	153 31 33		
		D	304 06 36	124 06 30	+6	304 06 33	214 05 06		
		A	90 01 36	270 01 36	0	90 01 36			

2. 全圆方向观测法的计算与限差

(1) 计算两倍照准误差 $2c$ 值

同一台仪器观测同一方向盘左、盘右读数之差称为二倍照准误差,简称 $2c$ 值。它是由于视准轴不垂直于横轴引起的观测误差,计算公式为:

$$2c = 盘左读数 - (盘右读数 \pm 180°)$$

对于 DJ_6 型经纬仪,$2c$ 值只作参考,不作限差规定。如果其变动范围不大,说明仪器是稳定的,不需要校正,取盘左、盘右读数的平均值即可消除视准轴误差的影响。

(2) 一测回内各方向平均读数的计算

$$同一方向的平均读数 = \frac{1}{2} \times [盘左读数 + (盘右读数 \pm 180°)]$$

起始方向有两个平均读数,应再取其平均值,将算出的结果填入同一栏的括号内,如第一测回中的(0°01′15″)。

(3) 一测回归零方向值的计算

将各个方向(包括起始方向)的平均读数减去起始方向的平均读数,即得各个方向的归零方向值。显然,起始方向归零后的值为 0°00′00″。

(4) 各测回平均方向值的计算

每一测回各个方向都有一个归零方向值,当各测回同一方向的归零方向值之差不大于 24″(针对 DJ_6 型经纬仪),则可取其平均值作为该方向的最后结果。

(5) 水平角值的计算

将右方向值减去左方向值即为该两方向的夹角。

思考与练习

1. 试述水平角观测的步骤。
2. 测量水平角时，为什么要进行盘左、盘右观测？
3. 根据下列水平角观测记录，计算出该水平角。

水平角观测记录(测回法)

测站	目标	竖盘	水平度盘读数 /(° ′ ″)	半测回角值 /(° ′ ″)	平均角值 /(° ′ ″)	备注
B	C	左	0 01 30			A B β C
	A		248 34 24			
	C	右	180 01 42			
	A		68 34 36			

4. 根据下列水平角观测记录，计算出各水平角。

测回	测站	目标	水平度盘读数		$2c$＝左－(右±180°) /(° ′ ″)	平均读数＝1/2[左＋(右±180°)] /(° ′ ″)	归零后之方向值 /(° ′ ″)	各测回归零方向值之平均值 /(° ′ ″)	略图及角值
			盘左 /(° ′ ″)	盘右 /(° ′ ″)					
1	O	A	60 01 06	240 01 12					A B C D
		B	151 33 12	331 33 06					
		C	213 40 30	33 40 24					
		D	274 26 12	94 26 06					
		A	60 01 24	240 01 18					

任务五 学会测量竖直角

【知识要点】 竖直度盘的构造，竖盘指标差。

【技能目标】 能进行竖直角的观测、记录和计算；能计算竖盘指标差。

任务导入

为了确定地面点的高程，常需要测量竖直角。测量竖直角需要进行观测、记录和计算。

任务分析

了解竖直度盘的构造和竖盘指标差是理解竖直角测量原理的基础，学会竖直角的观测方法，学会记录和计算竖直角。

相关知识

一、竖直度盘的构造

竖直度盘简称竖盘，图 3-12 所示为 DJ_6 型经纬仪竖盘构造示意图，主要包括竖盘、竖盘指标、竖盘指标水准管和竖盘指标水准管微动螺旋。竖盘固定在横轴的一侧，随望远镜在竖直面内同时上、下转动；竖盘读数指标不随望远镜转动，它与竖盘指标水准管连接在一个微动架上，转动竖盘指标水准管微动螺旋，可使竖盘读数指标在竖直面内作微小移动。当竖盘指标水准管气泡居中时，读数指标应处于竖直位置，即在正确位置。有些新型经纬仪安装了自动归零装置来代替指标水准管，测定竖直角时，只要将支架上的自动归零开关转到“ON”状态，放开阻尼器钮，待其稳定后，竖盘指标即处于正确位置，可以直接进行读数，从而提高了观测速度和精度。当不测竖直角时，将竖盘指标自动归零开关转到“OFF”，以保护其自动归零装置。

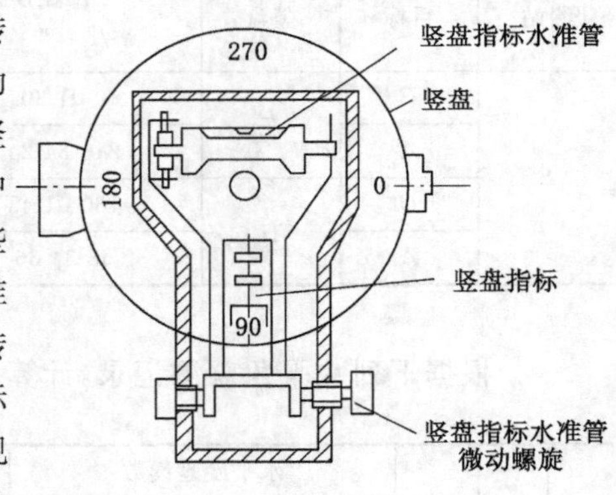

图 3-12 竖盘结构示意图

竖盘的刻划注记形式很多，常见的光学经纬仪竖盘都为全圆式刻划，如图 3-13 所示，可分为顺时针和逆时针两种注记，盘左位置视线水平时，竖盘读数均为 90°，盘右位置水平视线时竖盘读数均为 270°。多数 DJ_6 型经纬仪采用的是顺时针注记的竖盘，如图 3-13(a)所示。

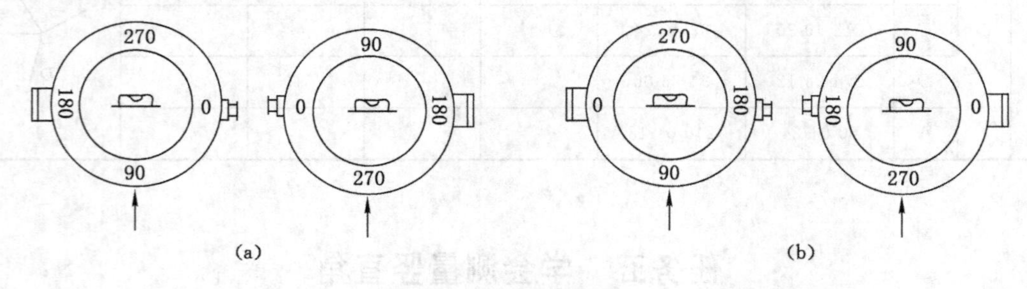

图 3-13 竖盘注记的形式

二、竖盘指标差

当望远镜的视线水平，竖盘指标水准管气泡居中时，竖盘指标所指的读数应为 90°或 270°，否则，其差值即称为竖盘指标差，以 x 表示，如图 3-14 所示。它是由于竖盘指标水准管与竖盘读数指标的关系不正确等因素而引起的。

竖盘指标差有正、负之分，当指标偏移方向与竖盘注记方向一致时，会使竖盘读数中增

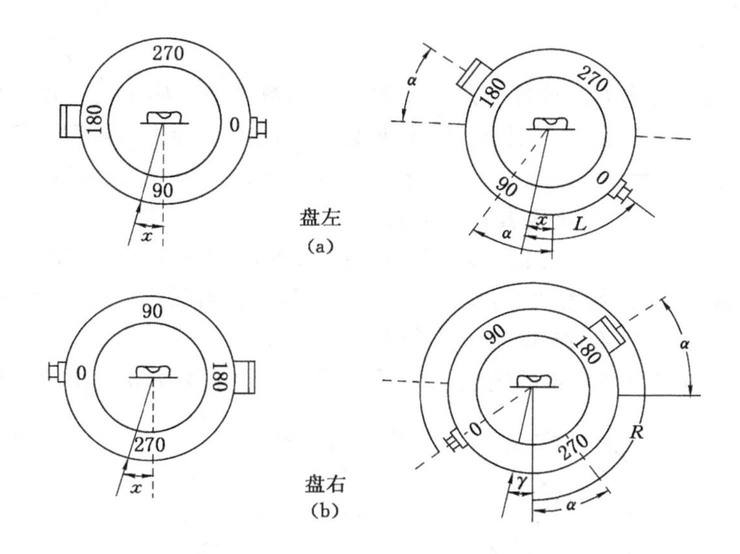

图 3-14　竖盘指标差

大一个 x 值，即 x 为正；反之，当指标偏移方向与竖盘注记方向相反时，则使竖盘读数中减小了一个 x 值，故 x 为负。

任务实施

一、竖直角的观测和记录

(1) 在测站 O 点上安置经纬仪，以盘左位置用望远镜的十字丝中横丝，瞄准目标上某一点 M。

(2) 转动竖盘指标水准管微动螺旋，使气泡居中，读取竖盘读数 L。

(3) 倒转望远镜，以盘右位置再瞄准目标上 M 点。调节竖盘指标水准管气泡居中，读取竖盘读数 R。竖直角的观测记录手簿见表 3-4。

表 3-4　　**竖直角观测手簿**

仪器型号________　　日期________

测站	目标	竖盘位置	竖盘读数 /(° ′ ″)	半测回竖直角 /(° ′ ″)	指标差 /(″)	一测回竖直角 /(° ′ ″)	备　注
O	A	左	80 20 36	9 39 24	+15	9 39 39	盘左时竖盘注记 (270, 180, 0, 90)
		右	279 39 54	9 39 54			
	B	左	96 05 24	−6 05 24	+6	−6 05 18	
		右	263 54 48	−6 05 12			

观测者________　　记录者________

二、竖直角的计算

竖直角是由倾斜视线方向读数与水平视线方向读数之差来确定的。由于竖盘的注记形式不同,竖直角的计算公式也不相同。在外业观测竖直角时,判定计算竖直角公式的方法是:以盘左位置先将望远镜大致放平,读取竖直度盘读数;然后将望远镜逐渐向上仰,再观察读数是增加还是减少,就可以确定其计算公式。

当望远镜上倾,竖盘读数减小时,竖直角=(视线水平时的读数)-(瞄准目标时的读数);

当望远镜上倾,竖盘读数增加时,竖直角=(瞄准目标时的读数)-(视线水平时的读数)。

计算结果为"+"是仰角,结果为"-"是俯角。

现以 DJ_6 型经纬仪中最常见的竖盘注记形式(图 3-15)来说明竖直角的计算方法。

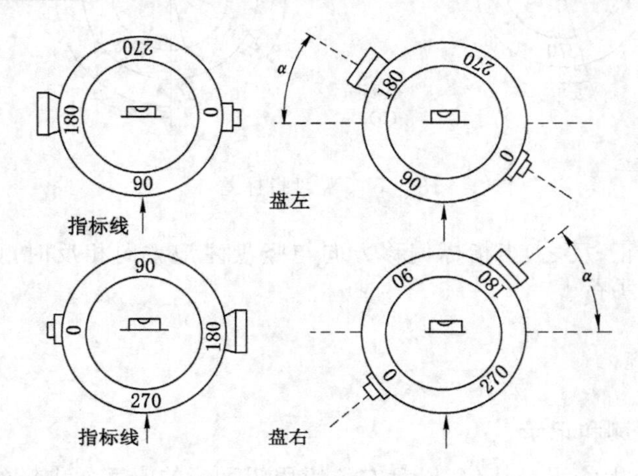

图 3-15　竖直角计算示意图

由图可知,在盘左位置、视线水平时的读数为 90°,当望远镜上倾时读数减小;在盘右位置、视线水平时的读数为 270°,当望远镜上倾时读数增加。如以"L"表示盘左时瞄准目标时的读数,"R"表示盘右时瞄准目标时的读数,则竖直角的计算公式为:

$$\delta_L = 90° - L \tag{3-2}$$

$$\delta_R = R - 270° \tag{3-3}$$

最后,取盘左、盘右的竖直角平均值作为观测结果,即:

$$\delta = \frac{1}{2}(\delta_L + \delta_R) = \frac{1}{2}(R - L) - 90° \tag{3-4}$$

例如:求表 3-4 中 OA、OB 的竖直角。

根据公式(3-4)可得:

$$\delta_{OA} = \frac{1}{2}(R - L) - 90° = \frac{1}{2}(279°39'54'' - 80°20'36'') - 90° = +9°39'39''$$

$$\delta_{OB} = \frac{1}{2}(263°54'48'' - 96°05'24'') - 90° = -6°05'18''$$

以上计算中未考虑竖盘指标差对竖直角的影响。实际上,在竖直角的观测过程中,竖盘指标差的影响始终是存在的。因此,在竖直角计算中,应考虑竖盘指标差的影响,并采取措施消除它。

图 3-15 中，指标偏移方向和竖盘注记方向一致，x 为正值，那么在盘左和盘右读数中都将增大一个 x 值。因此，若用盘左读数计算正确的竖直角 δ，则：

$$\delta = (90^\circ + x) - L = \delta_L + x \tag{3-5}$$

若用盘右读数计算竖直角时，应为：

$$\delta = R - (270^\circ + x) = \delta_R - x \tag{3-6}$$

由式(3-4)＋式(3-5)得：

$$\delta = \frac{1}{2}(\delta_L + \delta_R) = \frac{1}{2}(R - L) - 90^\circ$$

上式与式(3-4)完全相同，说明利用盘左、盘右两次读数求算竖角，可以消除竖盘指标差对竖直角的影响。

由式(3-5)－式(3-6)得：

$$x = \frac{1}{2}(\delta_R - \delta_L) = \frac{1}{2}(L + R) - 180^\circ \tag{3-7}$$

由表 3-4 中的观测数据和式(3-7)，可求出 OA、OB 方向的竖盘指标差分别为＋15″和＋6″。

在测量竖直角时，虽然利用盘左、盘右两次观测能消除指标差的影响，但求出指标差的大小可以检查观测成果的质量。同一仪器在同一测站上观测不同的目标时，在某段时间内其指标差应为固定值，但由于观测误差、仪器误差和外界条件的影响，使实际测定的指标差数值总是在不断变化，对于 DJ_6 型经纬仪该变化不应超过 25″。

思考与练习

1. 何谓垂直度盘指标差？在观测中如何抵消指标差？
2. 在外业观测时，怎样确定竖直角的计算公式。
3. 根据下列垂直度盘形式和垂直角观测记录，计算出这些垂直角。

测站	目标	竖盘	竖盘读数 /(° ′ ″)	半测回垂直角 /(° ′ ″)	一测回垂直角 /(° ′ ″)	备　注
A	B	左	72 36 12			盘左时竖盘注记 270 180 0 90
		右	287 23 44			
	C	左	88 15 52			
		右	271 44 06			
	D	左	102 50 32			
		右	257 09 20			

任务六　学会检验和校正 DJ_6 型光学经纬仪

【知识要点】 经纬仪各轴线间应满足的几何条件。

【技能目标】 能对经纬仪进行各项检验与校正。

任务导入

经纬仪各主要轴线之间，必须满足一定的几何条件，才能测出符合精度要求的测量成果。由于在搬运、装箱、使用仪器的过程中，各轴线之间应该保证的几何关系可能发生了改变。因此，在使用仪器前要对其进行检验校正，使仪器各轴线间保持正确的几何关系。

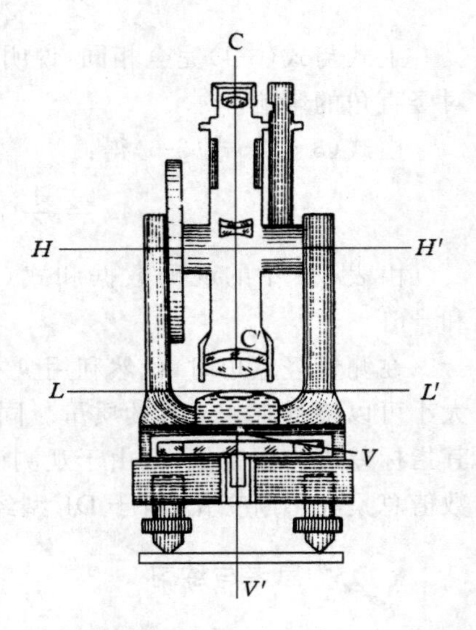

图 3-16　经纬仪的轴线

任务分析

如图 3-16 所示，经纬仪的几何轴线有望远镜的视准轴 CC'、横轴（望远镜俯仰转动的轴）HH'、照准部水准管轴 LL' 和仪器的竖轴 VV' 等，各轴之间应满足一定的几何关系。

相关知识

测量角度时，经纬仪应满足下列几何条件：

(1) 照准部水准管轴应垂直于竖轴（$LL' \perp VV'$）；

(2) 十字丝竖丝应垂直于横轴；

(3) 视准轴应垂直于横轴（$CC' \perp VV'$）；

(4) 横轴应垂直于竖轴（$HH' \perp VV'$）；

(5) 竖盘指标差应接近于零。

(6) 光学对点器的检验与校正。

任务实施

一、照准部水准管轴应垂直于竖轴的检验与校正（$LL' \perp VV'$）

1. 检验方法

将仪器大致整平后，转动照准部，使水准管与任意一对脚螺旋的连线平行，如图 3-17(a) 中的 $ab \parallel 12$，调节脚螺旋 1、2，使水准管气泡居中，再转动照准部，使水准管 $ab \parallel 13$（此时 a 端与 1 在同一侧），旋转脚螺旋 3（不能转动 1），使气泡居中，如图 3-17(b) 所示，这时 2、3 两脚螺旋已经等高。然后再转动照准部，使水准管 $ab \parallel 32$，如图 3-17(c) 所示，此时若水准管气泡仍居中，则条件满足；若气泡偏离零点位置一格以上，则应进行校正。

2. 校正方法

校正时，用校正针拨动水准管校正螺丝，使其气泡精确居中即可。由于图 3-17 中(a)、(b)

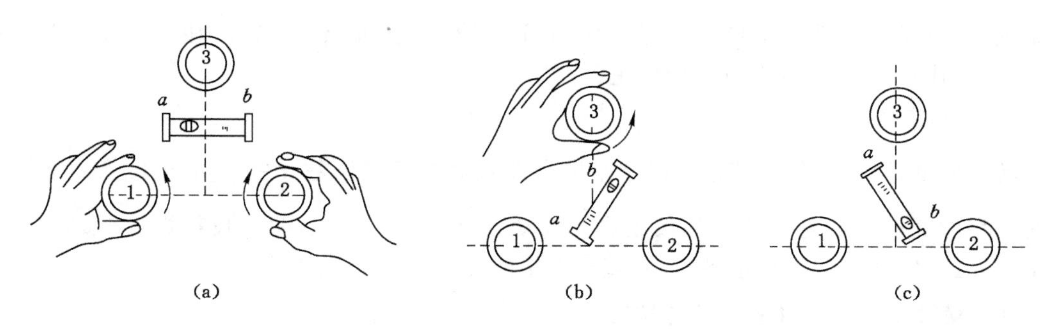

图 3-17　管水准器的检验与校正

所示两步连续操作后，2、3 脚螺旋已等高，因此，在校正时应注意不能再转动它们。

这项校正要反复进行几次，直至照准部转到任何位置，气泡均居中或偏离零点位置不超过半个格为止。对于圆水准器的检验校正，可利用已校正好的水准管整平仪器，此时若圆水准气泡偏离零点位置，则用校正针拨动其校正螺丝，使气泡居中即可。

二、十字丝纵丝垂直于横轴的检验与校正

1. 检验方法

整平仪器，以十字丝的交点精确瞄准任一清晰的小点 P，如图 3-18 所示。拧紧照准部和望远镜制动螺旋，转动望远镜微动螺旋，使望远镜上、下微动，如果所瞄准的小点始终不偏离纵丝，则说明条件满足；若十字丝交点移动的轨迹明显偏离了 P 点，如图 3-18 中的虚线所示，则需进行校正。

2. 校正方法

卸下目镜处的外罩，即可见到十字丝分划板校正设备，如图 3-19 所示。松开四个十字丝分划板套筒压环固定螺钉，转动十字丝套筒，直至十字丝纵丝始终在 P 点上移动，然后再将压环固定螺钉旋紧。

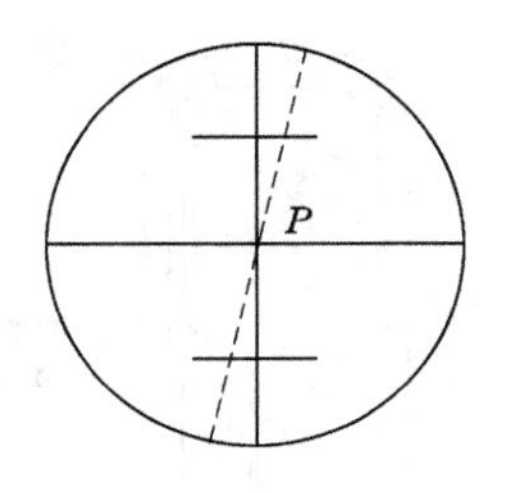

图 3-18　十字丝检验

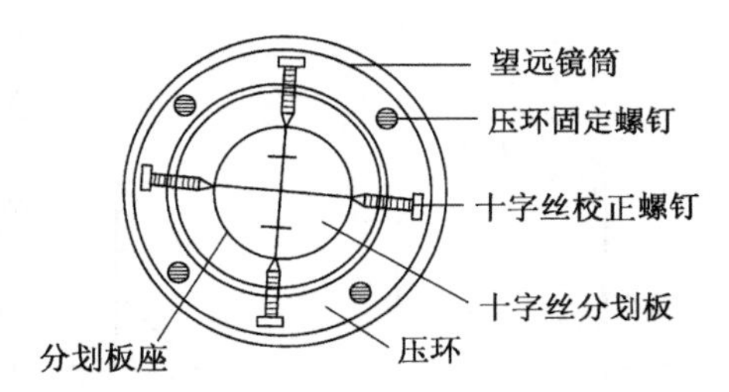

图 3-19　十字丝分划板校正设备

三、视准轴垂直于横轴的检验与校正

视准轴不垂直于横轴所偏离的角度叫照准误差，一般用 c 表示。它是由于十字丝交点位置不正确所引起的。因照准误差的存在，当望远镜绕横轴旋转时，视准轴运行的轨迹不是一个竖直面而是一个圆锥面。所以当望远镜照准同一竖直面内不同高度的目标时，其水平度盘的读数是不相同的，从而产生测角误差。因此，视准轴必须垂直于横轴。

1. 检验方法

整平仪器后，以盘左位置瞄准远处与仪器大致同高的一点 P，读取水平度盘读数 a_1；纵

转望远镜，以盘右位置仍瞄准 P 点，并读取水平盘读数 a_2；如果 a_1 与 a_2 相差 180°，即 $a_1=a_2\pm180°$，则条件满足，否则应进行校正。

2. 校正方法

转动照准部微动螺旋，使盘右时水平度盘读数对准正确读数 $a=\frac{1}{2}[a_2+(a_1\pm180°)]$，这时十字丝交点已偏离 P 点。用校正拨针拨动十字丝环的左、右两个校正螺丝，如图 3-19 所示，一松一紧使十字丝环水平移动，直至十字丝交点对准 P 点为止。

四、横轴垂直于竖轴的检验与校正

若横轴不垂直于竖轴，视准轴绕横轴旋转时，视准轴移动的轨迹将是一个倾斜面，而不是一个竖直面，这种情况下观测同一竖直面内不同高度的目标时，将得到不同的水平度盘读数，从而产生测角误差。因此，横轴必须垂直于竖轴。由此检校可知，盘左、盘右瞄准同一目标并取读数的平均值，可以抵消视准轴误差的影响。

1. 检验方法

在距一洁净的高墙 20～30 m 处安置仪器，以盘左瞄准墙面高处的一固定点 P（视线尽量正对墙面，其仰角应大于 30°），固定照准部，然后大致放平望远镜，按十字丝交点在墙面上定出一点 A，如图 3-20(a)所示。同样再以盘右瞄准 P 点，放平望远镜，在墙面上定出一点 B，如图 3-20(b)所示。如果 A、B 两点重合，则满足要求，否则需要进行校正。

2. 校正方法

取 AB 的中点 M，并以盘右（或盘左）位置瞄准 M 点，固定照准部，抬高望远镜使其与 P 点同高，此时十字丝交点将偏离 P 点而落到 P' 点上。校正时，可拨动支架上的偏心轴承板（图 3-21），使横轴的右端升高或降低，直至十字丝交点对准 P 点，此时，横轴误差已消除。

图 3-21 所示为 DJ_6 型光学经纬仪常见的横轴校正装置。校正时，打开仪器右端支架的护盖，放松三个偏心轴承板校正螺钉，转动偏心轴承板，即可使得横轴右端升降。

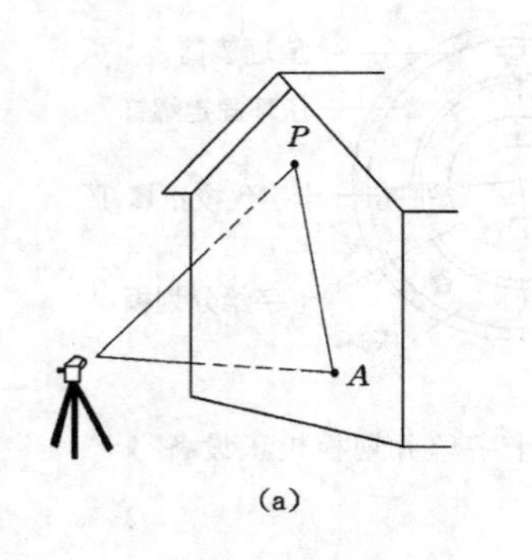

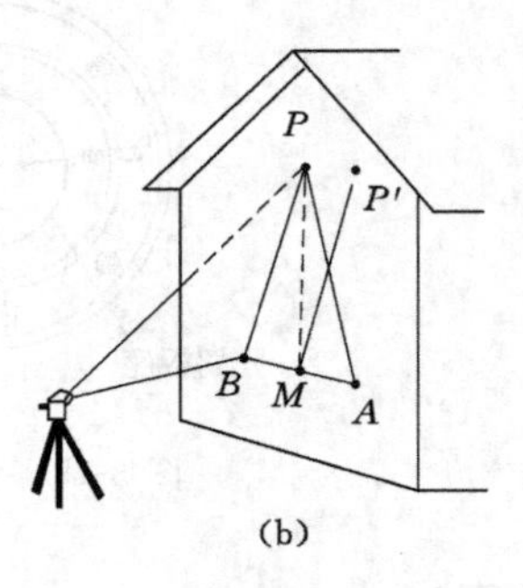

图 3-20 横轴垂直于竖轴的检验与校正

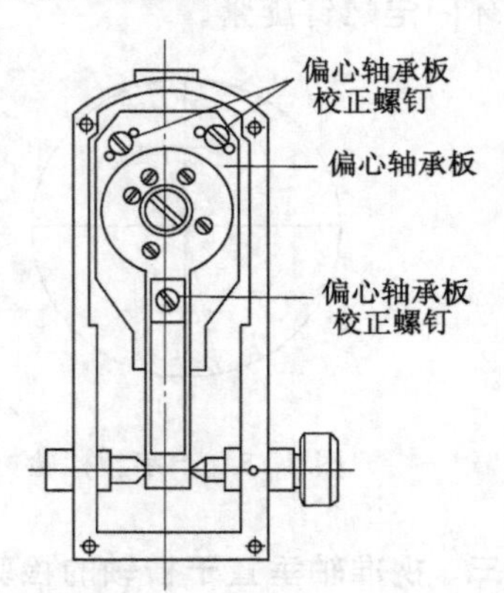

图 3-21 偏心轴承板校正

由于光学经纬仪的横轴是密封的，一般能够满足横轴与竖轴相垂直的条件，测量人员只要进行此项检验即可，若需校正，应由专业检修人员进行。

五、竖盘指标差的检验与校正

观测竖直角时，采用盘左、盘右观测并取其平均值，可消除竖盘指标差对竖直角的影响，但在地形测量时，往往只用盘左位置观测碎部点，如果仪器的竖盘指标差较大，就会影响测量成果的质量。因此，应对其进行检校消除。

1. 检验方法

安置仪器，分别用盘左、盘右瞄准高处某一固定目标，在竖盘指标水准管气泡居中后，各自读取竖盘读数 L 和 R。根据公式(3-7)计算指标差 x 值，若 $x=0$，则条件满足；如 x 值超出 $\pm 2'$ 时，应进行校正。

2. 校正方法

检验结束时，保持盘右位置和照准目标点不动，先转动竖盘指标水准管微动螺旋，使盘右竖盘读数对准正确读数 $R-x$，此时竖盘指标水准管气泡偏离居中位置，然后用校正拨针拨动竖盘指标水准管校正螺钉，使气泡居中。反复进行几次，直至竖盘指标差小于 $\pm 1'$ 为止。

六、光学对中器的检验与校正

1. 检验方法

在平整光洁的地面上平铺一张白纸并固定，将仪器架设在白纸上方并精确整平，调节对中器焦距使分划板影像和白纸均清晰。然后在白纸上标出划板中心点的位置；将照准部旋转 180°，再次标出分划板中心点的位置。若两次标出分划板中心点的位置重合，说明满足条件，否则需要校正。

2. 校正方法

先在白纸上定出两中心点连线的中点，然后调整对中器直角棱镜或对中器分划板的位置，使对中器中心对准中点。此项检校应反复进行，直至满足条件为止。

思考与练习

1. 经纬仪有哪些轴线？各轴线之间应满足哪些条件？
2. 怎样进行视准轴垂直于横轴的检验和校正？
3. 进行经纬仪检验和校正练习。

任务七 理解角度测量误差的来源及消减办法

【知识要点】 角度测量中各种误差的来源及其规律。

【技能目标】 能采取相应措施消除或减小角度测量中的各项误差。

任务导入

由于受各种因素的影响，在角度测量中必然会产生各种误差，这些误差会影响角度观测的值的质量。

任务分析

了解测角误差的来源和各种误差对测角的影响；学会在角度观测中采取措施消除和减小各种误差对测角精度的影响。

相关知识

角度测量误差主要来源于仪器误差、观测误差以及外界条件的影响等几个方面。仪器误差主要来源于制造加工不完善、校正不完善误差。观测误差主要包括对中误差、整平误差、目标偏心误差、照准误差、读数误差及外界条件的影响。

任务实施

一、角度测量的误差

由于竖直角主要用于三角高程测量和视距测量，在测量竖直角时，只要严格按照操作规程作业，采用测回法消除竖盘指标差对竖角的影响，测得的竖直角值即能满足对高程和水平距离的求算。因此，下面只分析水平角的测量误差。

（一）仪器误差

1. 仪器制造加工不完善所引起的误差

如照准部偏心误差、度盘分划误差等。经纬仪照准部旋转中心应与水平度盘中心重合，如果两者不重合，即存在照准部偏心差，在水平角测量中，此项误差影响也可通过盘左、盘右观测取平均值的方法加以消除。水平度盘分划误差的影响一般较小，当测量精度要求较高时，可采用各测回间变换水平度盘位置的方法进行观测，以减弱这一项误差影响。

2. 仪器校正不完善所引起的误差

如望远镜视准轴不严格垂直于横轴、横轴不严格垂直于竖轴所引起的误差，可以采用盘左、盘右观测取平均的方法来消除，而竖轴不垂直于水准管轴所引起的误差则不能通过盘左、盘右观测取平均或其他观测方法来消除，因此，必须认真做好仪器的检验和校正。

（二）观测误差

1. 对中误差

仪器对中不准确，使仪器中心偏离测站中心的位移叫偏心距，偏心距将使所观测的水平角值改变。经研究知道，对中引起的水平角观测误差与偏心距成正比，并与测站到观测点的距离成反比。因此，在进行水平角观测时，仪器的对中误差不应超出相应规范规定的范围，特别对于短边的角度进行观测时，更应该精确对中。

2. 整平误差

若仪器未能精确整平或在观测过程中气泡不再居中，竖轴就会偏离铅直位置。整平误差不能用观测方法来消除，此项误差的影响与观测目标时视线竖直角的大小有关，当观测目标与仪器视线大致同高时，影响较小；当观测目标时，视线竖直角较大，则整平误差的影响明显增大，此时，应特别注意认真整平仪器。当发现水准管气泡偏离零点超过一格以上时，应重新整平仪器，重新观测。

3. 目标偏心误差

由于测点上的标杆倾斜而使照准目标偏离测点中心所产生的偏心差称为目标偏心误

差。目标偏心是由于目标点的标志倾斜引起的。观测点上一般都是竖立标杆，当标杆倾斜而又瞄准其顶部时，标杆越长，瞄准点越高，则产生的方向值误差越大；边长短时误差的影响更大。为了减小目标偏心对水平角观测的影响，观测时，标杆要准确而竖直地立在测点上，且尽量瞄准标杆的底部。

4. 瞄准误差

引起瞄准误差的因素很多，如望远镜的孔径大小、分辨率、放大率、清晰度及十字丝粗细等，人眼的分辨能力，目标的形状、大小、颜色、亮度和背景，以及周围的环境，空气透明度，大气的湍流、温度等，其中与望远镜放大率的关系最大。经计算，DJ_6型经纬仪的瞄准误差为±2″～±2.4″。为此，观测时应注意消除视差，调清十字丝。

5. 读数误差

读数误差与读数设备、照明情况和观测者的经验有关，一般来说主要取决于读数设备。对于6″级光学经纬仪，估读误差不超过分划值的1/10，即不超过±6″。如果照明情况不佳，读数显微镜存在视差以及读数不熟练，估读误差还会增大。

（三）外界条件的影响

影响角度测量的外界因素很多，如大风、松土会影响仪器的稳定，地面辐射热会影响大气稳定而引起物像的跳动，空气的透明度会影响照准的精度，温度的变化会影响仪器的正常状态等。这些因素都会在不同程度上影响测角的精度，要想完全避免这些影响是不可能的，观测者只能采取措施及选择有利的观测条件和时间，使这些外界因素的影响降低到最小的程度，从而保证测角的精度。

二、角度测量的注意事项

用经纬仪测角时，往往由于粗心大意而产生错误，如测角时仪器没有对中整平，望远镜瞄准目标不正确，度盘读数读错，记录记错和拧错制动螺旋等，因此，角度测量时必须注意下列几点：

(1) 仪器安置的高度要合适，三脚架要踩牢，仪器与脚架连接要牢固；观测时不要手扶或碰动三脚架，转动照准部和使用各种螺旋时，用力要轻。

(2) 对中、整平要准确，测角精度要求越高或边长越短的，对中要求越严格；如观测的目标之间高低相差较大时，更应注意仪器整平。

(3) 在水平角观测过程中，如同一测回内发现照准部水准管气泡偏离居中位置，不允许重新调整水准管使气泡居中；若气泡偏离中央超过一格时，则需重新整平仪器，重新观测。

(4) 观测竖直角时，每次读数之前，必须使竖盘指标水准管气泡居中或自动归零，开关设置"ON"位置。

(5) 标杆要立直于测点上，尽可能用十字丝交点瞄准标杆或测钎的基部；竖角观测时，宜用十字丝中丝切于目标的指定部位。

(6) 不要把水平度盘和竖直度盘读数弄混淆；记录要清楚，并当场计算校核，若误差超限应查明原因并重新观测。

(7) 观测水平角时，同一个测回里不能转动度盘变换手轮或按水平度盘复测扳钮。

思考与练习

1. 经纬仪的视准轴误差如何影响水平度盘读数？如何影响水平角值？
2. 经纬仪的对中误差和目标偏心误差如何影响水平角观测？
3. 观测水平角时，应采取怎样的措施消除和减小各种误差的影响？
4. 角度测量时需要注意哪些问题？

任务八　学会使用电子经纬仪

【知识要点】 电子经纬仪的特点和结构。

【技能目标】 能操作使用电子经纬仪。

任务导入

电子经纬仪在最近20多年才广为应用，它的出现标志着经纬仪已经发展到了一个新的阶段。

任务分析

了解电子经纬仪的特点；了解电子经纬仪构造和键盘功能及操作；学会电子经纬仪的设置和使用。

相关知识

现以南方测绘仪器公司生产的ET-02/05/05B电子经纬仪为例给予说明。

一、电子经纬仪的特点

南方测绘仪器公司生产的ET-02/05电子经纬仪结构合理、美观大方、功能齐全、性能可靠、操作简单、易学易用，很容易实现仪器的所有功能，而且还具备如下特点：

(1) 可与南方测绘仪器公司生产的ND系列测距仪和其他厂家生产的6种测距仪联机，组成组合式全站仪，连接和使用均十分方便。

(2) 可与南方测绘仪器生产的电子手簿联机，完成野外数据的自动采集，组成多功能全站仪。

(3) 按键操作简单，仅用6个功能键即可实现任一功能，并且可以将测距仪的距离数据显示在电子经纬仪的显示屏上。

(4) 望远镜十字丝和显示屏有照明光源，便于在黑暗环境中操作。

二、电子经纬仪的外部构造

电子经纬仪与光学经纬仪相比，其不同之处有：电子经纬仪多一个机载电池盒、一个测距仪数据接口和一个电子手簿接口，增加了电子显示屏和操作键盘，去掉了读数显微镜。ET-02/05电子经纬仪其外观构造和部件名称如图3-22所示。

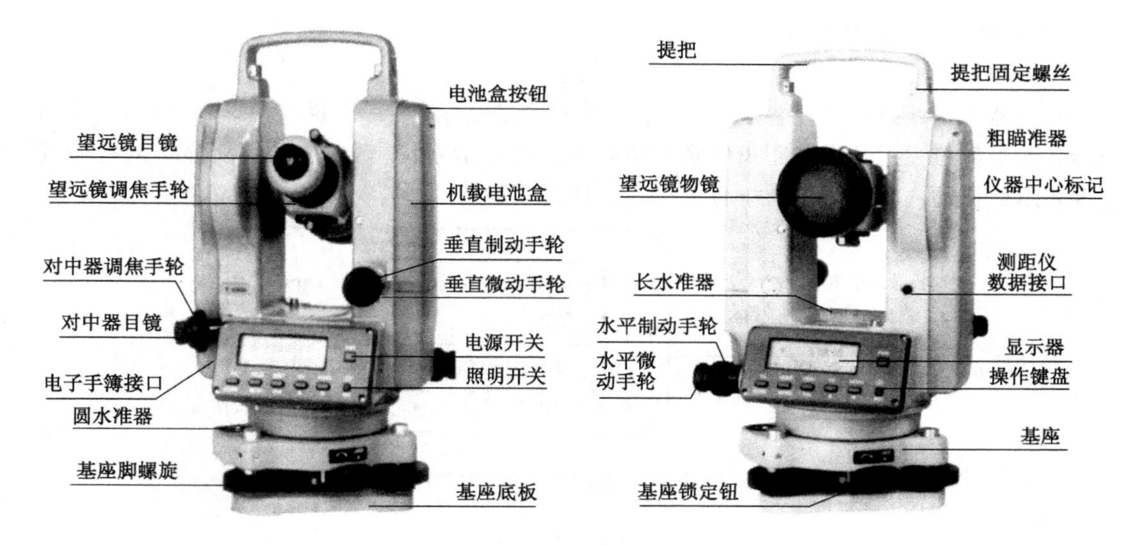

图 3-22 ET-02/05 电子经纬仪

(一) 电池的装卸、信息和充电

1. 电池装卸

取下电池盒时，按下电池盒顶部的按钮，顶部朝外向上将电池盒取出。装电池盒时，先将电池盒底部插入仪器的槽中，按压电池盒顶部按钮，使其卡入仪器中固定归位。

2. 电池信息

电池新充足电时可供仪器使用 8～10 h。显示屏右下角的符号“$\overline{B}\ \overline{A}\ \overline{T}$”显示电池消耗信息，电池消耗信息说明如下：

“$\overline{B}\ \overline{A}\ \overline{T}$”及“$\overline{B}\ \overline{A}\ T$”表示电量充足，可操作使用。

“$\overline{B}\ A\ T$”，刚出现此信息时，表示尚有少量电源，应准备更换电池或充电后再使用。

“B A T”，从闪烁到消失或从闪烁到缺电关机大约还可持续几分钟，这时应立即结束操作，更换电池并充电。

3. 电池充电

本机使用的是 NB-10A，NIMH 高能可充电电池，用 NC-10A 专用充电器充电。充电时先将充电器接在 220 V 电源上，从仪器上取下电池盒，将充电器插头插入电池盒的充电插座，充电器上的指示灯为橙色表示正在充电，充电 6 h 或指示灯转为绿色时表示充电结束，拔出插头。

(二) 数据输入输出接口

(1) 数据输入接口，即测距仪数据接口，通过南方 CE-202 系列相应的电缆与测距仪连接，可将测距仪测得的距离值自动显示在电子经纬仪的显示屏上。

(2) 数据输出接口，即电子手簿接口，用南方 CE-201 电缆与南方电子手簿连接，可将仪器观测的数据输入电子手簿进行记录。

通过以上两项连接后，电子经纬仪与测距仪和电子手簿组成了能自动采集数据的多功能全站仪。

(三) 显示屏与操作键盘

1. 显示屏

本仪器采用线条式液晶显示屏，当常用符号全部显示时，其位置如图 3-23 所示。中间两行各 8 个数位显示角度或距离等观测结果数据或提示字符串，左右两侧所显示的符号或字母表示数据的内容或采用的单位名称。具体说明如下：

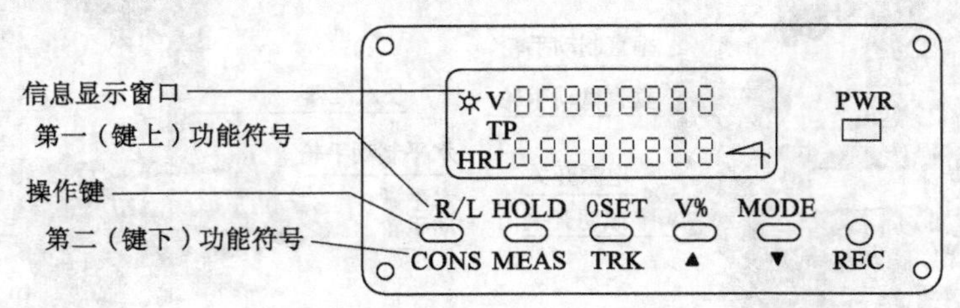

图 3-23 显示屏与操作键盘

V：竖直角　　%：斜率百分比

H：水平角　　G：角度单位：格(gon)

HR：右旋(顺时针)水平角　　m：距离单位米

HL：左旋(逆时针)水平角　　ft：距离单位英尺

◢：斜距　　B A T：电池电量

◢：平距　　(注：其余符号在本仪器中未采用)

◢|：高差

2. 操作键盘

本仪器共有 6 个操作键和 1 个电源开关键，每个键具有一键双功能，一般情况下仪器执行键上方所标示的第一(测角)功能，当按下 MODE 键 后再按其余各键则执行按键下方所标示的第二(测距)功能。具体说明如下：

R/L / CONS 键

R/L：显示右旋/左旋水平角选择键。连续按此键，两种角值交替显示。

CONS：专项特种功能模式键。

HOLD / MEAS (◀) 键

HOLD：水平角锁定键。按此键两次，水平角锁定；再按一次则解除。

MEAS：测距键。按此键连续精确测距(电经仪无效)。

◀：在特种功能模式中按此键，显示屏中的光标左移。

0 SET / TRK (▶) 键

0 SET：水平角置零键。按此键两次，水平角置零。

TRK：跟踪测距键。按此键每秒跟踪测距一次，精度至 0.01 m(电子经纬仪无效)。

▶：在特种功能模式中按此键，显示屏中的光标右移。

V% / ▲ 键

V%：竖直角和斜率百分比显示转换键。连续按键交替显示。在测距模式状态时，连续按此键则交替显示斜距(◢)、平距(◢)、高差(◢|)。

▲：增量键，在特种功能模式中按此键，显示屏中的光标可上下移动或数字向上增加。

MODE：测角、测距模式转换键。连续按键，仪器交替进入一种模式，分别执行键上或键下标示的功能。

▼：减量键，在特种功能模式中按此键，显示屏中的光标可向下、向上移动或数字向下减少。

望远镜十字丝和显示屏照明键。按键一次开灯照明；再按则关（若不按键，10 s 后自动熄灭）。REC 记录键。令电子手簿执行记录。

PWR 电源开关键。按键开机；按键时间大于 2 s 则关机。

任务实施

一、电子经纬仪的使用方法

（一）仪器的安置

电子经纬仪的安置包括对中和整平，其方法与光学经纬仪相同，在此不再重述。

（二）仪器的初始设置

本仪器具有多种功能项目供选择，以适应不同作业性质对成果的需要。因此，在作业之前，均应对仪器采用的功能项目进行初始设置。

1. 设置项目

(1) 角度测量单位：360°、400 gon（出厂设为 360°）。

(2) 竖直角 0°方向的位置：水平为 0°或天顶为 0°（仪器出厂设天顶为 0°）。

(3) 自动断电关机时间为：30 min 或 10 min（出厂设为 30 min）。

(4) 角度最小显示单位：1″或 5″（出厂设为 1″）。

(5) 竖盘指标零点补偿选择：自动补偿或不补偿（出厂设为自动补偿，05 型无自动补偿器，此项无效）。

(6) 水平角读数经过 0°、90°、180°、270°时蜂鸣或不蜂鸣（出厂设为蜂鸣）。

(7) 选择与不同类型的测距仪连接（出厂设为与南方 ND3000 连接）。

2. 设置方法

(1) 按住 CONS 键，打开电源开关，至三声蜂鸣后松开 CONS 键，仪器进入初始设置模式状态。此时，显示屏的下行会显示闪烁着的 8 个数位，它们分别表示初始设置的内容。8 个数位代表的设置内容详见表 3-5。

表 3-5　　初始设置的内容

	数位代码	显示屏上行显示的表示设置内容的字符代码	设置内容
第 1、2 数位	11	359°59′59″	角度单位：360°
	01	399.99.99	角度单位：400 gon
	10	359°59′59″	角度单位：360°

续表 3-5

	数位代码	显示屏上行显示的表示设置内容的字符代码	设置内容
第 3 数位	1	$HO_T=0$	竖直角水平为 0°
	0	$HO_T=90$	竖直角天顶为 0°
第 4 数位	1	30 OFF	自动关机时间为 30 min
	0	10 OFF	自动关机时间为 10 min
第 5 数位	1	STEP 1	角度最小显示单位 1″
	0	STEP 5	角度最小显示单位 5″
第 6 数位	1	TLT. ON	竖盘自动补偿器打开
	0	TLT. OFF	竖盘自动补偿器关闭
第 7 数位	1	90°BEEP	象限蜂鸣
	0	DIS. BEEP	象限不蜂鸣
第 8 数位	可与之连接的测距仪型号		
	0	S. 2L2A	索佳 RED2L(A)系列
	1	ND3000	南方 ND3000 系列
	2	P. 20	宾得 MD20 系列
	3	DI1600	徕卡系列
	4	S. 2	索佳 MIN12 系列
	5	D3030	常州大地 D3030 系列
	6	TP. A5	拓普康 DM 系列

(2) 按 MEAS 或 TRK 键使闪烁的光标向左或向右移动到要改变的数字位。

(3) 按 ▲ 或 ▼ 键改变数字，该数字所代表的设置内容在显示屏上行以字符代码的形式予以提示。

(4) 操作，进行其他项目的初始设置直至全部完成。

(5) 设置完成后按 CONS 键予以确认，把设置存入仪器内，否则仪器仍保持原来的设置。

(三) 水平角观测

设角顶点为 O，左边目标为 M，右边目标为 N。观测水平角 $\angle NOM$ 的方法如下：

(1) 在 O 点安置仪器，对中、整平后，以盘左位置用十字丝中心照准目标 M，先按 R/L 键，设置水平角为右旋(HR)测量方式，再按两次 0 SET 键，使目标 M 的水平度盘读数设置为 0°00′00″，作为水平角起算的零方向；顺时针转动照准部，以十字丝中心照准目标 N，读取水平度盘读数。如显示屏显示为 V93°08′20″ HR87°18′40″，则水平度盘读数为 87°18′40″，由于 M 点的读数为 0°00′00″，故显示屏显示的读数也就是盘左时 $\angle MON$ 的角值。

(2) 倒镜，以盘右位置照准目标 N，先按 R/L 键，设置水平角为左旋(HL)测量方式，再按两次 0 SET 键，使目标 N 的水平度盘读数设置为 $0°00'00''$；逆时针转动照准部，照准目标 M，读取显示屏上的水平度盘读数，也就是盘右时 $\angle MON$ 的角值。

(3) 若盘左、盘右的角值之差在误差容许范围内，取其平均值作为 $\angle MON$ 的角值。

（四）竖直角观测方法

1. 指示竖盘指标归零(V 0 SET)

操作：开启电源后，如果显示“b”，提示仪器的竖轴不垂直，将仪器精确置平后“b”消失。仪器精确置平后开启电源，显示“V 0 SET”，提示应将竖盘指标归零。其方法为：将望远镜在垂直方向上下转动 1～2 次，当望远镜通过水平视线时，将指示竖盘指标归零，显示出竖盘读数，仪器可以进行水平角及竖直角测量。

2. 竖直角的零方向设置

竖直角在作业开始前就应依作业需要而进行初始设置，选择天顶方向为 0°或水平方向为 0°。

3. 竖直角观测

竖直角在开始观测前若设置水平方向为 0°，则盘左时显示屏显示的竖盘读数即为竖直角，如显示屏显示 V 22°30′25″ HR 85°25′05″ 则视准轴方向的竖直角为 $+22°30'25''$(为俯角时，竖角等于读数减去 360°)。用测回法观测时，竖直角为：

$$\delta=\frac{1}{2}(L-R\pm 180°)$$

指标差为：

$$\chi=\frac{1}{2}(L+R-180°\text{或}540°)$$

若设置天顶方向为 0°，则显示屏显示的读数为天顶距，可根据竖直角的计算方法改算成竖直角，指标差的计算方法同光学经纬仪。若指标差 $|i|\geqslant 10''$，则应进行校正。

二、使用电子经纬仪时的注意事项

使用电子经纬仪时要注意：

(1) 日光下测量应避免将物镜直接瞄准太阳。若在太阳下作业应安装滤光器。

(2) 避免在高温或低温下存放和使用仪器，亦应避免温度骤变(使用时气温变化除外)时使用仪器。

(3) 仪器不使用时，应将其装入箱内，置于干燥处，并注意防震、防尘和防潮。

(4) 若仪器工作处的温度与存放处的温度差异太大，应先将仪器留在箱内，直到它适应环境温度后再使用仪器。

(5) 仪器长期不使用时，应将仪器上的电池卸下分开存放。电池应每月充电一次。每次取下电池盒时，都必须先关掉仪器电源。充电要在 0～45 ℃温度范围内，超出此范围可能充电异常，尽管充电器有过充保护回路，但过充会缩短电池寿命，因此在充电结束后应将插头从插座中拔出。如果充电器与电池连接好，指示灯却不亮，此时充电器或电池可能被损坏，应修理。可充电电池可重复充电 300～500 次，电池完全放电会缩短其使用寿命。请不要将电池存放在高温、高热或潮湿的地方，更不要将电池短路，否则会损坏电池。

(6) 仪器运输时，应将仪器装于箱内，并避免挤压、碰撞和剧烈震动，长途运输最好在箱子周围使用软垫。

(7) 仪器安装至三脚架或拆卸时，要一手握住仪器，一手装卸，以防仪器跌落。

(8) 外露光学器件需要清洁时，应用脱脂棉或镜头纸轻轻擦净，切不可用其他物品擦拭。

(9) 不可用化学试剂擦拭塑料部件及有机玻璃表面，可用浸水的软布擦拭。

(10) 仪器使用完毕后，用绒布或毛刷清除仪器表面灰尘。仪器被雨水淋湿后，切勿通电开机，应及时用干净软布擦干并在通风处放一段时间。

(11) 作业前应仔细全面检查仪器，确信仪器各项指标、功能、电源、初始设置和改正参数均符合要求时再进行作业。

(12) 即使发现仪器功能异常，非专业维修人员不可擅自拆开仪器，以免发生不必要的损坏。

思考与练习

1. 说说电子经纬仪的功能。
2. 学会设置电子经纬仪。
3. 练习使用电子经纬仪并完成各种功能的操作。

项目四　距离测量与直线定向

任务一　认识距离测量

【知识要点】 距离测量的概念；直线定线的意义；认识钢尺量距的工具。

【技能目标】 能进行目测定线和经纬仪定线。

任务导入

距离测量是测量工作的基本内容之一。按照使用的工具和仪器不同，测量距离的方法不同。利用钢尺分段量距前，要进行直线定线。

任务分析

了解距离测量；认识钢尺量距的工具；学会直线定线的方法。

相关知识

一、距离

距离是指地面上两点间的水平直线长度，也称为水平距离。测量距离的工作称为距离测量，它是测量工作的基本内容之一。如果测量的是两点之间的倾斜距离，还须将其换算为水平距离。

二、测量距离的方法

测量距离的方法按使用的工具和仪器分为：钢尺量距、视距测量、电磁波测距和 GPS 距离测量等。钢尺量距是用钢卷尺沿地面直接丈量距离；视距测量是利用经纬仪或水准仪望远镜中的视距丝及视距标尺按几何光学原理进行测距；电磁波测距是用仪器发射并接收电磁波，通过测量电磁波在待测距离上往返传播的时间解算出距离；GPS 距离测量是利用两台 GPS 接收机接收空间轨道上 4 颗卫星发射的精密测距信号，通过距离空间交会的方法解算出两台 GPS 接收机之间的距离。

三、直线定线

当用钢尺量距时，若两点之间的水平距离大于整尺长，就需要将所量直线进行分段，然后量取各段距离，最后计算总的距离。为了将各分段点标定在待测直线上而进行的工作称为直线定线。

四、钢尺量距的工具

1. 钢尺(图 4-1)

普通钢尺是用钢材制成的薄片带状尺,其宽度约 10～15 mm,厚度约 0.4 mm,长度有 20 m、30 m、50 m 等几种。

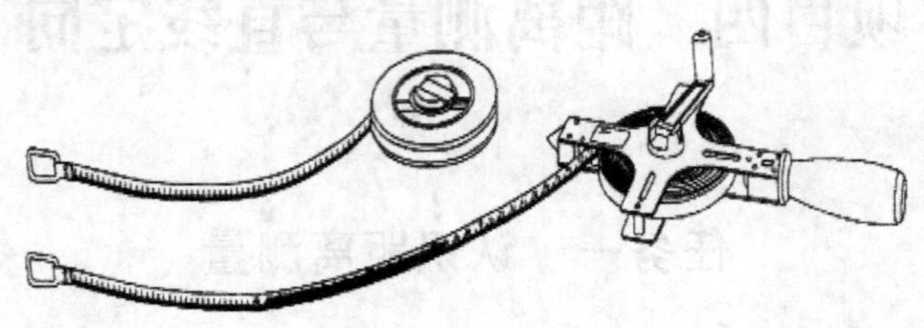

图 4-1 钢尺

钢尺的基本分划为厘米,在每厘米、每分米及每米处印有数字注记。一般的钢尺在起点的一分米内有毫米分划,也有部分钢尺在整个长度内都有毫米分划。根据钢尺的零分划线位置不同,钢尺分为端点尺和刻线尺。端点尺的零点位于钢尺的端部(拉环的最外端),如图 4-2(a)所示;刻线尺的零点分划线位于钢尺拉环的内侧,如图 4-2(b)所示。端点尺便于从建筑物墙边量距,但因零点易磨损而不如刻线尺好用。刻线尺可测得较高的丈量精度。

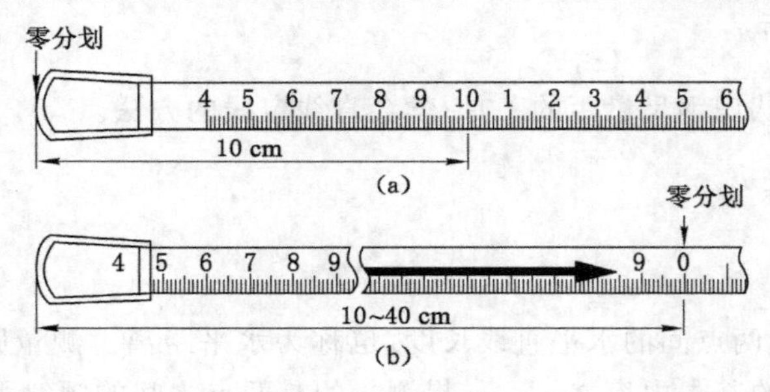

图 4-2 钢尺的分划

(a) 端点尺;(b) 刻线尺

2. 其他辅助工具

① 测钎:如图 4-3(a)所示,用 8# 铅丝或 $\phi 4$ 钢筋制成,用于标定所量尺段的起止点。通常在量距的过程,两个目标点之间的距离会大于钢尺的最大长度,在分段进行量距时,用测钎标示尺段端点的位置。

② 标杆:又称为花杆,如图 4-3(b)所示,用优质木材制成,间隔 20 cm 涂以红、白相间的油漆,以便在明亮(或阴暗)的背景处均易于看清。花杆用于直线定线,也就是用标杆定出一条直线来。

③ 垂球:用于在不平坦地面丈量时,将钢尺的端点垂直投影到地面。

④ 弹簧秤和温度计:弹簧秤如图 4-3(c)所示,用于对钢尺施加规定的拉力;温度计如图 4-3(d)所示,用于测定钢尺量距时的温度,以便对钢尺丈量的距离施加温度改正。弹簧秤、温度计是在精密量距时使用。

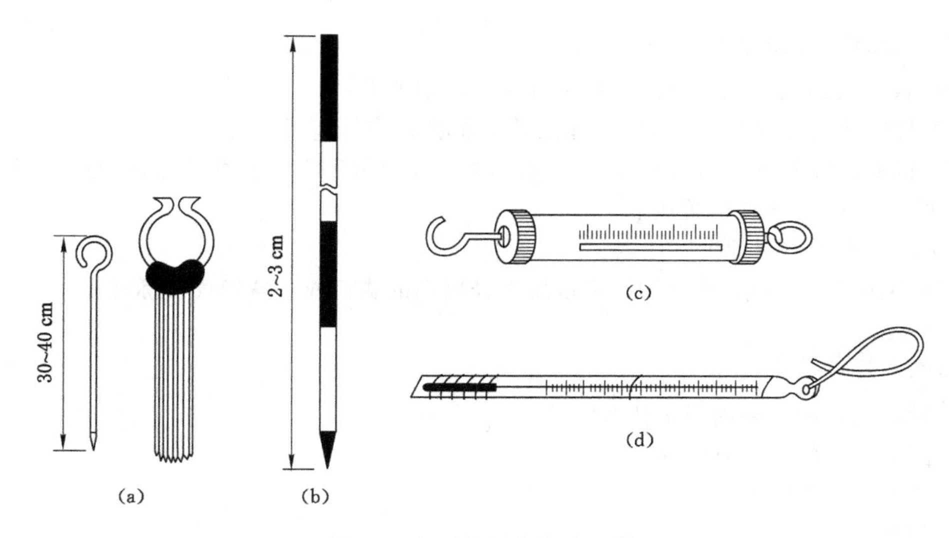

图 4-3　钢尺量距的辅助工具

(a) 测钎；(b) 标杆；(c) 弹簧秤；(d) 温度计

任务实施

直线定线的方法包括目测定线和经纬仪定线。

一、目测定线的方法

目测定线适用于钢尺量距的一般方法。

如图 4-4 所示，设 A、B 两点互相通视，要在 A、B 两点的直线上标出分段点 1、2 点。步骤如下：

(1) 首先在 A、B 点上竖立标杆，甲站在 A 点标杆后约 1 m 处，观测 A、B 杆同侧，构成视线。

(2) 指挥乙左右移动标杆，直到甲从 A 点沿标杆的同一侧看到 A、2、B 三支标杆成一条线为止。

(3) 同法可以定出直线上的其他点。两点间定线，一般应由远到近，即先定 1 点，再定 2 点。

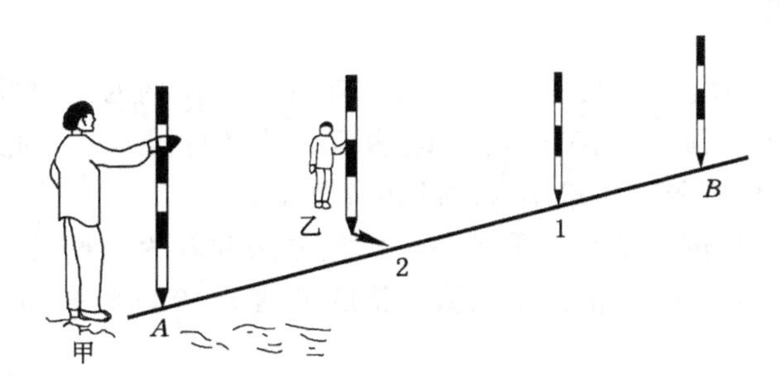

图 4-4　目测定线

二、经纬仪定线的方法

经纬仪定线适用于钢尺量距的精密方法。步骤如下：

(1) 将经纬仪安置在 A 点，用望远镜纵丝瞄准 B 点，制动照准部。

(2) 将望远镜上下转动，并指挥在两点间某一点上的助手左右移动标杆，直至标杆影像为纵丝所平分时，在所在位置定点。

(3) 用同样的方法标出其他点。

为减小照准误差，精密定线时，可以用直径更细的测钎或垂球线代替标杆。

思考与练习

1. 距离测量的主要内容是什么？
2. 距离测量的方法有哪些？
3. 量距工具有哪些？
4. 如何进行直线定线？

任务二　学会用钢尺丈量距离

【知识要点】 钢尺量距及其特点；钢尺量距的数据计算与处理；钢尺量距误差来源。

【技能目标】 能使用钢尺进行普通量距和精密量距；能进行钢尺量距时的数据处理；能采取措施减小量距误差。

任务导入

钢尺量距是测量距离中最常见、简易的方法。钢尺量距时，应按量距精度要求选择量距工具和量距方法。

任务分析

熟练使用钢尺在不同地形条件下进行距离测量；学会对钢尺量距误差进行分析及对数据进行计算和处理；对钢尺量的误差来源进行分析，并采取相应措施减小误差。

相关知识

钢尺量距也称丈量距离，是传统量距方法。其特点是使用的工具简单、携带方便、具有一定的测量精度，但劳动强度大、工作效率低，并受地形条件限制。因此，钢尺量距适合地面坡度不大、测量距离短、测距工作量不大时的距离测量。

根据丈量精度不同，钢尺量距可采用一般丈量方法和较为精密的丈量方法。一般方法量距精度在 1/1 000～1/5 000，精密方法量距精度可达 1/10 000～1/40 000。

任务实施

一、钢尺量距的一般方法

将地面上两点间的直线定出来后，就可以沿着这条直线丈量两点间水平距离。

（一）平坦地面的距离丈量

如图 4-5 所示，在直线两端点 A、B 竖立标杆，准备钢尺（30 m）、尺夹、测钎等工具。

（1）后尺手持钢尺的零点（也就是有拉环的那一端）位于 A 点，前尺手持钢尺的末端沿定线方向向 B 点前进，至整 30 m 处插下测钎，这样就量取了第 1 个尺段。

（2）以此方法量其他整尺段，依次前进，直至量完最后一段。最后一段为不足整尺段的余段。

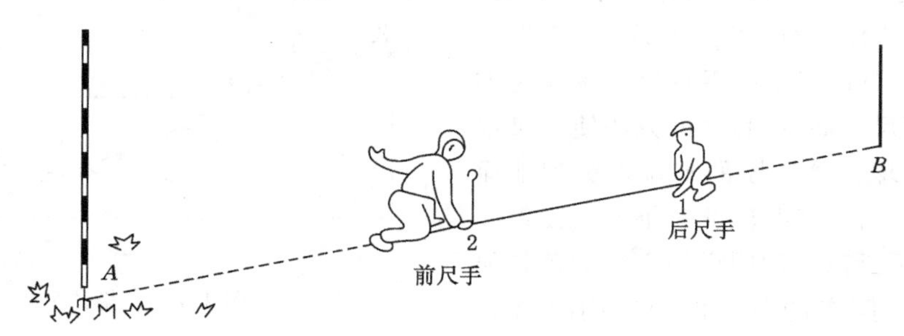

图 4-5　钢尺量距

（3）丈量余段时，拉平钢尺两端同时读数，两读数的差值就是余段的长度，且余段需测 2 次，求平均得出余段的长度。

（4）求出从 A 量至 B 的长度 $D_{往}=n\times L+q$（n 为整尺段数，L 为整尺段长，q 为余长）。

为了提高量距的精度，按照以上方法由 B 至 A，进行返测，测得 $D_{返}$。最后取往测和返测的距离平均值 $D_{平均}$ 作为最终的测量结果。量距完之后还要进行量距精度的计算，看是否满足规范的要求，量距精度是用相对误差 K 来表示的。

$$K=\frac{|D_{往}-D_{返}|}{D_{平均}}=\frac{1}{M} \tag{4-1}$$

$$D_{平均}=\frac{D_{往}+D_{返}}{2} \tag{4-2}$$

在平坦地区进行钢尺量距，$K_{允}$ 应不大于 1/3 000，若在困难地区相对误差应不大于1/1 000。

当 $K<K_{允}$ 时，精度满足要求，则 $D_{平均}$ 为最后结果。

例 4-1　A、B 两点间往测距离为 162.73 m（$D_{往}$），返测距离为 162.78 m（$D_{返}$），A、B 两点距离为 162.755 m。则相对误差：

$$K=\frac{|162.73-162.78|}{162.755}=\frac{1}{3\ 255}\approx\frac{1}{3\ 200}<\frac{1}{3\ 000}$$

注意：K 要写成 $1/M$ 的形式。

（二）倾斜地面的距离丈量

1. 斜量法

当量距的坡度均匀时，可采用斜量法，即沿着斜坡量取斜距 L，如图 4-6 所示。再用公式（4-3）求得 A、B 间的水平距离。

$$D=L\cos\delta=\sqrt{L^2-h^2} \tag{4-3}$$

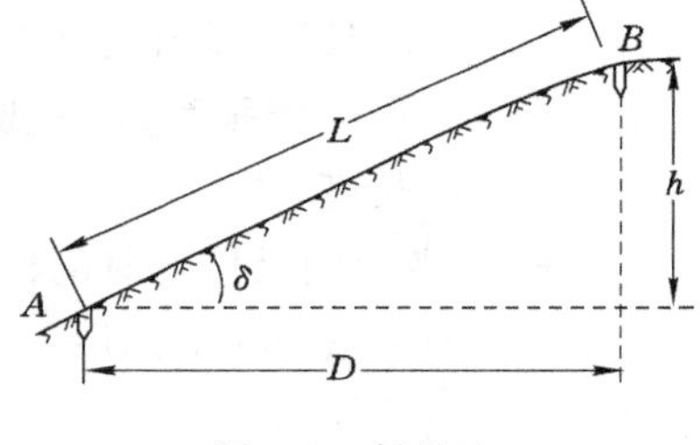

图 4-6　斜量法

式中 D——水平距离；

L——为斜距；

h——为高差；

δ——为竖直角。

2. 平量法

若地面起伏不大时，可将待测距离分成若干小段，采用平量法丈量。如图 4-7 所示，丈量由 A 点向 B 点进行，甲立于 A 点，指挥乙将尺拉在 AB 方向线上。甲将尺的零端对准 A 点，乙将钢尺抬高，用目估的方法使钢尺水平，然后用垂球尖将尺段的末端投影到地面上，得到 1 点并插上测钎，此时钢尺上读数即为该段的水平距离。用同样的方法丈量其他各分段。各段距离的总和即为往测距离 l。由于从低处向高处丈量较为困难，因此，可以同样的方法丈量第二次，以代替返测丈量。当满足精度要求时，取平均值作为丈量结果。

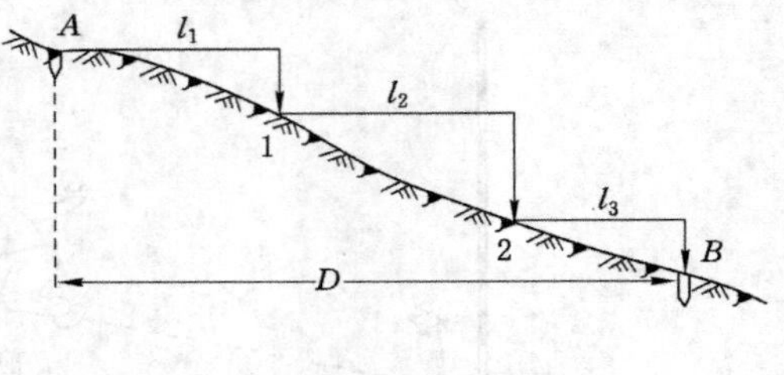

图 4-7 平量法

二、钢尺量距的精密方法

精密方法量距时的主要工具为：钢尺、弹簧秤、温度计、尺夹等。钢尺必须经过检验，并得到其检定的尺长方程式。丈量时，要对钢尺施加鉴定时的拉力并测量温度。沿地面量得的直线长度要进行尺长改正、温差改正及倾斜改正。

丈量时，钢尺两端都对准尺段端点进行读数，每尺段丈量 3 次，以尺子的不同位置对准端点，其移动量一般在 1 dm 以内。3 次读数所得尺段长度之差视不同要求而定，一般 2～3 mm，若超限，须进行第 4 次丈量。

三、钢尺量距的数据处理

1. 尺长方程式

钢尺生产出来后，需要送到检定部门进行钢尺的尺长检定。检定的方法是将钢尺放置在一个水泥平台上，在标准的室温下，给钢尺施加标准拉力，然后得到钢尺在标准温度、标准拉力下的实际长度。最后给出尺长随温度变化的函数式，称为尺长方程式：

$$l_t = l_0 + \Delta l_0 + \alpha l_0 (t - t_0) \tag{4-4}$$

式中 l_t——温度为 t 时的钢尺的实际长度；

l_0——钢尺的名义长度(即钢尺标称的长度)；

Δl_0——钢尺的尺长改正数，$\Delta l_0 = l' - l_0$(l' 为钢尺在标准温度、标准拉力下检定的实际长度，要注意 l' 与 l_t 的区别)；

α——钢尺的膨胀系数，一般为 1.2×10^{-5}/℃，表示温度每变化 1 ℃，每米钢尺变化的长度；

t_0——表示钢尺检定时的标准温度，一般为 20 ℃；

t——钢尺量距时的温度。

2. 尺段长度计算

假如用 30 m 长的钢尺量了两个地面点间的水平距离，量距过程中是分为多个尺段进行丈量的，假设某一尺段所测得的长度为 29.865 2 m（如果测得的长度是整尺段长那么可以套用上面的公式），那如何求这一尺段改正后的长度呢？这需要将上面的公式稍微变通一下：

$$d = l_0 + \Delta l_d + \Delta l_t + \Delta l_h \tag{4-5}$$

式中　d——改正后的尺段长度；

l_0——钢尺的任意长度（当然也可以是一个尺段长度）；

Δl_d——钢尺任意长度的尺长改正数，$\Delta l_d = l/l_0 \times l$；

Δl_h——倾斜改正或高差改正，$\Delta l_h = -h^2/2l$（倾斜改正总是负数）；

Δl_t——$\alpha(t-t_0)\cdot l$。

这里假设钢尺整尺段长的改正数为 $\Delta l_0 = 0.008$ m（即钢尺的实际长度为 30.008 m），测得高差：$h = -0.292$ m，温度：$t = 26.8$ ℃：

$$\Delta l_t = \alpha(t-t_0)\cdot l = 1.2\times10^{-5}\times6.8\times29.865\ 2 = 2.4\ \text{mm}$$

$$\Delta l_d = 8/30\times29.865\ 2 = 8\ \text{mm}$$

$$\Delta l_h = -(-0.292)^2/\ 2\times29.865\ 2 = -1.4\ \text{mm}$$

故

$$d = l_0 + \Delta l_d + \Delta l_t + \Delta l_h = 29.874\ 2\ \text{m}$$

四、钢尺量距的误差分析

钢尺量距的主要误差来源有下列几种：

(1) 尺长误差

如果钢尺的名义长度和实际长度不符，则产生尺长误差。尺长误差是积累的，丈量的距离越长，误差越大。因此新购置的钢尺必须经过检定，测出其尺长改正值。

(2) 温度误差

钢尺的长度随温度而变化，当丈量时的温度与钢尺检定时的标准温度不一致时，将产生温度误差。按照钢的膨胀系数计算，温度每变化 1 ℃，丈量距离为 30 m 时对距离影响为 0.4 mm。

(3) 钢尺倾斜和垂曲误差

在高低不平的地面上采用钢尺水平法量距时，钢尺不水平或中间下垂而成曲线时，都会使量得的长度比实际要大。因此丈量时必须注意钢尺水平，整尺段悬空时，中间应打托桩托住钢尺，否则会产生不容忽视的垂曲误差。

(4) 定线误差

丈量时钢尺没有准确地放在所量距离的直线方向上，使所量距离不是直线而是一组折线，造成丈量结果偏大，这种误差称为定线误差。丈量 30 m 的距离，当偏差为 0.25 m 时，量距偏大 1 mm。

(5) 拉力误差

钢尺在丈量时所受拉力应与检定时的拉力相同。若拉力变化 2.6 kg，尺长将改变 1 mm。

(6) 丈量误差

丈量时在地面上标志尺端点位置处插测钎不准，前、后尺手配合不佳，余长读数不准等都会引起丈量误差，这种误差对丈量结果的影响可正可负，大小不定。在丈量中要尽力做到对点准确，配合协调。

五、钢尺的维护

(1) 钢尺易生锈,丈量结束后应用软布擦去尺上的泥和水,涂上机油以防生锈。

(2) 钢尺易折断,如果钢尺出现卷曲,切不可用力硬拉。

(3) 丈量时,钢尺末端的持尺员应该用尺夹夹住钢尺后手握紧尺夹加力,没有尺夹时,可以用布或者纱手套包住钢尺代替尺夹,切不可手握尺盘或尺架加力,以免将钢尺拖出。

(4) 在行人和车辆较多的地区量距时,中间要有专人保护,以防止钢尺被车辆碾压而折断。

(5) 不准将钢尺沿地面拖拉,以免磨损尺面分划。

(6) 收卷钢尺时,应按顺时针方向转动钢尺摇柄,切不可逆转,以免折断钢尺。

思考与练习

1. 当钢尺的实际长度小于钢尺的名义长度时,使用这把尺量距是会把距离量长了还是量短了？若实际长度小于名义长度时,又会怎么样？

2. 钢尺量距的精密方法通常要加哪几项改正？

3. 钢尺的名义长度与标准长度有何区别？

4. 一钢尺名义长度为 30 m,与标准长度比较得实际长度为 30.015 m,则用其量得两点间的距离为 64.780 m,该距离的实际长度是多少？

5. 拟测设 AB 的水平距离 $d_0=18$ m,经水准测量得相邻桩之间的高差 $h=0.115$ m。精密丈量时所用钢尺的名义长度 $l_0=30$ m,实际长度 $L=29.997$ m,膨胀系数 $\alpha=1.25\times10^{-5}$,检定钢尺时的温度 $t=20$ ℃。求在 4 ℃环境下测设时在地面上应量出的长度 l。

6. 钢尺量距精度受到哪些误差的影响？在量距过程中应注意些什么问题？

任务三　学会视距测量

【知识要点】 视距测量的原理,视线水平和倾斜时的平距和高差计算公式。

【技能目标】 能用视距测量的方法测量距离。

任务导入

具有视距装置的仪器,都可以进行视距测量。我们首先了解视距测量的原理及测量方法,然后才能正确操作并计算出我们所需要的两点间的距离和高差。

任务分析

了解视距测量的原理,理解平距和高差计算公式中各符号的含义,学会用视距测量公式计算平距、高差及高程。

相关知识

视距测量是一种间接测距方法。它利用望远镜内的视距装置(如十字丝分划板上的视距丝）和视距尺（如水准尺）配合，根据几何光学原理测定距离和高差的方法。

视距测量的精度约为1/300，所以只能用于一些精度要求不高的场合，如地形测量的碎部测量中。

任务实施

一、视准轴水平时的视距计算公式

如图4-8所示，AB为待测距离，在A点安置仪器，B点竖立视距尺，设望远镜视线水平，瞄准B点的视距尺，此时视线与视距尺垂直。通过上下两个视距丝m、n可以读取视距尺上M、N两点读数，读数之间的差值l称为尺间隔或视距间隔。

$$\text{视距间隔 } l=M-N$$

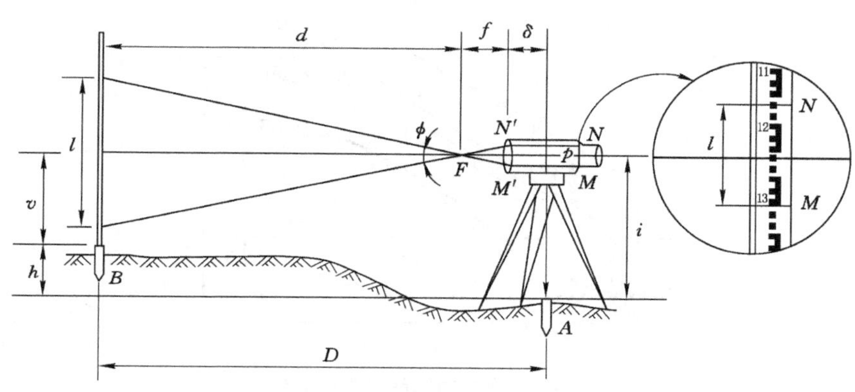

图4-8　视准轴水平时视距测量

设仪器中心到视距尺的平距为D，望远镜物镜的焦距为f，仪器中心到望远镜物镜的距离为δ，则：

$$D=d+f+\delta \tag{4-6}$$

由于$\triangle FMN \backsimeq \triangle FM'N'$，可得：

$$d=\frac{f}{p}l$$

式中　p——望远镜中上、下视距丝的间距。

故有：

$$D=\frac{f}{p}l+f+\delta$$

令$K=\dfrac{f}{p}$，$C=f+\delta$则有：

$$D=Kl+C \tag{4-7}$$

式中　K——视距乘常数，设计仪器时，通常使$K=100$；

　　C——视距加常数，设计仪器时，通常使$C\approx 0$。

因此视线水平时的视距计算公式为：

$$D=Kl=100l \tag{4-8}$$

测站点A到立尺点B之间的高差为：

$$h = i - v \tag{4-9}$$

其中，i 为仪器高；v 为十字丝的中丝读数，或上、下视距丝读数的平均值。

二、视准轴倾斜时的视距计算公式

当地形的起伏比较大时，望远镜要倾斜才能看见视距尺。此时视线不再垂直于视距尺，所以不能套用视线水平时的视距公式，而需要推出新的公式。

如图 4-9 所示，望远镜的中丝对准视距尺上的 E 点，望远镜的竖直角为 δ。我们可以想象将水准尺绕 E 点旋转 δ 角，此时视线就与旋转后的视距尺垂直了，我们只要求出视距尺旋转后的视距间隔（即 MN 之间的读数差 l'），就可以按照视线水平时的公式求出视线长度，即斜长 EQ。

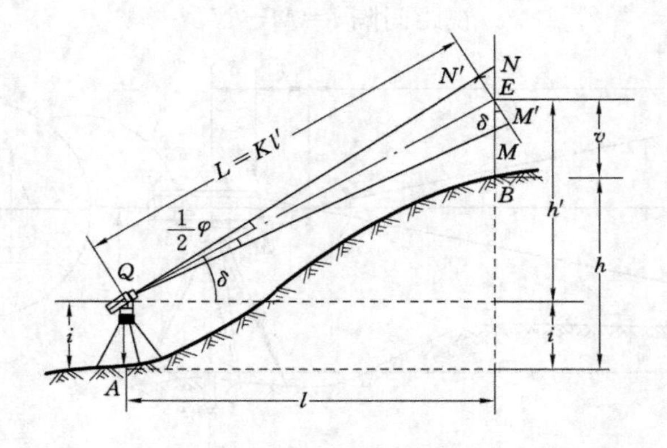

图 4-9 视准轴倾斜时视距测量

由于十字丝上下丝的距离很短，所以 φ 很小，约 $34'$，那么 $\varphi/2$ 只有 $17'$，故可以把 $\angle NN'E$ 看成直角，同理，$\angle EMM'$ 也可看成直角，又因为 $\angle NEN' = \angle MEM' = \delta$，所以由三角函数可得：

$$EM = EM' \times \cos\delta; \quad EN = EN' \times \cos\delta$$

故 $(EM + EN) = (EM' + EN')\cos\delta$，即 $l' = l\cos\delta$。

由水平时视距公式得斜距：

$$L = Kl' = Kl\cos\delta \tag{4-10}$$

AB 间水平距离：

$$D = L\cos\delta = Kl\cos^2\delta \tag{4-11}$$

设 AB 间高差为 h，目标高为 v（即十字丝中丝在视距尺上读数），仪器高为 i，如图 4-7有：

$$h + v = h' + i$$

式中，h' 称为初算高差或高差计算值，并有：

$$h' = L\sin\delta = Kl\cos\delta\sin\delta = \frac{1}{2}Kl\sin 2\delta = D\tan\delta \tag{4-12}$$

$$h = h' + i - v = \frac{1}{2}Kl\sin 2\delta + i - v = D\tan\delta + i - v \tag{4-13}$$

假定 A 点的高程是已知的，要求 B 点的高程，那么：

$$H_B = H_A + h_{AB}$$

三、视距测量的观测和计算

(1) 在测站上安置仪器,量取仪高,精确到厘米;

(2) 瞄准竖直于测点上的标尺,使中丝读数等于仪高;

(3) 用上、下视距丝在标尺上读数,得视距间隔 l;

(4) 使竖盘指标水准气泡居中,读取竖盘读数,得竖直角 α,然后计算两点间水平距离和测点高程。

思考与练习

1. 什么是视距测量?
2. 不同情况下,视距计算公式分别是什么?
3. 如何进行视距测量?

任务四 学会电磁波测距

【知识要点】 电磁波测距及其特点;电磁波测距仪的分类;电磁波测距原理。

【技能目标】 能使用测距仪进行距离测量。

任务导入

随着科学技术的不断发展,出现了测距的新仪器——测距仪,从而有了新的测距方法——电磁波测距。电磁波测距仪的使用,使测量距离的工作变得方便快捷,极大地提高了测量工作的效率。

任务分析

只有了解电磁波测距仪及其测距原理,才能学会正确操作和使用电磁波测距仪,以得到满足精度要求的距离测量成果。

相关知识

一、电磁波测距概述

1. 电磁波测距及其特点

电磁波测距是在欲测量距离的两点上分别架设测距仪和反射镜,利用电磁波传输测距信号来测量两点间的距离。电磁波测距仪测距具有测距方便、精度高、作业速度快、工作强度低、不受地形限制等优点。

2. 电磁波测距仪分类

电磁波测距仪有多种不同的分类方法。

按测定光波传播时间方式的不同,可分为脉冲式测距仪和相位式测距仪。脉冲式测距仪测程远;相位式测距仪测程较短,测距精度较高。目前测绘工作中多用相位式测距仪。按载波不同,电磁波测距仪可分为用微波段的无线电波作为载波的微波测距仪、用激光作为载

波的激光测距仪和用红外光作为载波的红外测距仪。后两者又统称为光电测距仪。

按测程不同，电磁波测距仪可分为测程在 3 km 以内的短程测距仪、测程在 3～5 km 之间的中程测距仪和测程大于 5 km 的远程测距仪。微波和激光测距仪多属于长程测距，测程可达 60 km，一般用于大地测量；而红外测距仪属于中、短程测距仪(测程为 15 km 以下)，一般用于小地区控制测量、地形测量、地籍测量和工程测量等。

按测距精度不同，电磁波测距仪可分为Ⅰ级($m_D \leqslant \pm 5$ mm)、Ⅱ级(± 5 mm$\leqslant m_D \leqslant \pm 10$ mm)和Ⅲ级(± 10 mm$\leqslant m_D \leqslant \pm 20$ mm)。m_D 为所测距离为 1 km 时的距离观测中误差。

二、电磁波测距原理

电磁波测距的基本原理可用图 4-10 来简要说明。在 A 点安置测距仪，在 B 点架设反射镜，测距仪向反射镜发出电磁波，电磁波经反射镜反射回来后被测距仪接收，测距仪量测出电磁波在距离 D 上往返传播的时间，于是可以利用下式计算出 A、B 两点的距离：

$$D = \frac{1}{2} c t_{2D} \tag{4-14}$$

其中 D——A、B 两点的距离；

c——真空中的光速；

t_{2D}——光从仪器→棱镜→仪器的时间。

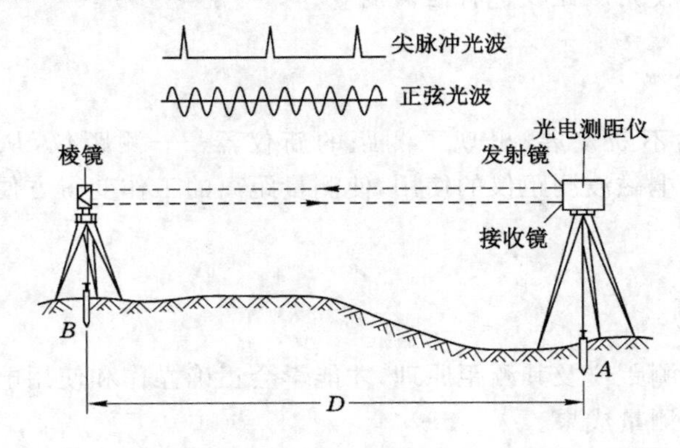

图 4-10 电磁波测距基本原理

根据测量光波在待测距离上往、返一次传播的时间的不同，光电测距仪可分为脉冲式和相位式测距仪。

(一) 脉冲式光电测距仪

脉冲式光电测距是采用直接测定光脉冲在待测距离上往返的时间。测距仪将光波调制成一定频率的尖脉冲发送出去。如图 4-11 所示，在尖脉冲光波离开测距仪发射镜的瞬间，触发了电子门，此时，时钟脉冲进入电子门填充，计数器开始计数。在仪器接收镜接收到由反光棱镜反射回的尖脉冲光波的瞬间，关闭电子门，计数器停止计数。然后根据计数器得到的时钟脉冲个数乘以每个时钟脉冲周期就可以得到光脉冲往返的时间。

由于计数器只能记忆整数个的时钟周期，所以不足一个时钟周期的时间就被忽略，因此产生了计时上的误差，从而影响了测距的精度。如果将时钟脉冲周期缩短，那么被忽略的时间就会越短，测距的精度就会提高。但实际上这个时钟脉冲周期并不能无限缩短。一般的

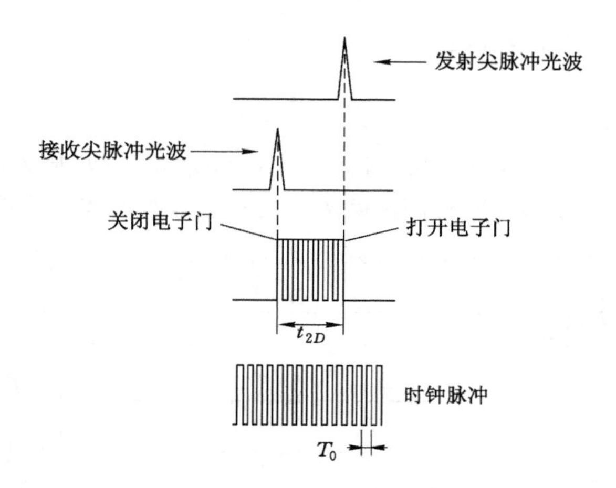

图 4-11　脉冲式光电测距仪原理

脉冲式测距仪主要用于远距离测量。

（二）相位式光电测距

相位式光电测距是将发射的光波调制成正弦波的形式，通过测量正弦光波在待测距离上往返传播的相位移来解算距离的，也就是通过测量光波传播了多少个周期来解算距离。

图 4-12 所示为从发射镜发射的光波经反射棱镜反射后由接收镜接收后所展开的图形。我们知道，正弦光波一个周期的相位移为 2π，假设正弦光波经过发射和接收后的相位移为 φ，则 φ 可以分解为 N 个（整数个）2π 周期和不足一个周期的相位移 $\Delta\varphi$，即 $\varphi=2\pi N+\Delta\varphi$。由于 $\varphi=\omega\cdot t=2\pi\cdot f\cdot t_{2D}$，所以 $t=\dfrac{2\pi N+\Delta\varphi}{2\pi f}$。因为 $c=\lambda f$ 故有：

$$D=\frac{c}{2f}\left(N+\frac{\Delta\varphi}{2\pi}\right)=\frac{\lambda}{2}(N+\Delta N) \tag{4-15}$$

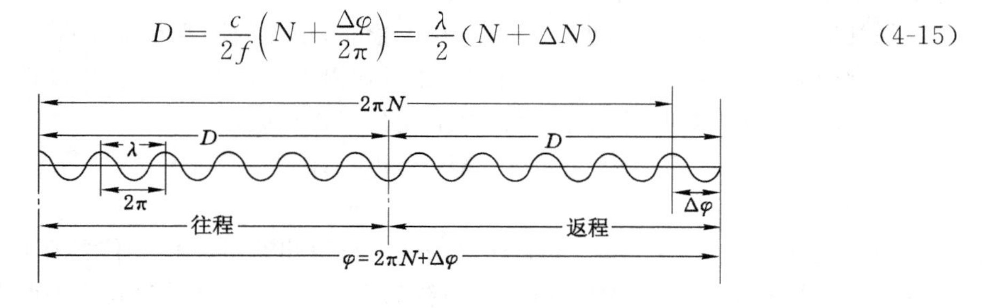

图 4-12　相位式光电测距原理

在相位式光电测距仪中有一个相位计，它的功能是将发射镜发射的正弦波与接收镜接收到的正弦波的相位进行比较，就可以测出不足一个周期的小数 ΔN，其测相误差一般为1/1 000。

任务实施

一、测距边长改正计算

测距仪测距的过程中，仪器本身的系统误差以及外界环境影响，会造成测距精度的下降。为了提高测距的精度，我们需要对测距的结果进行改正，可以通过 3 种途径进行改正：

仪器常数改正、气象改正和倾斜改正。

(一) 仪器常数改正

仪器常数包括加常数和乘常数。

(1) 加常数:由于仪器的发射面和接收面与仪器中心不一致,反光棱镜的等效反射面与反光棱镜的中心不一致,使得测距仪测出的距离值与实际距离值不一致,如图 4-13 所示,因此,测距仪测出的距离还要加上一个加常数 K 进行改正。

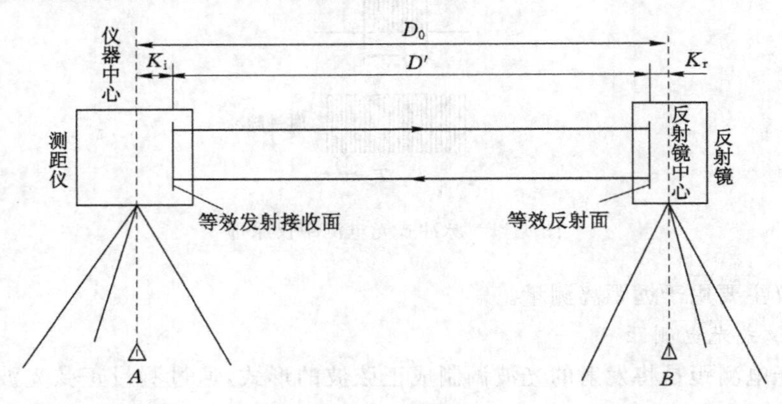

图 4-13 光电测距仪测距

(2) 乘常数:光尺长度经一段时间使用后,由于晶体老化,实际频率与设计频率有偏移,使测量成果存在着随距离变化的系统误差,其比例因子称乘常数 R。我们由测距的公式 $D=u(N+\Delta N)$ 可以看出,光尺长度变化对距离的影响是成比例的,所以测距仪测出的距离还要乘上一个乘常数 R 进行改正。

加常数和乘常数在仪器出厂前都进行了检验,现在的测距仪都具有设置常数的功能,我们将加常数和乘常数预先设置在仪器中,然后在测距的时候仪器会自动改正。如果没有设置常数,那么可以先测出距离,然后按照下面公式进行改正:

$$\Delta D = K + RD \tag{4-16}$$

(二) 气象改正

测距仪的测尺长度是在一定的气象条件下推算出来的。但是仪器在野外测量时的气象条件与标准气象不一致,使测距值产生系统误差。所以在测距时应该同时测定环境温度和气压。然后利用厂家提供的气象改正公式计算改正值,或者根据厂家提供的对照表查找对应的改值。对于有的仪器,可以将气压和温度输入到仪器中,由仪器自动改正。

(三) 倾斜改正

由于测距仪测得的是斜距,因此将斜距换算成平距时还要进行倾斜改正。目前的测距仪一般都与经纬仪组合,测距的同时可以测出竖直角 δ 或天顶距 z,然后按下面公式计算平距。

$$D = D'\cos\delta \tag{4-17}$$

$$D = D'\sin z \tag{4-18}$$

二、测距仪的使用方法

(1) 在待测站点安置经纬仪和测距仪,经纬仪对中、整平,打开测距仪的开关,检查仪器是否正常。

(2) 在待测距离的另一端安置反射棱镜，反射棱镜对中、整平后，使棱镜反射面朝向测距仪方向。

(3) 在测站点上用经纬仪望远镜瞄准目标棱镜中心，按下测距仪操作面板上的测量功能键进行测量距离，显示屏即可显示测量结果。

三、电磁波测距仪使用的注意事项

使用电磁波测距仪时，应注意：

(1) 防止日晒雨淋，在仪器使用和运输中应注意防震。

(2) 严防阳光及强光直射物镜，以免损坏光电器件。

(3) 仪器长期不用时，应将电池取出。

(4) 测线应离开地面障碍物一定高度，避免通过发热体和较宽水面上空，避开强电磁场干扰的地方。

(5) 镜站的后面不应有反光镜和强光源等背景干扰。

(6) 应在大气条件比较稳定和通视良好的条件下观测。

思考与练习

1. 什么是电磁波测距？
2. 电磁波测距的原理是什么？
3. 电磁波测距仪按照测量时间的不同形式，可以分为哪两种？
4. 简述电磁波测距的使用方法及注意事项。

任务五　学会确定直线的方向

【知识要点】 标准方向的概念及意义；方位角和象限角的概念及其关系。

【技能目标】 能用方位角、象限角表示直线的方向；能进行方位角和象限角的换算；能计算直线的正、反方位角；能判断“左角”和“右角”，并用“左角公式”“右角公式”推算方位角。

任务导入

欲确定某一直线的方向，首先要设定参考方向，即标准方向，再根据标准方向与直线的角度关系确定直线的方向。

任务分析

理解三种标准方向线和三种方位角的概念和关系，掌握直线定向的方法，学会进行坐标方位角的推算以及方位角与象限角的换算。

相关知识

确定地面两点在平面上的位置，不仅需要测量两点间的距离，还要确定两点间直线的方向，因此我们要进行直线定向的工作。确定地面直线与标准方向间的水平夹角称为直线定向。

测量中常用的标准方向有三种：

(1) 真子午线方向:真子午线在地面某点的切线方向称为该点的真子午线方向。地面上任意一点的真子午线方向是用天文测量方法或陀螺经纬仪来测定的。

(2) 磁子午线方向:地面任一点与地球磁场南北极连线所组成的平面与地球表面交线称为点的磁子午线,磁子午线在点 P 的切线方向称为点的磁子午线方向。磁子午线方向是用罗盘仪来测定,在某点安置一个罗盘仪,磁针自由静止时指北针所指的方向即为该点的磁子午线方向。

(3) 坐标纵轴方向:过地表任一点且与其所在的高斯平面直角坐标系或者假定坐标系的坐标纵轴平行的直线称为点的坐标纵轴方向。

一、表示直线方向的方法

(一) 方位角

1. 方位角的定义

测量中常用方位角来表示直线方向。由标准方向的北端起,顺时针方向到某直线的水平夹角,称为该直线的方位角。方位角的取值范围为 0°～360°。

2. 三种方位角

如图 4-12 所示,由于标准方向不同,方位角可分为以下三种:

(1) 真方位角

若标准方向为真子午线方向,那么方位角就称为真方位角,用 A 表示。

(2) 磁方位角

若标准方向为磁子午线方向,那么方位角就称为磁方位角,用 A_m 表示。

(3) 坐标方位角

若标准方向为坐标纵轴方向,那么方位角就称为坐标方位角,用 α 表示。

3. 三种方位角之间的关系

真方位角、磁方位角、坐标方位角之间的关系如图 4-14 所示。

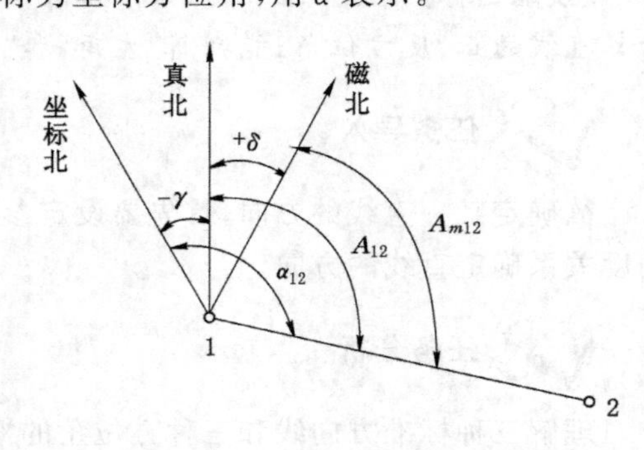

图 4-14 三种方位角之间的关系

(1) 真方位角与磁方位角

由于地球的磁极与地理南北极不重合,过地面上某点的真北方向与磁北方向不重合,两者之间的夹角称为磁偏角,记为 δ。规定:如果磁北方向在真北方向以东称为东偏,$\delta>0$,反之则称为西偏,$\delta<0$。为此,推出真方位角和磁方位角的换算公式为:

$$A = A_m + \delta \tag{4-19}$$

由于地球的磁极是在不断变化的,所以磁偏角也在不断变化。一般磁方位角精度较低。在定向困难的地区,可用罗盘仪测出磁方位角来代替坐标方位角。真方位角主要是用在大地测量中。

(2) 真方位角与坐标方位角

地面上不同经度的子午线都会汇聚于两极，所以只要不在赤道上，地面点的真北方向与坐标北方向就不会重合，两者之间的夹角就称为子午线收敛角，记为 γ。

与磁偏角的规定类似，坐标纵轴方向位于真子午线方向以东，称东偏，子午线收敛角 $\gamma>0$，反之称西偏，$\gamma<0$。真方位角与坐标方位角之间的关系为：

$$A=\alpha+\gamma \tag{4-20}$$

(3) 磁方位角与坐标方位角

由式(4-19)、式(4-20)，我们可以推出磁方位角与坐标方位角的关系为：

$$\alpha=A_m+\delta-\gamma \tag{4-21}$$

4. 正、反坐标方位角的关系

测量中任何直线都有一定的方向。如图 4-15 所示，直线 AB 以 A 为起点，B 为终点，则过 A 点的坐标北方向与直线 AB 的夹角 α_{AB} 称为直线 AB 的正方位角。反之，过 B 点的坐标北方向与直线 BA 的夹角 α_{BA} 称为直线 AB 的反方位角。由于 A、B 两点的坐标北方向是平行的，所以正、反方位角相差 180°，即 $\alpha_{AB}=\alpha_{BA}\pm180°$，由此可推出正、反方位角的换算关系为：

$$\alpha_{正}=\alpha_{反}\pm180° \tag{4-22}$$

说明：由于地面上 A、B 两点的真子午线不平行，这两点的磁子午线也不平行，所以 A、B 两点正、反真方位角之差不会刚好相差 180°，而是随着这两点的纬度不同发生变化。同样，正、反磁方位角间也没有固定的关系，这给测量计算带来不便，所以我们常采用坐标方位角来进行直线定向。

(二) 象限角

1. 象限角的定义

从标准方向线的北端或南端，顺时针或逆时针量至某直线的锐角，称为直线的象限角 R。

2. 象限角的表示方法

角度值后面注明象限，如图 4-16 所示。

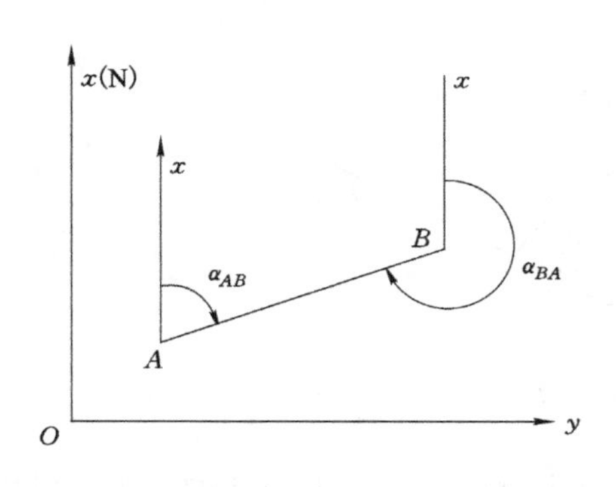

图 4-15　正、反方位角的关系

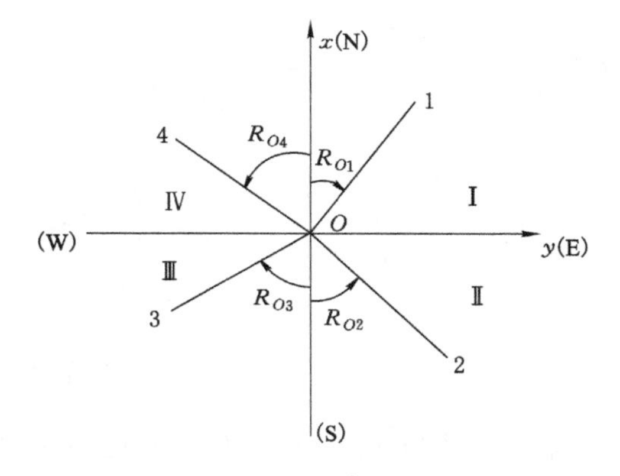

图 4-16　象限角表示方法

$R_{O1}=35°$NE(北东，表示象限角在第一象限)；

$R_{O2}=35°$SE(南东，表示象限角在第二象限)；

$R_{O3}=35°$SW(南西，表示第三象限)；

$R_{O4}=35°$NW(北西，表示第四象限)。

3. 方位角与象限角的关系

方位角与象限角的关系如图 4-17 所示；方位角与象限角的换算关系可见表 4-1。

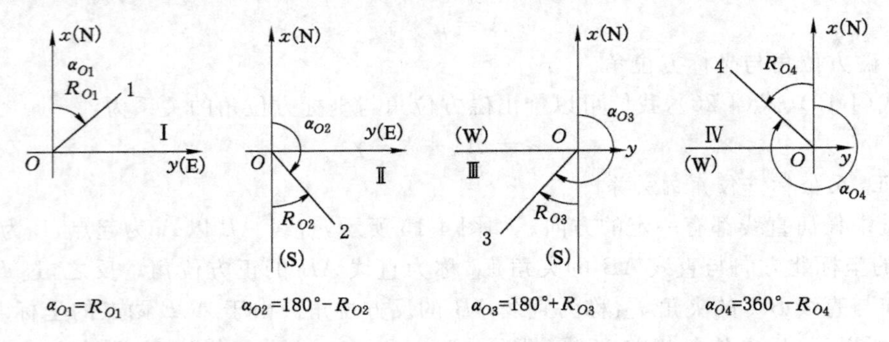

图 4-17 方位角和象限角的关系

表 4-1 方位角与象限角的换算关系

象限	方位角与象限角的换算关系	象限	方位角与象限角的换算关系
Ⅰ	$\alpha=R$	Ⅲ	$\alpha=180°+R$
Ⅱ	$\alpha=180°-R$	Ⅳ	$\alpha=360°-R$

二、推算方位角

在控制测量工作中，我们通常要在地面上布设一些控制点，然后从某一点出发，沿着一定的方向前进，测量出每一个控制点的坐标。由控制点连接而成的折线称为导线，如图4-18所示。相邻的导线边之间的夹角称为转折角。转折角有左、右之分，在前进方向左侧的称为左角，在前进方向右侧的称为右角。

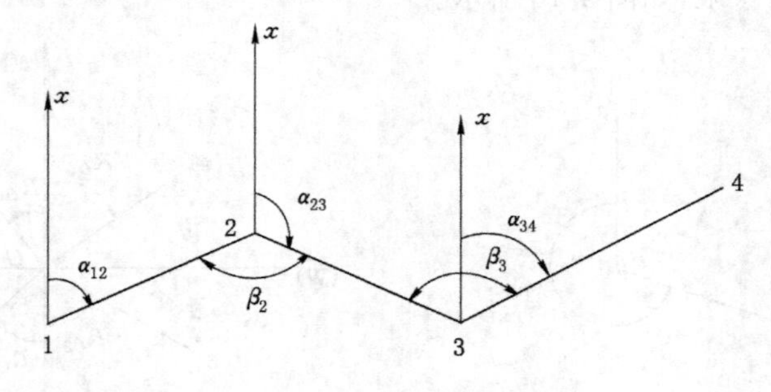

图 4-18 方位角推算

假设导线边 12 的方位角 α_{12} 是已知的，并且我们已测出了每个转折角的大小。现在要求出 23、34 导线边的方位角以便进行下一步的坐标计算。如何推算各导线边的坐标方位角？

由图 4-18 可以看出：

$$\alpha_{23}=\alpha_{21}-\beta_2=\alpha_{12}+180°-\beta_2$$
$$\alpha_{34}=\alpha_{32}+\beta_3=\alpha_{23}+180°+\beta_3$$

由于 β_2 在推算路线前进方向的右侧，该转折角称为右角；β_3 在左侧，称为左角。从而可归纳出推算坐标方位角的一般公式为：

$$\alpha_{前}=\alpha_{后}+180°+\beta_{左} \tag{4-23}$$
$$\alpha_{前}=\alpha_{后}+180°-\beta_{右} \tag{4-24}$$

式(4-23)称为左角公式，式(4-24)称为右角公式。计算中，如果 $\alpha_{前}>360°$，应自动减去 360°；如果 $\alpha_{前}<0°$，则自动加上 360°。$\alpha_{前}$ 表示在前进方向上，前面这条边的方位角，则 $\alpha_{后}$ 表示后面那条边的方位角。若转折角 β_1、β_2、β_3 都是左角，则：

$$\begin{aligned}\alpha_{45}&=\alpha_{34}+\beta_4-180°\\&=\alpha_{23}+\beta_3-180°+\beta_4-180°\\&=\alpha_{12}+\beta_2-180°+\beta_3-180°+\beta_4-180°\\&=\alpha_{12}+\sum\beta_i-3\times180°\end{aligned}$$

推广到 n 条边的情况：

$$\alpha_n=\alpha_0+\sum\beta_i-n\times180° \tag{4-25}$$

上式中 $\sum\beta_i$ 为所有转折角左角之和，n 为转折角的个数。

**思考与练习**

1. 什么是直线定向？
2. 标准方向有哪几种？分别是如何测定的？
3. 什么是真方位角、磁方位角和坐标方位角？三者之间有何关系？
4. 设直线 AB 的坐标方位角为 134°43′37″，那么直线 BA 的坐标方位角是多少？
5. 什么是象限角？象限角和方位角是如何转换的？
6. 如图 4-19 所示，AB 的坐标方位角已知，观测了图中 4 个水平角，试计算边长 B→1，1→2，2→3，3→4 的坐标方位角。

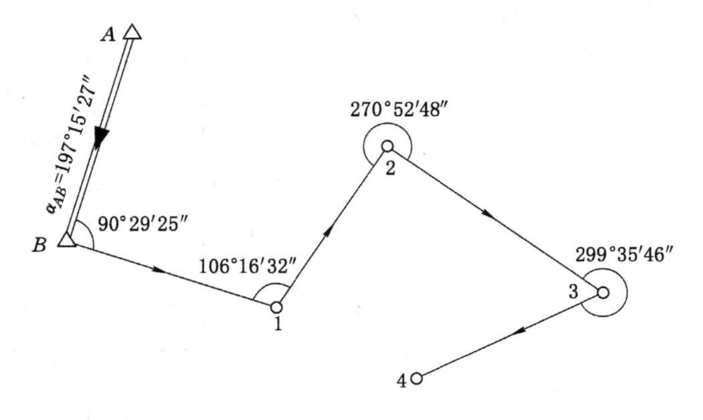

图 4-19　推算支导线各边的坐标方位角

任务六　学会坐标计算

【知识要点】 坐标增量、坐标正算和坐标反算的概念。
【技能目标】 能进行坐标正算和坐标反算。

任务导入

测量的目的是为了求得地面点的坐标，因此学会计算点的坐标是学习地形测量必须掌握的知识和技能。

任务分析

根据之前所学知识，测得水平角和距离后，如何根据这些内容来计算待定点的坐标呢？根据直线两端点的坐标，怎样计算直线的边长及其坐标方位角呢？

相关知识

1. 坐标增量

是指两点的坐标值之差。纵坐标增量用 Δx 表示，横坐标增量用 Δy 表示。

2. 坐标正算

是指利用一条导线边的一个端点坐标、边长及坐标方位角，计算另一端点坐标的过程。

3. 坐标反算

是指利用一条导线边两个端点的坐标，计算导线的坐标方位角和边长的过程。

任务实施

一、坐标正算

如图 4-20 所示，有两个地面点 A、B，已知 A 点的坐标(x_A, y_A)，方位角 α_{AB} 和 AB 间的水平距离 D_{AB}，现在欲计算 B 点的坐标(x_B, y_B)。

设 A 点到 B 点在 x 轴上的坐标增量为 Δx_{AB}，在 y 轴上的坐标增量为 Δy_{AB}，则可得：

$$\begin{cases}\Delta x_{AB} = D_{AB} \times \cos\alpha_{AB} \\ \Delta y_{AB} = D_{AB} \times \sin\alpha_{AB}\end{cases} \tag{4-26}$$

故：

$$\begin{cases}x_B = x_A + \Delta x_{AB} = x_A + D_{AB} \times \cos\alpha_{AB} \\ y_B = y_A + \Delta y_{AB} = y_A + D_{AB} \times \sin\alpha_{AB}\end{cases} \tag{4-27}$$

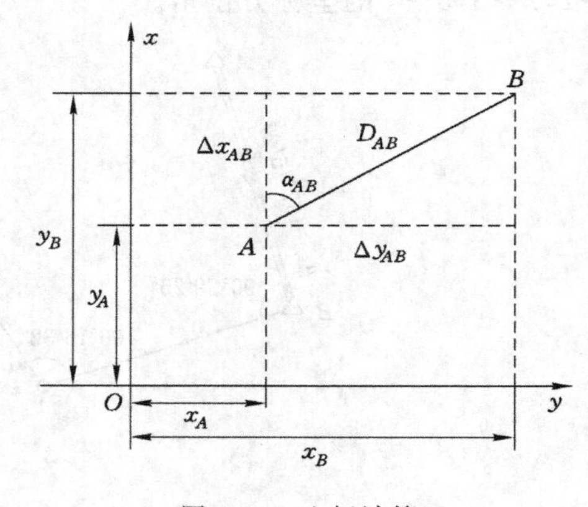

图 4-20　坐标计算

例 4-2　已知点 A 坐标，$x_A = 1\,000$ m、$y_A = 1\,000$，方位角 $\alpha_{AB} = 35°17'36.5''$，$A$、$B$ 两点水平距离 $D_{AB} = 200.416$ m，计算 B 点的坐标。

解 由公式得：

$$x_B = x_A + \Delta x_{AB} = x_A + D_{AB} \times \cos \alpha_{AB} = 1\,000 + 200.416 \times \cos 35°17'36.5'' = 1\,163.580 \text{ m}$$

$$y_B = y_A + \Delta y_{AB} = y_A + D_{AB} \times \sin \alpha_{AB} = 1\,000 + 200.416 \times \sin 35°17'36.5'' = 1\,115.793 \text{ m}$$

二、坐标反算

如图 4-20 所示，若已知的 A、B 两点的坐标，现在要计算两点间水平距离 D 和方位角 α_{AB}，这一过程称为坐标反算。

计算过程如下：

(1) 计算 AB 的坐标增量：

$$\begin{cases} \Delta x_{AB} = x_B - x_A \\ \Delta y_{AB} = y_B - y_A \end{cases} \tag{4-28}$$

(2) 计算 AB 的边长：

$$D_{AB} = \sqrt{\Delta x_{AB}^2 + \Delta y_{AB}^2}$$

(3) 计算 AB 边的象限角：

$$R_{AB} = \arctan \frac{|\Delta y_{AB}|}{|\Delta x_{AB}|}$$

(4) 根据 Δx_{AB}、Δy_{AB} 的正、负号判断 R_{AB} 所在的象限，其换算关系见表 4-1。然后将象限角 R_{AB} 转换为坐标方位角 α_{AB}。

例 4-3 已知导线边两端点 A、B 的坐标为：$x_A = 32.528$ m、$y_A = 620.436$ m，$x_B = 27.860$ m、$y_B = 611.598$ m，计算坐标方位角 α_{AB} 和水平距离 D_{AB}。

解 ① 计算 A、B 两点的坐标增量：

$$\Delta x_{AB} = x_B - x_A = 27.860 - 32.528 = -4.668 \text{ m}$$

$$\Delta y_{AB} = y_B - y_A = 611.598 - 620.436 = -8.838 \text{ m}$$

② 计算 AB 的边长：

$$D_{AB} = \sqrt{\Delta x_{AB}^2 + \Delta y_{AB}^2} = \sqrt{(-4.668)^2 + (-8.838)^2} = 9.995 \text{ m}$$

③ 计算 AB 边的坐标方位角 α_{AB}：

$$R_{AB} = \arctan \frac{|\Delta y_{AB}|}{|\Delta x_{AB}|} = \arctan \frac{|-8.838|}{|-4.668|} = 62°09'29.4''$$

由于 Δx_{AB}、Δy_{AB} 都为负，则为第三象限，那么：

$$\alpha_{AB} = 180° + R_{AB} = 180° + 62°09'29.4'' = 242°09'29.4''$$

思考与练习

1. 什么是坐标正算和坐标反算？

2. 已知点 A 坐标，$x_A = 2\,000.000$ m、$y_A = 3\,000.000$ m，方位角 $\alpha_{AB} = 189°22'48''$，$A$、$B$ 两点水平距离 $D_{AB} = 100$ m，计算 B 点的坐标。如果方位角 α_{AB} 为 90°、180°，B 点坐标应如何计算呢？

3. 已知 $x_A = 549.153$ m、$y_A = 219.274$ m，$x_B = 487.465$m、$y_B = 264.256$ m，计算坐标方

位角 α_{AB} 和水平距离 D_{AB}。

任务七 学会使用全站仪

【知识要点】 全站仪的分类、等级、主要技术指标；全站仪各部分的功能；全站仪的测量原理和方法。

【技能目标】 能对全站仪进行各种基本操作；能使用全站仪进行角度测量、距离测量和坐标测量。

任务导入

全站仪(total station)是全站型电子速测仪的简称，它是一种集光、机、电为一体的高技术测量仪器。现在的全站仪已是集常规功能和应用测量程序功能于一体，有内存卡、磁卡存储，在 windows 系统支持下，具有高精度、智能化、自动化、电脑化、信息化和网络化的光电测绘仪器系统。

任务分析

了解全站仪的各部分及全站仪的功能，学会全站仪的基本操作；学会用全站仪进行基本的角度测量、距离测量和高差(程)测量等。

相关知识

目前，国内外厂家生产的全站仪系列很多，主要有徕卡(TC)系列、拓普康(GTS)系列、南方(NTS)系列、苏州一光(RTS)系列、科力达(KTS)系列等。

不同厂家生产的全站仪型号、系列各不相同，但从外观结构上来看，其基本结构是相同的，都是由上部能围绕垂直轴转动的照准部和下部不能转动的基座构成。照准部包括同轴望远镜、电磁波测距构件、键盘及显示屏、竖直度盘及读数系统、补偿器、存储器和 I/O 通信接口、内部微处理器以及微动螺旋等。基座主要包括水平度盘和脚螺旋等。全站仪的外观结构如图 4-21 所示。

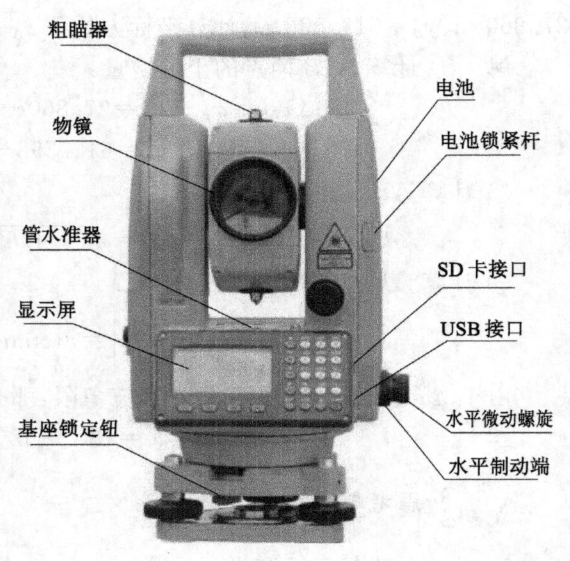

图 4-21 全站仪的外观结构

全站仪的主要技术指标有测角精度 m_β、测距精度 m_D 和测程 D。目前测角精度最高为 0.5″，如徕卡的 TC2003，测距精度最高的为 1 mm+1 ppm，测程大多在 2 km 以上。

目前，按照测角精度和测距精度将全站仪划分为 4 个等级，具体指示见表 4-2。

表 4-2　　全站仪的等级

等级	测角精度 $m_\beta/('')$	测距精度 m_D/mm
Ⅰ	$\|m_\beta\| \leqslant 1$	$\|m_D\| \leqslant 5$
Ⅱ	$1 < \|m_\beta\| \leqslant 2$	$\|m_D\| \leqslant 5$
Ⅲ	$2 < \|m_\beta\| \leqslant 6$	$5 \leqslant \|m_D\| \leqslant 10$
Ⅳ	$6 < \|m_\beta\| \leqslant 10$	$\|m_D\| \leqslant 10$

Ⅰ、Ⅱ级仪器为精密型全站仪，主要用于高等级控制测量及变形观测等；Ⅲ、Ⅳ级仪器主要用于三四等控制测量和工程测量等，以及电子平板数据采集、地籍测量和房地产测量等。

与光学经纬仪不同，全站仪将光学度盘换为光电扫描度盘，将人工光学测微读数代之以自动记录和显示读数，使操作简单化，且可避免读数误差的产生。

全站仪的工作特点：

（1）能同时测角、测距并自动记录测量数据；

（2）设有各种野外应用程序，能在测量现场得到归算结果；

（3）能实现数据存储和处理。

全站仪的功能很多，各种型号的全站仪的功能也各不相同，但其基本功能一般有：常规测量、应用测量程序、存储管理、数据通信、参数设置等。常规测量包括角度测量、距离测量和坐标测量。应用测量程序功能包括数据采集、点位放样、对边测量、面积测量和悬高测量、导线测量等。存储管理和数据通信是能对观测及通过微处理器处理的数据及数据文件进行操作（改名、删除、查阅）和通信传输。参数设置是能对仪器相关参数进行设置，以满足不同条件的观测。

任务实施

下面以苏州一光仪器有限公司 RTS-332R5 全站仪为例，对全站仪的基本操作进行简单介绍。

一、全站仪外观部件及名称

全站仪各部件及名称如图 4-22 所示。

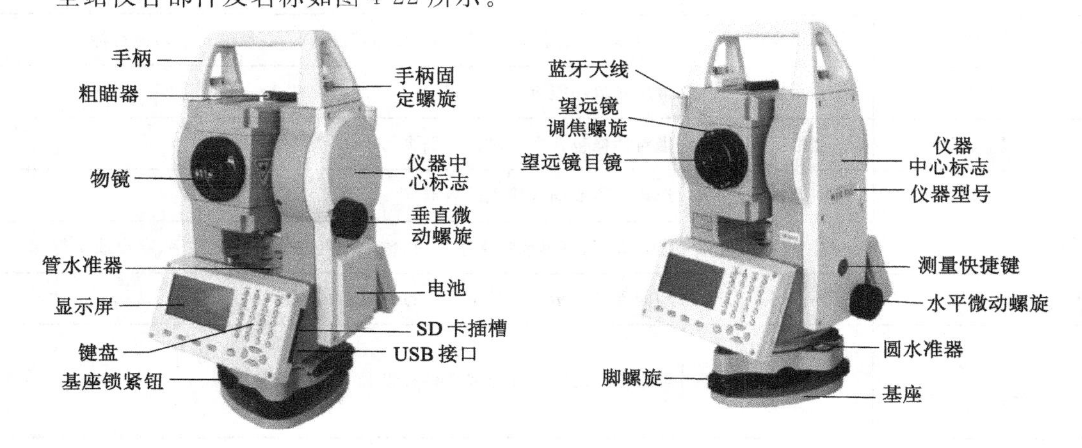

图 4-22　苏州一光 RTS-332R5 全站仪各部件及名称

二、全站仪的主要技术参数

全站仪测角最小读数 1″，测角精度±2″。单棱镜测距精度：$\pm(2+2\times10^{-6}\times D)$ mm；单棱镜测距：5 000 m；免棱镜测距：500 m。

三、全站仪的键盘与常用功能键

全站仪的显示屏与键盘如图 4-23 所示。各操作键的名称和功能键见表 4-3。

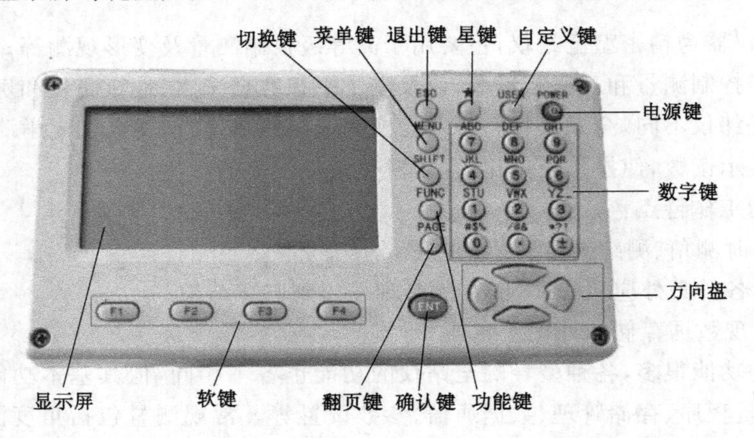

图 4-23 显示屏与键盘

表 4-3 键盘上各键名称和功能

按键	名称	功 能
POWER	电源键	控制仪器的电源开关
USER	自定义键	用户可从“菜单”或“设置”中选择定义该功能
★	星键	仪器常用功能的操作
ESC	退出键	退回到前一个菜单显示或前一个模式
MENU	菜单键	调用程序、设置参数、数据管理、通信参数、仪器检校、系统信息和数据传输
SHFIT	切换键	1. 屏幕输入时，在数字与字母之间转换；2. 测量模式下切换目标
FUNC	功能键	常用测量功能键
PAGE	翻页键	当对话框包含多页时进行翻页
ENT	确认键	选择选项或确认输入的数据
9～±	数字、字符键	输入数字、字母或特殊字符时，输入按键或上方对应数字、字母或字符
F1～F4	软键	功能参考显示屏幕最下方一行所显示的信息
	上下左右方向键	屏幕输入时控制光标或在各种设置中选择相关状态

另外，仪器侧面的测量快捷键可以快速启动测距功能，有测存、测距和关闭三种设置选择。

四、全站仪的设置和使用

（一）测量前的准备

1. 安置仪器

（1）在测站上安放三脚架，架设仪器。

（2）按电源键【POWER】打开仪器，进入【常规测量】界面首页，如图 4-24 所示。

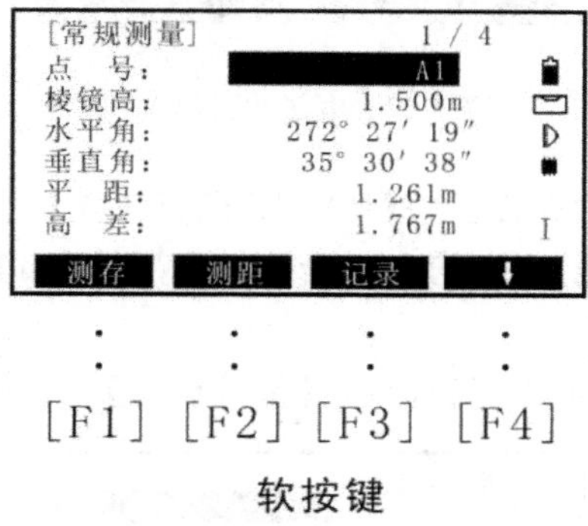

图 4-24　【常规测量】界面首页

（3）按【FUNC】功能键进入【功能】界面，【功能】界面有 4 页，如图 4-25 所示。

[功能]　1 / 4
F1　整平/置中　(1)
F2　偏置测量　(2)
F3　目标设置　(3)
F4　删除最后一个记录　(4)
F1　F2　F3　F4

[功能]　2 / 4
F1　高程传递　(5)
F2　隐蔽点测量　(6)
F3　自由编码　(7)
F4　激光指示　(8)
F1　F2　F3　F4

[功能]　3 / 4
F1　检查对边值　(9)
F2　主要设置　(01)
F3　EDM跟踪测量　(02)
F4　照明开/关　(03)
F1　F2　F3　F4

[功能]　4 / 4
距离单位：　米
角度单位：　度分秒
设定

图 4-25　【功能】界面

（4）在功能界面第 1 页，按【F1】键或数字【1】键进入【整平/置中】界面，如图 4-26 所示。并通过上、下方向键选择激光对点器的激光亮度。选择后按【F4】确认。

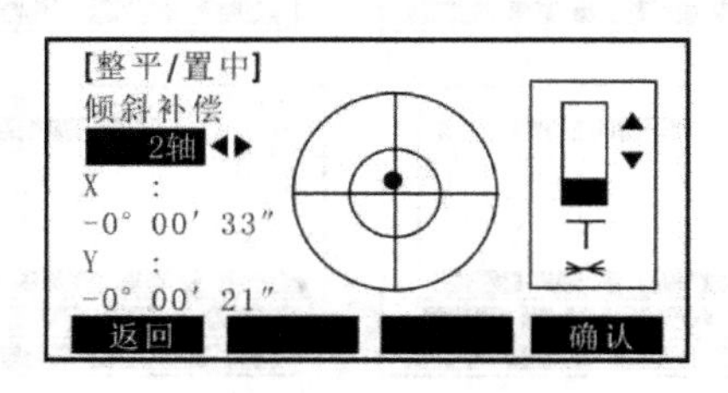

图 4-26　【整平/置中】界面

(5) 用与安置经纬仪时相同的方法对全站仪进行对中、整平操作。也可以借助屏幕显示的电子水准器整平仪器(旋转脚螺旋,使屏幕显示的 x 方向和 y 方向的倾角值为"0"),如图 4-27 所示。按【F4】键确认。最终将全站仪安置在测站上。

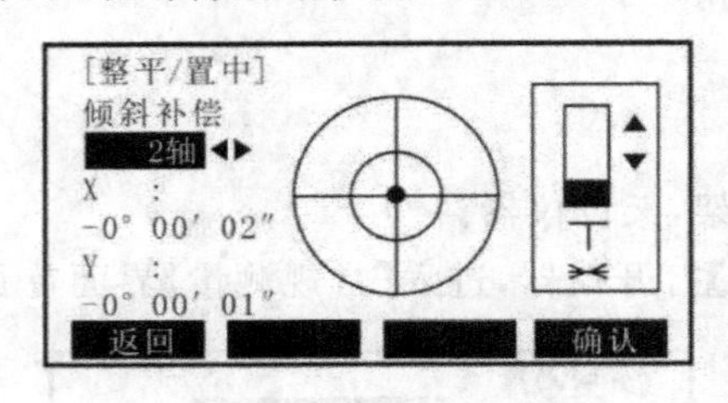

图 4-27 电子水准器整平

(6) 按【F1】键返回【功能】界面。按【PAGE】翻页键至【功能】界面第 4 页,并对距离单位和角度单位进行,如图【功能】界面第 4 页所示。最后按【F4】键确认。

2. 星键(★键)模式

按下【★】键即可进入【星键设置】选项。【星键设置】界面如图 4-28 所示。

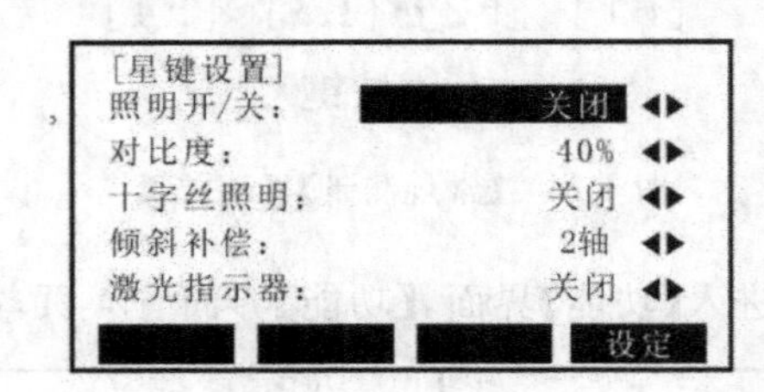

图 4-28 【星键设置】界面

进入【星键设置】界面后,通过上、下、左、右方向键对液晶屏背光照明、对比度、十字丝照明、倾斜补偿和激光指示器等进行设置,最后按【F4】确认。

(二) 常规测量及基本设置

【常规测量】模式共有 4 页,每页显示 8 行,右上方显示当前页数,按【PAGE】键可进行翻页。软键功能在最下面一行显示。常规测量界面如图 4-29 所示。

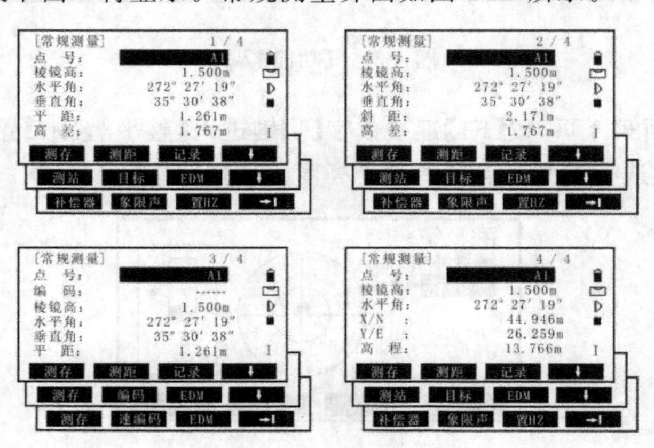

图 4-29 常规测量界面 1~4 页

软按键功能说明如下：

(1)【测存】：启动角度及距离测量，并将测量结果记录到相应设备中。

(2)【测距】：启动角度及距离测量，但不记录数据。

(3)【记录】：记录当前显示的测量数据。

(4)【测站】：设置测站。可进行行点号、仪器高、描述、坐标、高程等输入。最后按【F4】确认。

(5)【目标】：设置目标类型，有棱镜、反射片和免棱镜模式可选。最后按【F4】确认。

(6)【EDM】：显示 EDM 设置。【EDM】设置界面如图 4-30 所示。

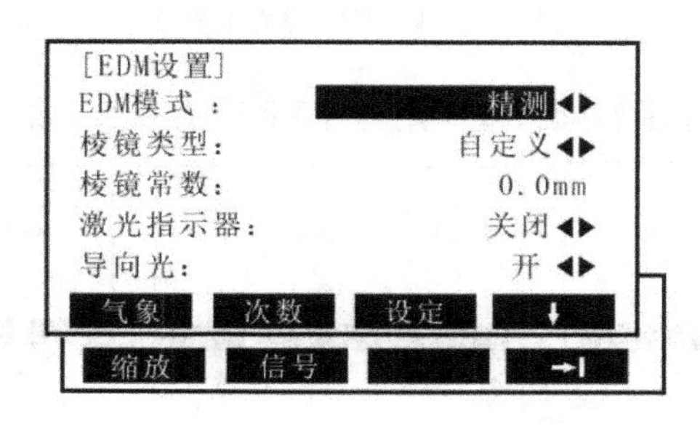

图 4-30　【EDM】设置界面

【EDM 设置】可通过上、下键及相对应软键对 EDM 模式(精测、跟踪、快测)、棱镜类型、棱镜常数、激光指示器、气象(海拔、温度、湿度、气压、折光系数)导向光、测距次数、缩放因子、回光信号进行设置。

(7)【水平角设置】：设置水平度盘。可以从数字键输入任意值或按【F3】软键置零，最后按【F4】确认。【水平角设置】界面如图 4-31 所示。

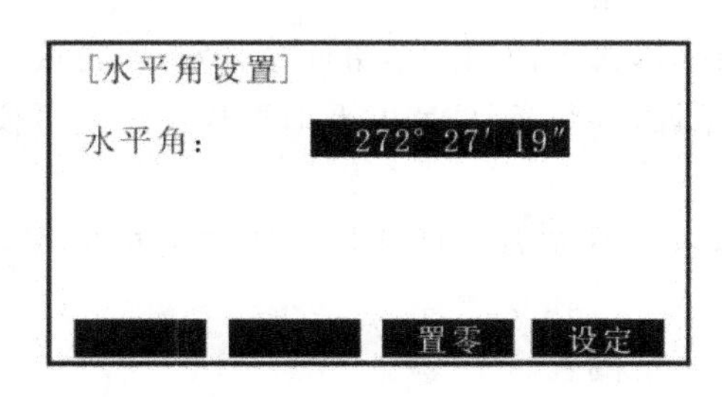

图 4-31　【水平角设置】界面

(8)【补偿器】：仪器自动补偿设置，有 2 轴、1 轴和关闭三种状态，按相应软键选择，按【F4】键确认并返回。

(9)【象限声】：有打开和关闭两个选项，按相应软键选择后，按【F4】确认。

(10)【编码】：可以进行编码设置。设置完成后按【F4】确认。

(11)【速编码】：按下对应软键可以激活快速编码，再按一下对应软键关闭快速编码。

(12)【↓】、【→】：继续到下一页、返回到第一页。按软键【F4】。

通过以上基本设置，就可以用全站仪进行水平角、竖直角、距离(平距、斜距)、高差的测量。对以上内容进行观测时，仪器目镜调焦、照准目标、物镜调焦和消除视差的方法与光学经纬仪相同。

（三）【MENU】键

按【MENU】键仪器显示菜单界面，菜单界面共有 3 页，如图 4-32 所示。

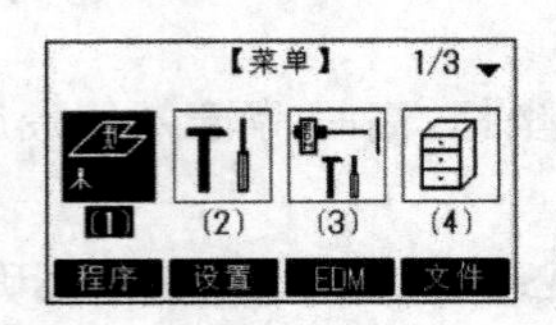

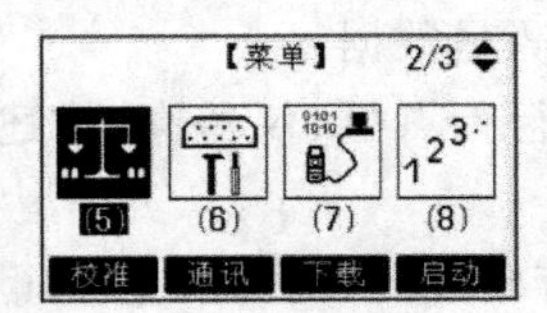

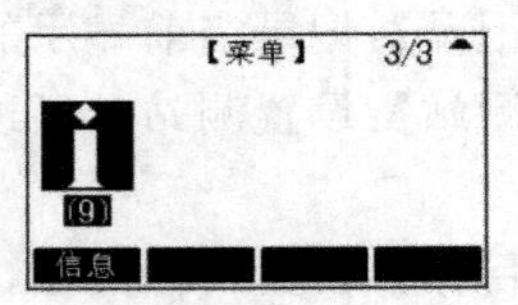

图 4-32 【MENU】菜单界面

按【F1】键进入【应用程序】界面。【应用程序】界面有三页，如图 4-33 所示。

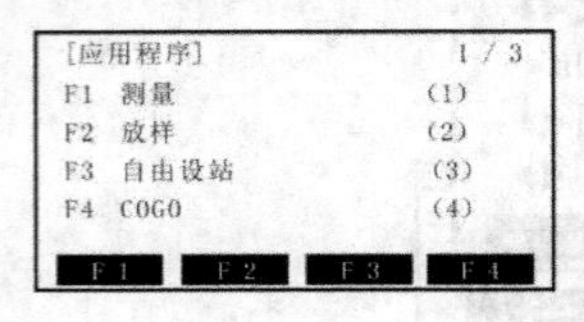

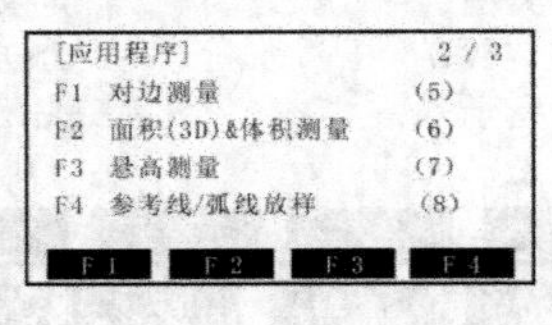

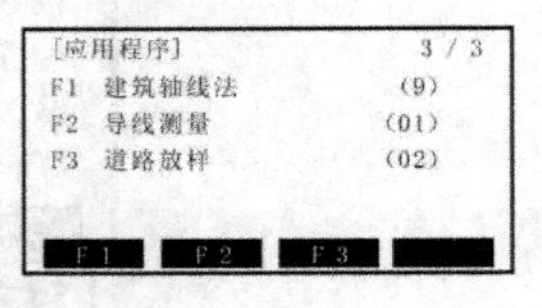

图 4-33 【应用程序】界面

根据以上界面，对相应键进行操作，即可完成各程序规定的测量、放样、自由设站、COGO、对边测量、面积测量、悬高测量、参考线/弧线放样、建筑轴线测量、导线测量和道路放样等。

五、全站仪使用的注意事项与维护

（一）全站仪保管的注意事项

(1) 仪器由专人负责保管，每天使用完毕带回办公室，不得放在现场工具箱内。

(2) 仪器箱内应保持干燥，要防潮、防水并及时更换干燥剂。仪器须放置在专门的架子上或固定位置。

(3) 仪器长期不用时，应一月左右定期通风防霉并通电驱潮，以保持仪器良好的工作状态。

(4) 仪器放置要整齐，不得倒置。

（二）全站仪使用时的注意事项

(1) 开工前应检查仪器箱背带及提手是否牢固。

(2) 开箱后提取仪器前，要看准仪器在箱内放置的方式和位置，装卸仪器时，必须握住提手。将仪器从仪器箱取出或装入仪器箱时，请握住仪器提手和底座，不可握住显示单元的下部。切不可拿仪器的镜筒，否则会影响内部固定部件，从而降低仪器的精度。应握住仪器的基座部分，或双手握住望远镜支架的下部。仪器用毕，先盖上物镜罩，并擦去表面的灰尘。装箱时各部位要放置妥帖，合上箱盖时应无障碍。

(3) 在太阳光照射下观测仪器，应给仪器打伞，并带上遮阳罩，以免影响观测精度。在杂乱环境下测量，仪器要有专人守护。当仪器架设在光滑的表面时，要用细绳（或细铅丝）将三脚架的 3 个脚连起来，以防滑倒。

(4) 当架设仪器在三脚架上时，尽可能用木制三脚架，因为使用金属三脚架可能会产生振动，从而影响测量精度。

(5) 当测站之间距离较远，搬站时应将仪器卸下，装箱后背着走。行走前要检查仪器箱是否锁好，检查安全带是否系好。当测站之间距离较近，搬站时可将仪器连同三脚架一起靠在肩上，但仪器要尽量保持直立放置。

(6) 搬站之前，应检查仪器与脚架的连接是否牢固，搬运时，应把制动螺旋略微关住，使仪器在搬站过程中不致晃动。

(7) 仪器任何部分发生故障，不勉强使用，应立即检修，否则会加剧仪器的损坏程度。

(8) 元件应保持清洁，如沾染灰沙必须用毛刷或柔软的擦镜纸擦掉。禁止用手指抚摸仪器的任何光学元件表面。清洁仪器透镜表面时，请先用干净的毛刷扫去灰尘，再用干净的无线棉布沾酒精由透镜中心向外一圈圈地轻轻擦拭。除去仪器箱上的灰尘时切不可用任何稀释剂或汽油，而应用干净的布块沾中性洗涤剂擦洗。

(9) 湿环境中工作，作业结束，要用软布擦干仪器表面的水分及灰尘后装箱。回到办公室后立即开箱取出仪器放于干燥处，彻底晾干后再装箱内。

(10) 冬天室内、室外温差较大时，仪器搬出室外或搬入室内，应隔一段时间后才能开箱。

思考与练习

1. 全站仪的基本结构有哪些？
2. 全站仪的主要技术指示有哪些？
3. 全站仪分为哪几级？分级的依据是什么？各是多少？
4. 全站仪的基本功能有哪些？
3. 试对全站仪进行设置、操作，完成对水平角、竖直角、距离及高差的测量。
4. 全站仪使用的注意事项有哪些？

项目五　测量误差基本知识

任务一　理解测量误差及其分类

【知识要点】 测量误差产生的原因；真误差、系统误差、偶然误差的概念。

【技能目标】 能对各种测量误差进行分类。

任务导入

测量工作是利用测绘仪器和工具在外业环境下通过测量人员的操作完成的，观测时各种条件的差异导致测量结果不可避免地存在各种测量误差。那么，这些测量误差的种类有哪些？它们又具有哪些规律？

任务分析

测量误差不可避免地存在，通过研究测量误差产生的原因发现并掌握其规律，为削弱或消除误差奠定基础，最终通过数据处理求得观测值的最可靠值和评定观测成果的精度。

相关知识

测量工作的实践表明，对于某一客观存在的量，如地面两点之间的距离或高差、两个方向线之间构成的水平角等，尽管采用了合格的测量仪器和合理的观测方法，测量人员工作态度也是认真负责的，但是多次重复测量的结果总是有差异，这说明观测值中存在测量误差，或者说，测量误差是不可避免的。产生测量误差的原因概括起来有以下 3 个方面。

1. 仪器误差

测量工作是通过仪器进行的，每种测量仪器都具有一定的精密度，或仪器的构造不可能十分完善，使观测结果受到一定的影响。如水准尺的分划不准、经纬仪的视准轴与横轴不垂直、水准仪的视准轴不平行于水准管轴等。

2. 观测者误差

观测者是通过自己的感觉器官来进行工作的，由于感觉器官的鉴别力的局限性，在进行仪器的安置、对中、整平、瞄准、读数等工作时，都会产生一定的误差。另外，观测者的技术熟练水平和工作态度也会给观测成果带来不同程度的影响。

3. 外业环境的影响

观测过程所处的外界自然环境，如地形、温度、湿度、风力、大气折射等因素都会给观测结果带来种种影响，而且这些因素随时都有变化，因此对观测结果产生的影响也随之变化，这就必然使观测结果带有误差。如温度变化会使钢尺产生伸缩，风吹和日光照射会使仪器的安置不稳定，大气折射使望远镜的瞄准产生偏差。

观测者、仪器和外业环境是测量工作的观测条件，由于受到这些条件的影响，测量中的误差是不可避免的。观测条件相同的各次观测称为“等精度观测”，观测条件不相同的各次观测称为“不等精度观测”。

任务实施

一、测量误差的分类

测量误差按其性质分为系统误差和偶然误差两大类。

1. 系统误差

在相同的观测条件下对某个固定量进行一系列观测，如果观测结果的误差在大小、符号上表现出系统性，或按一定的规律变化或保持为常数，这类误差称为系统误差。例如，量距时用名义长度为 30 m 而实际长度为 30.003 m 的钢尺丈量某一距离，每量一个整尺段就会产生 0.003 m 的误差。丈量距离越长，丈量结果中的误差越大，即误差与丈量长度成正比，但误差符号始终不变。

系统误差对观测结果的影响很大，具有累积性。但由于它有规律性，可以设法采取相应措施，将其影响尽量地减弱直至消除。例如，在距离丈量中，加入尺长改正，可以消除尺长误差；在水准测量时，仪器安置在两水准尺中间（即前、后视距相等），可以消除水准仪视准轴不平行于水准管轴的误差；在角度测量时，用盘左、盘右两个位置观测水平角，并求平均值，可消除经纬仪视准轴不垂直于横轴的误差。

2. 偶然误差

在相同的观测条件下对某个固定量所进行的一系列观测，如果观测结果的误差大小、符号上都不相同，即没有任何规律性，这类误差称为偶然误差。

偶然误差是由人力所不能控制的因素（例如人眼的分辨力、气象因素等）共同引起的测量误差，其数值的正负、大小纯属偶然。例如在水准尺估读毫米数时，有时估读过大，有时过小；大气折光使望远镜中成像不稳定，引起目标瞄准有时偏左，有时偏右。因此，多次观测取其平均值，可以抵消掉一些偶然误差。

另外，在测量工作中除了上述两种误差以外，还可能出现错误，也称为粗差。例如瞄错目标、读错读数等。粗差的发生，大多是由于观测者的粗心大意造成的。测量工作中，错误是不允许的，含有错误的观测数据应该舍弃，并重新进行观测。

观测时，系统误差和偶然误差总是同时产生的。当观测结果中有显著的系统误差时，偶然误差就处于次要地位，观测误差就呈现出“系统”的性质；反之，当观测结果中系统误差处于次要地位时，观测误差就呈现出“偶然”的性质。

二、偶然误差的特性

从单个或少数几个偶然误差来看，其符号的正负和数值的大小没有任何规律性。但通过对同一量的大量重复观测，就会发现隐藏在偶然性下的某种必然性规律，而且重复次数越多，其规律性也越明显。

设某一量的真值（理论值）为 X，对此量进行 n 次观测，得到的观测值分别 L_1，L_2，L_3，

…,L_n,第 i 次观测值 L_i 与真值 X 之差称为真误差,常以 Δ_i 表示,即

$$\Delta_i = L_i - X \quad (i = 1,2,\cdots,n) \tag{5-1}$$

显然,每观测一次,就会产生一个 Δ,大量的 Δ 就能反映出一定的规律性。

下面结合某观测实例,用统计方法进行分析。

在相同的观测条件下,独立地观测了 358 个三角形的全部内角。由于观测结果中存在着偶然误差,三角形的三个内角观测值之和不等于三角形内角和的理论值(真值)。对于每个三角形来说,Δ_i 是每个三角形内角和的真误差,L_i 是每个三角形三个内角观测值之和,X 为 180°。现将 358 个真误差按每 3″为一区间,以误差值的大小及其正负号,分别统计出在各误差区间内的个数。

由式(5-1)可计算出三角形内角和的真误差,再将各误差按大小和正负分区间统计相应误差个数,列入表 5-1 中。

通过对表 5-1 分析可以看出:绝对值小的误差比绝对值大的误差个数多;绝对值相等的正、负误差个数基本相等。

通过大量的测量实验,也显示同样的规律。实验统计结果表明,当观测次数越多时,偶然误差具有如下特性:

① 有界性,在一定的观测条件下,偶然误差的绝对值不会超过一定的限值;

② 聚中性,绝对值小的误差比绝对值大的误差出现的可能性大;

③ 对称性,绝对值相等的正误差与负误差,其出现的可能性相等;

④ 抵偿性,当观测次数无限增多时,偶然误差的算术平均值趋近于零。即满足

$$\lim_{n\to\infty} = \frac{[\Delta]}{n} = 0 \tag{5-2}$$

式中,$[\Delta] = \Delta_1 + \Delta_2 + \cdots \Delta_n$。

表 5-1 三角形内角和真误差统计表

误差区间 Δ/(″)	正误差个数	负误差个数	总数
0～3	45	46	91
3～6	40	41	81
6～9	33	33	66
9～12	23	21	44
12～15	17	16	33
15～18	13	13	26
18～21	6	5	11
21～24	4	2	6
24 以上	0	0	0
合计	181	177	358

实践表明,对于在相同条件下独立进行的一组观测来说,不论其观测条件如何,也不论是对一个量还是对多个量进行观测,这组观测误差必然具有上述四个特性。而且,当观测的个数 n 愈大时,这种特性就表现得愈明显。偶然误差的这种特性,又称为统计规律性。

为了简单形象地表示偶然误差的上述特性，以偶然误差大小为横坐标，以其误差出现的个数为纵坐标，画出偶然误差大小与其出现个数的关系曲线，如图5-1所示，这种曲线称为误差分布曲线。由图可明显地看出，曲线的峰愈高、愈陡峭，说明绝对值小的误差出现得越多，即误差分布愈密集，反映观测成果质量较好；反之，曲线的峰愈低、愈平缓，说明绝对值大的误差出现得越多，即误差分布比较分散，反映观测成果质量较差。图5-1中曲线 a 的成果质量就比曲线 b 的成果质量高。

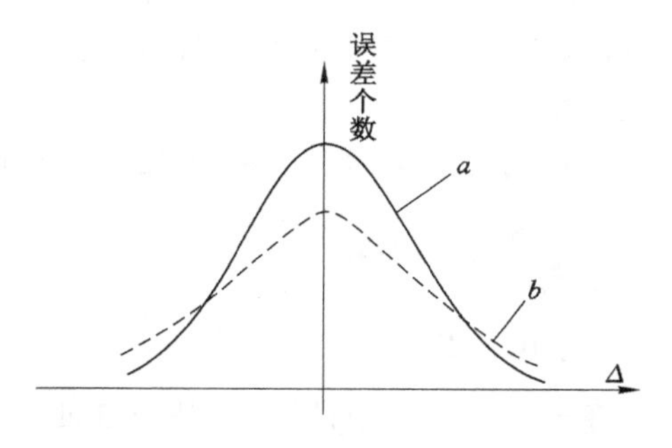

图5-1　偶然误差分布曲线

思考与练习

1. 简述真误差、系统误差、偶然误差的概念。
2. 测量误差产生的原因有哪些？
3. 什么是粗差？若存在粗差，如何处理？
4. 偶然误差的特性有哪些？

任务二　学会衡量观测值的精度

【知识要点】 中误差、极限误差、相对误差的含义。

【技能目标】 能计算观测值的中误差、相对误差、极限误差及容许误差。

任务导入

在观测成果中不可避免地含有误差，那么误差是否有大小之分？我们怎样来衡量误差的大小？如何知道测量结果是否满足精度要求呢？

任务分析

为了评定观测成果的精确程度，检验是否满足有关工程测量规范要求，必须有一个综合性的误差指标作为衡量观测成果质量的标准。

相关知识

精度即测量值的精密程度或精确程度，是对同一量的多次观测中，各个观测值之间或者观测值与真值之间的差异程度（或称离散程度）。若观测值之间或者与其真值之间差异大，则精度低；差异小，则精度高。实际上，精度也就是通过误差来表达的。

为了衡量一组观测值的精度高低，可以把一组在相同条件下得到的误差，用组成误差分布表或绘制误差分布曲线的方法来比较。但实际工作中，这样做比较麻烦，有时甚至很困难，而且人们还需要对精度有一个数字概念。这种具体数字能够反映误差分布的密集或离

散程度，比较合理且具有代表性的表达某条件下一组观测成果所达到的精度。因此，称它为评定精度的指标。

评定精度的指标有很多种，常用的精度指标有中误差、极限误差和相对误差。

任务实施

一、中误差

在一定的观测条件下，对某一量进行 n 次观测，各观测值真误差 Δi 平方和的平均值的平方根称为中误差，一般用 m 表示。

$$m=\pm\sqrt{\frac{\Delta_1^2+\Delta_2^2+\cdots+\Delta_n^2}{n}}=\pm\sqrt{\frac{[\Delta\Delta]}{n}} \tag{5-3}$$

式中 $[\Delta\Delta]$——真误差的平方和；

n——观测次数（$n=1,2\cdots\cdots$）。

中误差 m 代表了这一组观测成果的精度，也代表了本组每一次观测的精度。m 值的大小说明了观测成果的质量高低。m 值越小，说明这一组观测精度越高，质量好；m 值越大，说明这一组观测精度越低，质量差。用中误差衡量观测值的精度，突出了较大误差与较小误差之间的差异程度，使较大误差对观测结果的影响明显地表现出来，所以是评定观测精度的可靠指标。

求一组同精度观测值的中误差 m 时，式中真误差 Δ 可以是同一个量的同精度观测值的真误差，也可以是不同量的同精度观测值的真误差。在计算 m 值时注意取 2～3 位有效数字，并在数值前冠以“±”号，数值后写上“单位”。

二、极限误差

误差理论和实验统计证明：绝对值大于中误差的偶然误差，其出现的可能性约为 31.7%；大于两倍中误差的真误差，其出现的可能性约为 4.6%；大于 3 倍中误差的真误差，其出现的可能性只占 3‰左右。因此测量中常取 3 倍中误差作为误差的极限值，也就是在测量中规定的极限误差或容许误差（或称限差）。即：

$$\Delta_{限}=3m \tag{5-4}$$

在某些精度要求较高的测量中，也有取 2 倍中误差作为极限误差的。

在测量规范中，对每项测量工作，根据所用仪器、测量方法及精度等级，分别规定了相应的容许误差，如果观测值的误差超过了容许误差，相应的成果质量就不符合要求，就可认为它是错误的，必须进行重测或者舍去相应观测值。

三、相对误差

当误差的大小随观测量的大小变化时，中误差就不能完全表示观测结果的质量。例如在相同的条件下同时丈量两段距离，其中一段距离为 50 m，另一段距离为 100 m，若观测值的中误差均为±0.01 m，我们就不能说两段距离的观测精度是相同的。很显然，后者的观测精度高于前者，这是因为量距时误差的大小与观测距离的长度有关。通常将观测值中误差与观测值的比值称为相对误差，用 K 来表示。相对误差都要求写成 $\frac{1}{M}$ 的形式，即

$$K=\frac{[m]}{L}=\frac{1}{\frac{L}{[m]}}=\frac{1}{M} \tag{5-5}$$

分母数值愈大，表示相对误差愈小，精度就愈高。上例中，

$$K_1=\frac{|m|}{L_1}=\frac{|0.01|}{50}=\frac{1}{5\,000}\quad K_2=\frac{|m|}{L_2}=\frac{|0.01|}{100}=\frac{1}{10\,000}$$

$K_2<K_1$，所以后者的观测精度比前者的高。

有时，也可利用求得的真误差和容许误差来代替中误差计算相对误差。与相对误差对应，真误差、中误差、容许误差都称为绝对误差。

例 5-1　对某个三角形的内角分两组各进行了 10 次观测，两组观测所得内角和及其真误差结果如下。试计算两组所观测的三角内角和的中误差，并比较这两组观测值的质量。

甲组：+2，+1，0，−1，+4，−3，−2，+3，−4，+2

乙组：−1，+2，−6，0，+7，+1，0，−3，−1，−1

解　根据式(5-3)计算得甲组观测值的中误差：

$$m_{甲}=\pm\sqrt{\frac{2^2+1^2+0^2+(-1)^2+4^2+(-3)^2+(-2)^2+3^2+(-4)^2+2^2}{10}}=\pm 2.5''$$

$$m_{乙}=\pm\sqrt{\frac{(-1)^2+2^2+(-6)^2+0^2+7^2+1^2+0^2+(-3)^2+(-1)^2+(-1)^2}{10}}=\pm 3.2''$$

从计算结果可以看出 $m_{甲}<m_{乙}$，即甲组的误差比乙组的误差小，说明甲组的精度高。应注意的是 $m_{甲}$、$m_{乙}$ 是指三角形内角和的观测值的中误差，不能理解为每一个观测角度的中误差。

思考与练习

1. 衡量精度的标准有哪些？
2. 如何计算中误差？简述用中误差来衡量观测值精度的原因。
3. 什么是限差？限差与中误差有什么关系？
4. 绝对误差有哪些？具有哪些特征的观测量需用相对误差来衡量其观测精度？
5. 对某一已知距离 398.800 m 进行了 6 次等精度观测，其结果为：398.772 m，398.784 m，398.776 m，398.781 m，398.802 m，398.779 m。试求其丈量中的误差。
6. 丈量两条直线距离，一直线距离为 50 m，其中误差为±5 mm；另一直线距离为 100 m，其中误差为±10 mm，请评定两直线的测量精度如何。

任务三　了解测量误差的传播规律

【知识要点】　误差传播规律及其特性。

【技能目标】　能用误差传播定律进行相关误差的计算。

任务导入

通过前边的内容学习了以任一未知量直接观测得到的偶然误差来计算观测值中的误差，可以作为衡量观测值精度的指标，但在实际工作中，有些未知量不能直接观测测定，而需

要由直接观测值根据一定的函数关系计算出来的。在此我们来讨论如何根据观测值中的误差去求观测值函数的中误差。

任务分析

在测量工作中,直接观测值一般是高差、角度和距离等基础观测数据,而我们经常需要的是由直接观测值得到的间接观测值,两者之间存在一定的函数关系。直接观测值与间接观测值之间常见的函数关系有倍数函数、和差函数、线性函数和一般函数等,与之相对应的两者的中误差必然也存在一定的函数关系。

相关知识

在测量工作中,某些量可以由直接观测读取求得,其结果称为直接观测值,例如水准测量得到的标尺读数、用钢尺量得的两点间的距离等。但还有许多未知量不能直接观测而求其值,需要由观测值间接计算出来,其结果称为间接观测值。例如水准测量中,两点间的高差 $h=a-b$,h 是直接观测量 a,b 的函数;坐标增量计算中 $\Delta x=D\cos\alpha$,$\Delta y=D\sin\alpha$,式中 Δx、Δy 是距离 D 和坐标方位角 α 的函数等。函数关系中的自变量可以是直接观测值或间接观测值。那么如何根据观测值的中误差去求观测值函数的中误差呢?阐述观测值中误差与观测值函数中误差之间关系的定律,称为误差传播定律。

任务实施

一、倍数函数

设有函数:

$$z=k\cdot x \tag{5-6}$$

z 为观测值的函数,k 为常数,x 为观测值,已知中误差 m_x,求 z 的中误差 m_z。

设 x 和 z 的真误差分别为 Δx,Δz,则有

$$\Delta z_i=k\Delta x_i \quad (i=1,2\cdots n)$$

等式两边平方得

$$\Delta z_i{}^2=k^2\Delta x_i{}^2$$

等式两边求和除以 n 得

$$\frac{[\Delta z^2]}{n}=\frac{k^2[\Delta x^2]}{n}$$

由中误差公式 $m^2=\frac{[\Delta\Delta]}{n}$得,

$$m_z{}^2=k^2m_x{}^2$$

即

$$m_z=k\cdot m_x \tag{5-7}$$

由此得出结论:观测值与常数乘积的中误差,等于观测值中误差乘以常数。

例 5-2 在 1∶500 比例尺地形图上,量得 A、B 两点间的距离 $d=23.4$ mm,其中误差 $m_d=\pm0.2$ mm,求 A、B 间的实地距离 D 及其中误差 m_D。

解 $D=500\times d=500\times23.4=11\ 700$ mm$=11.7$ m

$m_D = 500 \times m_d = 500 \times (\pm 0.2) = \pm 100\ \text{mm} = \pm 0.1\ \text{m}$

二、和差函数

设有函数

$$z = x \pm y \tag{5-8}$$

z 为 x、y 的和或差的函数，x、y 为独立观测值，中误差为 m_x、m_y，求 m_z。

设 x,y,z 的真误差分别为 Δ_x、Δ_y、Δ_z。由上式可得出

$$\Delta_z = \Delta_x + \Delta_y$$

若对 x、y 均观测了 n 次，则

$$\Delta_{zi} = \Delta_{xi} \pm \Delta_{yi} \quad (i=1,2\cdots,n)$$

将上式平方，得

$$\Delta_{zi}^2 = \Delta_{xi}^2 + \Delta_{yi}^2 \pm 2\Delta_{xi}\Delta_{yi} \quad (i=1,2\cdots,n)$$

等式两边求和，并除以 n，得

$$\frac{[\Delta_z^2]}{n} = \frac{[\Delta_x^2]}{n} + \frac{[\Delta_y^2]}{n} \pm 2\frac{[\Delta_x\Delta_y]}{n}$$

由于 Δ_x、Δ_y 均为偶然误差，其符号为正或负的机会相同，且因为 Δ_x、Δ_y 为独立误差，它们出现的正、负号互不相关，所以其乘积 $\Delta_x\Delta_y$ 也具有正负机会相同的性质，在求$[\Delta_x\Delta_y]$时其正值与负值有互相抵消的可能；当 n 愈大时，上式中最后一项$[\Delta_x\Delta_y]/n$ 将趋近于零，即

$$\lim_{n\to\infty}\frac{[\Delta_x\Delta_y]}{n} = 0$$

将满足上式的误差 Δ_x、Δ_y 称为互相独立的误差，简称独立误差，相应的观测值称为独立观测值。对于独立观测值来说，即使 n 是有限量，由于式$[\Delta_x\Delta_y]/n$ 残存的值不大，一般就忽视它的影响。根据中误差定义，得

$$m_z^2 = m_x^2 + m_y^2 \tag{5-9}$$

由此得出结论：两观测值代数和的中误差平方，等于两观测值中误差的平方和。

同理可证明：当 z 是一组观测值 $x_1, x_2, \cdots, x_n$ 代数和(差)的函数时，即

$$z = x_1 \pm x_2 \pm \cdots \pm x_n$$

可以得出函数 z 的中误差平方为

$$m_z^2 = m_{x_1}^2 + m_{x_2}^2 + \cdots + m_{x_n}^2$$

即

$$m_z = \pm\sqrt{m_{x_1}^2 + m_{x_2}^2 + \cdots + m_{x_n}^2} \tag{5-10}$$

由此得出结论：n 个观测值代数和(差)的中误差平方，等于 n 个观测值中误差平方之和。

当诸观测值 x_i 为同精度观测值时，设其中误差为 m，即 $m_{x_1} = m_{x_2} = \cdots = m_{x_n} = m$，则 m_z 为

$$m_z = m\sqrt{n} \tag{5-11}$$

这就是说，在同精度观测时，观测值代数和(差)的中误差，与观测值个数 n 的平方根成正比。

例 5-3　假设用长为 L 的卷尺量距，共丈量了 n 个尺段，已知每尺段量距的中误差都为 m，求全长 D 的中误差 m_D。

解 因为全长 $D=L+L+\cdots+L_n$（式中共有 n 个 L）。而 L 的中误差为 m。

$$m_D = m\sqrt{n} \tag{5-12}$$

得出结论：量距的中误差与丈量段数 n 的平方根成正比。

应该指出：本例不能采用 $D=nL$ 倍数函数计算，因为共有 n 个尺段，而每个尺段都是一个独立观测量。

三、线性函数

设有线性函数：

$$z=k_1x_1\pm k_2x_2\pm\cdots\pm k_nx_n$$

式中，$x_1,x_2,\cdots,x_n$ 为独立观测值，其中误差为 $m_1,m_2,\cdots,m_n$，$k_1,k_2,\cdots,k_n$ 为常数，综合式(5-7)和式(5-10)，则有

$$m_z^2=(k_1m_1)^2+(k_2m_2)^2+\cdots+(k_nm_n)^2$$

即

$$m_z^2=k_1^2m_1^2+k_2^2m_2^2+\cdots+k_n^2m_n^2$$

或

$$m_z=\pm\sqrt{k_1^2m_1^2+k_2^2m_2^2+\cdots+k_n^2m_n^2} \tag{5-13}$$

由此得出结论：线性函数的中误差等于常数与相应观测值中误差乘积的平方和的平方根。

例 5-4 设有线性函数 $z=\frac{4}{14}x_1+\frac{9}{14}x_2+\frac{1}{14}x_3$，观测量的中误差分别为：$m_1=\pm3$ mm，$m_2=\pm2$ mm，$m_3=\pm6$ mm，求 z 的中误差 m_z。

解 根据式(5-13)可得

$$m_z=\pm\sqrt{\left(\frac{4}{14}\times3\right)^2+\left(\frac{9}{14}\times2\right)^2+\left(\frac{1}{14}\times6\right)^2}=\pm1.6\ \text{mm}$$

四、一般函数

设有一般的任意函数

$$z=f(x_1,x_2,\cdots,x_n)$$

式中，$x_i(i=1,2\cdots,n)$ 为独立观测值，已知其中误差为 $m_i(i=1,2\cdots,n)$，求 z 的中误差，推导如下。

对函数求全微分，得

$$\mathrm{d}z=\left(\frac{\partial f}{\partial x_1}\right)\mathrm{d}x_1+\left(\frac{\partial f}{\partial x_2}\right)\mathrm{d}x_2+\cdots+\left(\frac{\partial f}{\partial x_n}\right)\mathrm{d}x_n$$

当 x_i 具有真误差 Δ 时，函数 z 相应地产生真误差 Δ_z。这些真误差都是一个小值，由数学分析可知，变量的误差与函数的误差之间的关系，可以近似地用函数的全微分来表达。

$$\Delta_z=\left(\frac{\partial f}{\partial x_1}\right)\Delta_{x_1}+\left(\frac{\partial f}{\partial x_2}\right)\Delta_{x_2}+\cdots+\left(\frac{\partial f}{\partial x_n}\right)\Delta_{x_n}$$

式中 $\frac{\partial f}{\partial x_i}(i=1,2\cdots,n)$ 是函数对各个变量所取的偏导数，以观测值代入所算出的数值，它们是常数，因此上式是线性函数的真误差关系式，则由式(5-13)可得

$$m_z = \pm\sqrt{\left(\frac{\partial f}{\partial x_1}\right)^2 m_1^2 + \left(\frac{\partial f}{\partial x_2}\right)^2 m_2^2 + \cdots + \left(\frac{\partial f}{\partial x_n}\right)^2 m_n^2} \tag{5-14}$$

由此得出结论：一般函数中误差等于按每个观测值所求偏导数与相应观测值中误差乘积的平方和的平方根。

误差传播定律的几个主要公式见表 5-2。

表 5-2　　误差传播定律的公式

函数名称	函数式	函数的中误差
倍数函数	$z=kx$	$m_z=km_x$
和差函数	$z=x_1 \pm x_2 \pm \cdots \pm x_n$	$m_z=\pm\sqrt{m_1^2+m_2^2+\cdots+m_n^2}$
线性函数	$z=k_1x_1+k_2x_2+\cdots+k_nx_n$	$m_z=\pm\sqrt{k_1^2m_1^2+k_2^2m_2^2+\cdots+k_n^2m_n^2}$
一般函数	$z=f(x_1,x_2,\cdots,x_n)$	$m_z=\pm\sqrt{\left(\frac{\partial f}{\partial x_1}\right)^2 m_1^2+\left(\frac{\partial f}{\partial x_2}\right)^2 m_2^2+\cdots+\left(\frac{\partial f}{\partial x_n}\right)^2 m_n^2}$

例 5-5　已知矩形的宽 $x=40$ m，其中误差 $m_x=0.010$ m，矩形的长 $y=50$ m，其中误差 $m_y=0.012$ m，计算矩形面积 A 及其中误差 m_A。

解　已知计算矩形面积公式

$$A=x \cdot y$$

对各观测值取偏导数

$$\frac{\partial f}{\partial y}=x,\frac{\partial f}{\partial x}=y$$

根据误差传播定律，得

$$m_A=\pm\sqrt{\left(\frac{\partial f}{\partial y}\right)^2 m_y^2+\left(\frac{\partial f}{\partial x}\right)^2 m_x^2}=\pm\sqrt{x^2m_y^2+y^2m_x^2}$$

矩形面积

$$A=x \cdot y=40\times 50=2\ 000\ \mathrm{m}^2$$

面积 A 的中误差

$$m_A=\pm\sqrt{(50)^2\times(0.010)^2+(40)^2\times(0.012)^2}=\pm\sqrt{0.4804}$$

$$m_A=0.7\ \mathrm{m}^2$$

通常写成

$$A=2\ 000\ \mathrm{m}^2\pm 0.7\mathrm{m}^2$$

例 5-6　设沿倾斜面上 A、B 两点间量得距离 $D'=32.218\ \mathrm{m}\pm 0.003$ m，并测得两点之间的高差 $h=2.35\ \mathrm{m}\pm 0.005$ m。求水平距离 D 及其中误差 m_D。

解　$D=\sqrt{D'^2-h^2}=\sqrt{(32.218)^2-(2.35)^2}=32.132$ m

对 $D=\sqrt{D'^2-h^2}$ 求全微分，得

$$\mathrm{d}D=\frac{\partial f}{\partial D'}\mathrm{d}D'+\frac{\partial f}{\partial h}\mathrm{d}h=\frac{\sqrt{D'^2-h^2}}{\sqrt{D'^2-h^2}}\mathrm{d}D'-\frac{h}{\sqrt{D'^2-h^2}}\mathrm{d}h=\frac{D'}{D}\mathrm{d}D'-\frac{h}{D}\mathrm{d}h$$

$$\frac{D'}{D}=\frac{32.218}{32.132}=1.002\ 6,\frac{h}{D}=\frac{2.35}{32.132}=0.073\ 1$$

根据式(5-14)可得

$$m_D=\pm\sqrt{(1.0026)^2\times(0.003)^2+(-0.0731)^2\times(0.005)^2}=\pm0.003\ \text{m}$$

即

$$D=32.132\ \text{m}\pm0.003\ \text{m}$$

思考与练习

1. 什么是误差传播定律？它是用来解决什么问题的？

2. 测得一正方形的边长 $a=65.37\ \text{m}\pm0.03\ \text{m}$。试求正方形的面积及其中误差。

3. 测回法进行水平角观测时，若一个方向观测值的中误差为 $\pm6''$，试求半测回角值的中误差。

4. 用 30 m 长的钢尺丈量 90 m 的距离，当每尺段量距的中误差为 ±5 mm 时，求全长的中误差。

5. 已知进行水准测量时，每千米高差的中误差为 ±20 mm，则按这种水准测量进行了 25 km，求测得高差的中误差。

6. 在山地地区，为了求得 A、B 两水准点间的高差，今自 A 点开始进行水准测量，经 16 站测完。已知每站高差的中误差均为 ±4 mm，求 A、B 两点间高差的中误差。

7. 某导线边长度 $D=200$ m，中误差 $m_D=\pm0.02$ m。该边坐标方位角 $\alpha=52°46'40''$，中误差为 $m_\alpha=\pm20''$，求该边的纵、横坐标增量 Δx，Δy 的中误差 $m_{\Delta x}$，$m_{\Delta y}$。

任务四　学会计算算术平均值及其中误差

【知识要点】 算术平均值中误差；等精度观测；白塞尔公式。

【技能目标】 能计算算术平均值及其中误差；能用改正数计算观测值中误差。

任务导入

如果某观测量有真值，我们可以通过真误差衡量观测值精度的大小。但在实际的测量工作中，当对一未知量进行观测，往往无法知道真值（理论值）的大小，那么哪一个量会是最接近真值的观测值呢？哪一个量能够代表真值呢？我们又该如何求得观测值的中误差？

任务分析

通过数学常识知道，当无法确定一组观测数据的真值的时候，我们会通过计算算术平均值代表真值，并且随着观测次数的增加，算术平均值也将更加趋近于最或然值。有了最或然值，就可以计算观测数据的中误差，从而衡量观测值的精度大小。

相关知识

根据偶然误差的特性，可以证明当观测次数无限增多时，算术平均值趋近于该量的真值。然而在实际工作中，观测次数不可能无限增加，因此算术平均值也就不可能等于真值，但可以认为：根据有限个观测值求得的算术平均值应该是最接近真值的值，称其为观测量的最可靠值，也称为最或然值（也称最或是值）。一般将它作为观测量的最后的结果。

另外，算术平均值虽然最接近未知量的真值，但算术平均值必定不是真值，它也有误差，因此有必要计算算术平均值的中误差。在实际工作中常用观测值的改正数计算中误差。

任务实施

一、算术平均值为最或然值

设在相同的观测条件下对未知量观测了 n 次，观测值为 $L_1, L_2, \cdots, L_n$，则该量的算术平均值为

$$x = \frac{L_1 + L_2 + \cdots + L_n}{n} = \frac{[L]}{n} \tag{5-15}$$

现在根据这 n 个观测值确定出该未知量的最或然值。设未知量的真值为 X，观测值为 L_1、$L_2, \cdots, L_n$，则各观测值的真误差为

$$\Delta_1 = L_1 - X$$
$$\Delta_2 = L_2 - X$$
$$\cdots\cdots$$
$$\Delta_n = L_n - X$$

将上式等号两边相加得

$$\Delta_1 + \Delta_2 + \cdots + \Delta_n = (L_1 + L_2 + \cdots + L_n) - nX$$

或

$$[\Delta] = [L] - nX$$

等式两边同除以观测次数 n，得

$$X = \frac{[L]}{n} - \frac{[\Delta]}{n}$$

设以 x 表示上式右边第一项的观测值的算术平均值，即

$$x = \frac{[L]}{n}$$

以 Δx 表示算术平均值的真误差，即

$$\Delta x = \frac{[\Delta]}{n}$$

代入上式，则得

$$X = x - \Delta x$$

由偶然误差第四特性知道，当观测次数无限增多时，Δx 趋近于零，即

$$\lim_{n \to \infty} \Delta x = 0$$

则

$$\lim_{n \to \infty} X = x = \frac{[L]}{n} \tag{5-16}$$

也就是说，n 趋近无穷大时，算术平均值即为真值。

二、算术平均值的中误差

设

$$x=\frac{L_1}{n}+\frac{L_2}{n}+\cdots+\frac{L_n}{n}$$

式中，$1/n$ 为常数。

由于各独立观测值的精度相同，设其中误差均为 m。现以 m_x 表示算术平均值的中误差，则可得算术平均值的中误差为

$$m_x^2=\underbrace{\frac{1}{n^2}m^2+\frac{1}{n^2}m^2+\cdots+\frac{1}{n^2}m^2}_{n\text{项}}=\frac{m^2}{n}$$

则

$$m_x=\frac{m}{\sqrt{n}} \tag{5-17}$$

即：算术平均值的中误差为观测值的中误差的$\frac{1}{\sqrt{n}}$倍。

三、用观测值的改正数计算中误差

观测值的精度是以中误差来衡量的。中误差的计算公式 $m=\pm\sqrt{\frac{[\Delta\Delta]}{n}}$ 是用真误差 $\Delta_i=L_i-X$ 计算的，但在一般情况下，观测值的真值往往是无法知道的，真误差也就无法计算。因此，实际上不能用真误差来计算中误差。然而算术平均值是知道的，它又最接近真值，所以在实际测量中选用算术平均值 x 与观测值 L_i 之差 v_i 来计算观测值的中误差，v_i 被称为改正数，即

$$v_i=x-L_i \qquad (i=1,2,\cdots,n) \tag{5-18}$$

各观测值的改正数为

$$\begin{gathered} v_1=x-L_1 \\ v_2=x-L_2 \\ \cdots\cdots \\ v_n=x-L_n \end{gathered}$$

将上式两边相加得

$$[v]=nx-[L]$$

将 $x=\frac{[L]}{n}$带入上式得

$$[v]=n\frac{[L]}{n}-[L]=0 \tag{5-19}$$

可见，在相同的观测条件下，同一个观测量的一组观测值的改正数之和恒等于 0。该结论可作为计算工作的校核条件。

将真误差公式 $\Delta_i=L_i-X$ 与改正数公式 $v_i=x-L_i$ 相加得

$$\Delta_i=(x-X)-v_i \tag{5-20}$$

将上式两边平方再相加得

$$[\Delta\Delta]=n(x-X)^2+[vv]+2(x-X)[v]$$

将式(5-19)带入上式，等号两边同除以 n，得

$$\frac{[\Delta\Delta]}{n}=\frac{[vv]}{n}+(x-X)^2 \tag{5-21}$$

式中 $x-X$ 是最或然值(算术平均值)的真误差,也无法求得,通常以算术平均值的中误差 m_x 来代替。由式(5-17)可知,算术平均值的中误差为 $m_x=\frac{m}{\sqrt{n}}$,则

$$(x-X)^2=m_x^2=\frac{m^2}{n} \tag{5-22}$$

将式(5-22)带入式(5-21),并且 $m=\pm\sqrt{\frac{[\Delta\Delta]}{n}}$,得

$$m^2=\frac{[vv]}{n}+\frac{m^2}{n}$$

整理后得

$$m=\pm\sqrt{\frac{[vv]}{n-1}} \tag{5-23}$$

在等精度观测时,用改正数来求观测值中误差的公式,称为白塞尔公式。

根据式(5-17)可推出用观测值改正数计算算术平均值中误差的计算公式为

$$m_x=\pm\frac{m}{\sqrt{n}}=\pm\sqrt{\frac{[vv]}{n(n-1)}} \tag{5-24}$$

例 5-7　对某段距离进行 5 次同精度丈量,观测值见表 5-3,试求这段距离的算术平均值、观测值中误差及算术平均值的中误差。

表 5-3　用改正数计算中误差

编号	L/m	v/cm	vv/cm^2
1	148.64	−3	9
2	148.58	+3	9
3	148.61	0	0
4	148.62	−1	1
5	148.60	+1	1
$\sum$	743.05	0	20

解　(1) 算术平均值

$$x=\frac{[L]}{n}=\frac{743.05}{5}=148.61\text{ m}$$

(2) 观测值中误差

$$m=\pm\sqrt{\frac{[vv]}{n-1}}=\pm\sqrt{\frac{20}{4}}=\pm2.2\text{ cm}$$

(3) 算术平均值的中误差

$$m_x=\pm\sqrt{\frac{[vv]}{n(n-1)}}=\pm\sqrt{\frac{20}{5\times4}}=1.0\text{ cm}$$

思考与练习

1. 如何求未知量的最或然值?

2. 白塞尔公式与中误差公式有何区别?

3. 测回法观测水平角时,若一个方向的读数中误差为±6″,试求半测回角值的中误差和一测回平均角值的中误差。

4. 用经纬仪观测水平角,每测回的观测值中误差为±4″,若欲使该角的精度提高一倍,需观测几个测回?

5. 对一测段进行了6次等精度观测水准测量,高差分别为1.253 m、1.254 m、1.250 m、1.252 m、1.255 m、1.249 m,求该测段高差的算术平均值、观测值的中误差及算术平均值的中误差。

任务五　学会计算加权平均值

【知识要点】 权的定义;加权平均值的意义;加权平均值的精度分析和特性。

【技能目标】 能计算不等精度观测值的加权平均值。

任务导入

在测量实践中,除了等精度观测外,还有不等精度的观测,例如对一个水平角进行分组观测,每组进行的次数不等。那么如何来计算该水平角的最或然值以及评定它的精度呢?为此,引入权的概念,通过权来确定观测值在平差值中所占的比重,观测值精度愈高,其权也愈大。

任务分析

在不等精度条件下观测某一未知量时,各观测值具有不同程度的可靠性。在求未知量最或然值时,就不能像等精度观测那样取算术平均值作为最终结果。对于较可靠的观测值,应赋予更多的权重,以便于对最后结果产生较大的影响。通过分配适当的权重比例,最终求取的加权平均值比算术平均值更加接近最或然值,结果也最为可靠。

相关知识

在对某一未知量进行不等精度观测时,各观测值的中误差各不相同,即观测值具有不同程度的可靠性。在求未知量最可靠值时,就不能像等精度观测那样简单地取算术平均值。因为较可靠的观测值,应对最后结果产生较大的影响。

各不等精度观测值的不同的可靠程度,可用一个数值来表示,称为各观测值的权,用 p 表示。"权"是权衡轻重的意思,观测值的精度较高,其可靠性也较强,则权也较大。

任务实施

一、权的定义

设对某一未知角 A 进行了两组不等精度观测,每组内各观测值是等精度的。设第一组观测了 5 次，其观测值为 a_1、a_2、a_3、a_4；第二组观测了 3 次，观测值为 a'_1、a'_2、a'_3。这些观测值的可靠程度都相同，中误差为 m，则

$$A_1=\frac{1}{4}(a_1+a_2+a_3+a_4),m_{A_1}=\pm\frac{m}{\sqrt{4}},\frac{m^2}{m_{A_1}^2}=4$$

$$A_2=\frac{1}{3}(a'_1+a'_2+a'_3),m_{A_2}=\pm\frac{m}{\sqrt{3}},\frac{m^2}{m_{A_2}^2}=3$$

从直观来看，A_1 的精度更高，成果更可靠一些。

$$A=\frac{1}{7}(a_1+a_2+a_3+a_4+a'_1+a'_2+a'_3)$$

如果用 A_1、A_2 表示角 A，则

$$A=\frac{4A_1+3A_2}{4+3}$$

不难看出 A_1 的中误差小，可靠程度要高于 A_2，A_1 更精确，应有较大的权。可取 4、3 为 A_1、A_2 的权，来表示两组观测的可靠程度差别，式中的 4 和 3 只是可靠程度的相对数值。即，由上述可见，权与中误差平方成反比，即精度越高，权值越大，A_1、A_2 的权值一般用 p_i 表示：

$$p_i=\frac{m^2}{m_i^2}\tag{5-25}$$

由于 p_i 是表示测量结果可靠程度的相对数值，m^2 可取任意数值 C，即

$$p_i=\frac{C}{m_i^2}\tag{5-26}$$

权等于 1 的权称为单位权，而权等于 1 的中误差称为单位权中误差，一般用 μ 表示，因此，权的另一种表达式为

$$p_i=\frac{\mu^2}{m_i^2}\tag{5-27}$$

为了计算方便，尽量选取适当的 C 值，使权 p_i 等于整数。

二、加权平均值

如果对某一量进行了 n 次不等精度观测，观测量为 $L_1,L_2,\cdots,L_n$，其相应的权值为 $p_1,p_2,\cdots,p_n$，中误差为 $m_1,m_2,\cdots,m_n$，则加权平均值 x 为

$$x=\frac{p_1L_1+p_2L_2+\cdots+p_nL_n}{p_1+p_2+\cdots+p_n}=\frac{[pL]}{p}\tag{5-28}$$

将加权平均值作为不等精度观测的评差值。

三、精度评定

由误差传播定律可得算术加权平均值 x 的中误差 m_x 的计算公式为：

$$m_x=\pm\frac{\mu}{[p_i]}\tag{5-29}$$

单位权中误差 μ 的计算公式为

$$\mu=\pm\sqrt{\frac{[pv_iv_i]}{n-1}}\tag{5-30}$$

习惯上,单位权中误差 μ 代表一次观测、一个测回、一千米线路等的测量中误差 m_0。

将式(5-30)代入式(5-29),得

$$m_x=\pm\sqrt{\frac{[pv_iv_i]}{[p_i](n-1)}} \tag{5-31}$$

即为不等精度加权平均值中误差。

例 5-8 设地面上有 A、B、C、D 四点如图 5-2 所示,其中 A、B、C 三点为已知水准点,为求 D 点高程。在相同条件下独立观测了三段水准路线的高差,并根据每段高差的观测值算得 D 点的高程分别为 $H_{D_A}=18.214$ m,$H_{D_B}=18.291$ m,$H_{D_C}=18.272$ m,观测站数分别为 $n_A=36$ 站,$n_B=25$ 站,$n_C=16$ 站,且每站观测的中误差相等为 m_0,试求 D 点高程的最或然值与中误差及每站中误差 m_0。

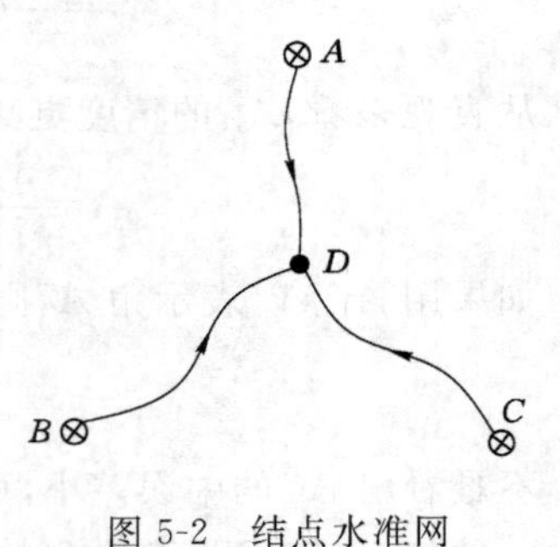

图 5-2 结点水准网

解 根据误差传播定律可知

$m_A=\sqrt{n_A}m_0=6m_0$,$m_B=\sqrt{n_B}m_0=5m_0$,

$m_C=\sqrt{n_C}m_0=4m_0$

根据式(5-26),且令 $m_0=m$,可得

$$p_A=\frac{1}{n_A}=\frac{1}{36},p_B=\frac{1}{n_B}=\frac{1}{25},p_C=\frac{1}{n_C}=\frac{1}{16}$$

根据加权平均值计算公式,可得

$$\overline{H}_D=\frac{p_AH_{D_A}+p_BH_{D_B}+p_CH_{D_C}}{p_A+p_B+p_C}=18.265\ \text{m}$$

$\overline{H}_D$ 即为 D 点高程的最或然值。

根据平差值中误差公式可知

$$m_{\overline{H}_D}=\pm\frac{m_0}{\sqrt{\frac{1}{36}+\frac{1}{25}+\frac{1}{16}}}=2.77m_0$$

已知 H_{D_A}、H_{D_B}、H_{D_C},又求得 $\overline{H}_D=18.265$ m,则

$$v_A=0.051\ \text{m},v_B=-0.026\ \text{m},v_C=-0.007\ \text{m}$$

根据式(5-31),可得

$$m_0=\pm\sqrt{\frac{[pv_iv_i]}{[p_i](n-1)}}=\pm\sqrt{\frac{\frac{1}{36}\times(0.051)^2+\frac{1}{25}\times(0.026)^2+\frac{1}{16}\times(0.007)^2}{2}}$$

$$=0.007\ 15\ \text{m}$$

所以,$m_{\overline{H}_D}=2.77m_0=2.77\times0.007\ 15=0.019\ 8$ m

思考与练习

1. 什么是权?
2. 加权平均值与算术平均值有何不同?

3. 单位权中误差有何用处？

4. 如何将不同精度的观测值化为同精度的观测值？

5. 对某一水平角，用同样的经纬仪分别进行3组观测：第一组2测回，其平均值为$\beta_1=40°24'12''$；第二组4测回，其平均值为$\beta_2=40°24'18''$；第三组6测回，其平均值为$\beta_3=40°24'24''$。试计算3组观测的加权平均值及其中误差。

项目六　控制测量

任务一　了解控制测量

【知识要点】 控制测量;控制测量的方法及国家基本控制网。

【技能目标】 熟悉各级控制测量的技术要求。

任务导入

为了限制误差的传递和积累,提高测量精度,测量工作要按"从整体到局部,由高级到低级,先控制后碎部"的原则来组织实施。

任务分析

在国家控制网的基础上,建立城市和小地区控制网,逐级加密控制点,再根据控制点测绘地形图或进行工程施工测设。

相关知识

一、控制测量的概念和方法

1. 控制测量的概念

在测量作业时,按照测量工作遵循的原则,在测区内选择少量具有控制意义的地面点(称为控制点),按照一定的规律和要求构成的网状几何图形,称为控制网。按一定精度测定控制点位置而进行的测量工作称为控制测量。控制点(网)作为测区内后续测量工作的基础,为后续测量工作提供起算数据。这样既可以减小误差的累积,保证各项测量工作的精度,又便于分组作业,提高测量工作效率。

控制测量工作由外业和内业两部分组成。外业工作主要是利用仪器设备进行野外相关数据的测定。内业工作主要是对外业采集的数据进行整理、加工和处理,计算出点的坐标和高程。

2. 控制测量的方法

控制测量的目的在于提供测区统一的基础框架,以便在测区内协调各种测量工作。控制测量按作业内容分为平面控制测量和高程控制测量。控制网也分为平面控制网和高程控制网。按所测区域大小,控制网又可分为国家控制网、城市控制网和小地区控制网等。

平面控制测量的方法主要有三角测量、导线测量、交会测量、GPS 测量等。

三角测量是传统方法。它是在地面上选定相互通视的一系列点组成一系列连续的三角形，这些连续的三角形彼此相连组成锁状或网状图形，成为三角锁或三角网。用精密的仪器和严密的方法测定三角网中各三角形的内角及边长，根据几何原理解算出三角锁(网)中各点的坐标。这些控制点也叫三角点。

导线测量是利用一系列地面点组成单项延伸的折线(导线)，精密测量各点处转折角和各相邻点间距离，根据解析几何原理计算出各点坐标。这些控制点也称为导线点。

GPS 测量是利用卫星定位的方法确定各点坐标的一种方法。目前 GPS 测量和导线测量已基本取代三角测量，成为平面控制测量的主要方法。

高程控制测量的方法主要有水准测量、三角高程测量和 GPS 高程测量等。

平面控制网和高程控制网都是独立布设的，但它们的控制点位可以共用，即一个点既可是平面控制点，同时也可作为高程控制点。

任务实施

一、国家基本控制网

为各种测绘工作在全国范围内建立的控制网称为国家控制网，又称大地控制网。网中的各类控制点包括三角点、导线点、水准点、天文点、GPS 点，统称大地控制点(简称大地点)。国家控制网是全国各种比例尺测图的基本控制，并为确定地球的形状和大小提供研究资料。

(一) 国家平面控制网

我国的国家平面控制网是按从整体到局部、由高级到低级的原则布设的。国家平面控制网建立的传统方法主要采用三角测量和精密导线测量。依次分为一、二、三、四等 4 个等级。控制点的密度逐级加大，而精度逐级降低。

一等三角锁是国家平面控制网的骨干，其布设大致上是沿着经纬线方向构成纵横交叉的三角锁系，它的主要作用是控制二等以下各级三角测量，并为研究地球的形状和大小提供资料。在锁的交叉处设置了基线并测定了天文点和天文方位角。每个锁段的长度约为 200 km，三角形平均边长约为 25 km。二等三角网是在一等三角锁环内布设成全面三角网，其平均边长约为 13 km，是国家控制网的全面基础。国家一、二等平面控制网(局部)如图 6-1 所示。

三、四等三角网是在二等三角网基础上采用插网和插点的方法进一步加密，网的平均边长分别为 8 km 和 4 km 左右。通常可作为各种大比例尺测图的基本控制。国家各级三角测量的技术指标见表 6-1。

随着 GPS、北斗等卫星导航定位系统的发展和成熟，卫星定位测量目前已取代了三角测量成为建立平面控制网的主要方法。由国家测绘局布设的 A、B 级 GPS 大地控制网，联合总参测绘局布设的一级、二级控制网以及由中国地震局、总参测绘局、中国科学院、国家测绘局共建的中国地壳运动观测网，还有其他地壳形变监测网等，选取了国内 2 500 多个 GPS 点(其中 CORS 站 25 个)，建立了“2000 国家 GPS 大地控制网”。目前，国家平面控制点中三角点和 GPS 点在同时使用。用于全球性地球动力学、地壳形变及国家基本大地测量的 GPS 网的精度分级见表 6-2。

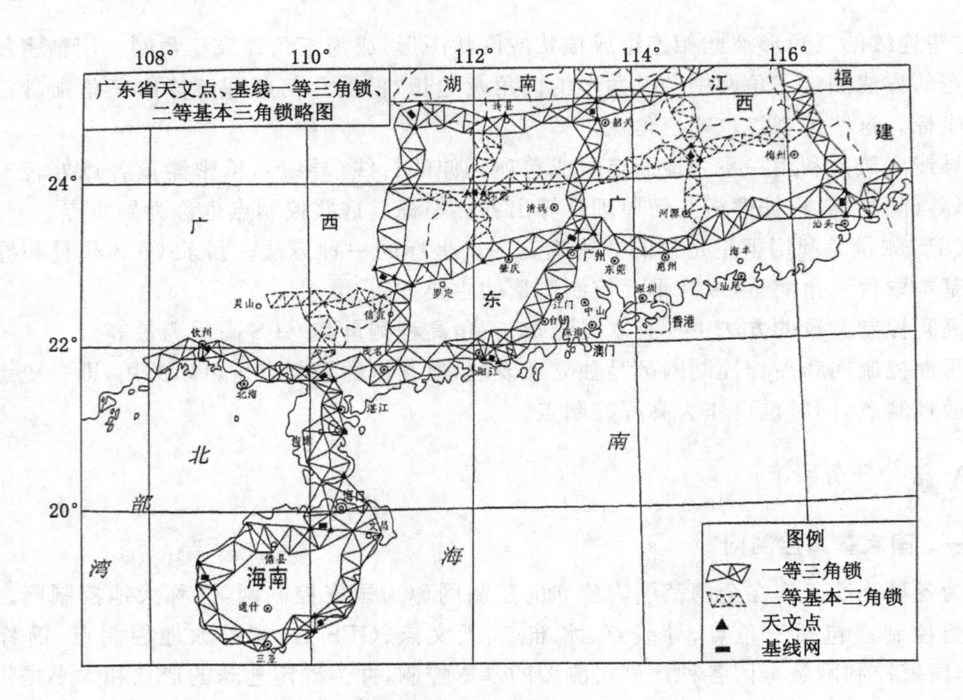

图 6-1　国家一、二等平面控制网(局部)

表 6-1　　三角测量的主要技术要求

等级		平均边长/km	测角中误差/(″)	起始边边长相对中误差	最弱边边长相对中误差	测回数 DJ_1	测回数 DJ_2	测回数 DJ_5	三角形最大闭合差/(″)
二等		9	±1	≤1/250 000	≤1/120 000	12	—	—	±3.5
三等	首级	4.5	±1.8	≤1/150 000	≤1/70 000	5	9	—	±7
	加密			≤1/120 000					
四等	首级	2	±2.5	≤1/100 000	≤1/40 000	4	5	—	±9
	加密			≤1/70 000					
一级小三角		1	±5	≤1/40 000	≤1/20 000	—	2	4	±15
二级小三角		0.5	±10	≤1/20 000	≤1/10 000	—	1	2	±30

注：当测区测图的最大比例尺为 1∶1 000 时，一、二级小三角的边长可适当放长，但最大长度不应大于表中规定的 2 倍。

表 6-2　　GPS 控制网的主要技术要求

项　目 \ 级　别	A	B	C	D	E
固定误差 a/mm	≤5	≤8	≤10	≤10	≤10
比例误差系数 $b/(\times 10^{-5})$	≤0.1	≤1	≤5	≤10	≤20
相邻点最小距离/km	100	15	5	2	1
相邻点最大距离/km	2 000	250	40	15	10
相邻点平均距离/km	300	70	15～10	10～5	5～2

（二）国家高程控制网

国家高程控制网布设成水准网，采用精密水准测量的方法，按其精度由高级到低级分一、二、三、四等 4 个等级。一等水准测量路线构成的一等水准网是国家高程控制网的骨干，同时也是研究地壳和地面垂直运动以及有关科学问题的主要依据。在一等水准环内布设的二等水准网是国家高程控制的基础。一、二等水准测量统称为精密水准测量。国家一、二等水准网（局部）见图 6-2。

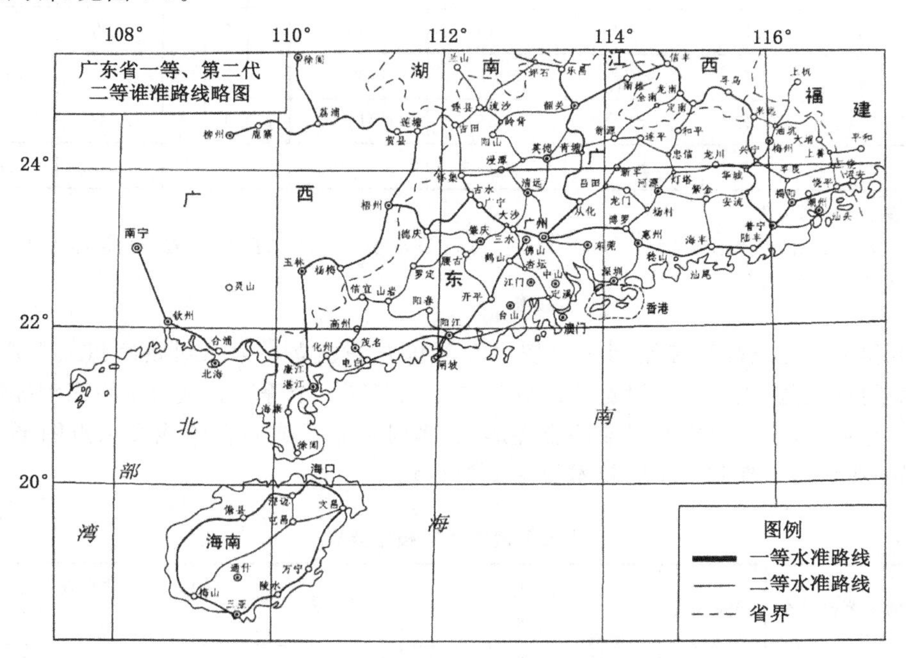

图 6-2　国家一、二等水准网（局部）

三、四等水准测量直接提供地形测图和各种工程建设所必需的高程控制点。三等水准测量路线一般可根据需要在高级水准网内加密，布设附合路线，并尽可能互相交叉，构成闭合环。四等水准测量路线一般以附合路线布设于高级水准点之间。

二、城市控制网

在城市地区，为测绘大比例尺地形图，进行城市规划、市政建设、建筑设计和施工放样，在国家控制网的控制下而建立的控制网，称为城市控制网。

根据测区的大小、城市规划或施工测量要求，布设不同等级的城市平面控制网，以供地形测图和测设建、构筑物时使用。城市控制网建立的方法与国家控制网相同，只是控制网的精度有所不同。城市平面控制网分为二、三、四等和一、二级小三角网，或一、二、三级导线网，如图 6-3 所示。《城市测量规范》（CJJ/T 8—2011）规定的光电测距导线测

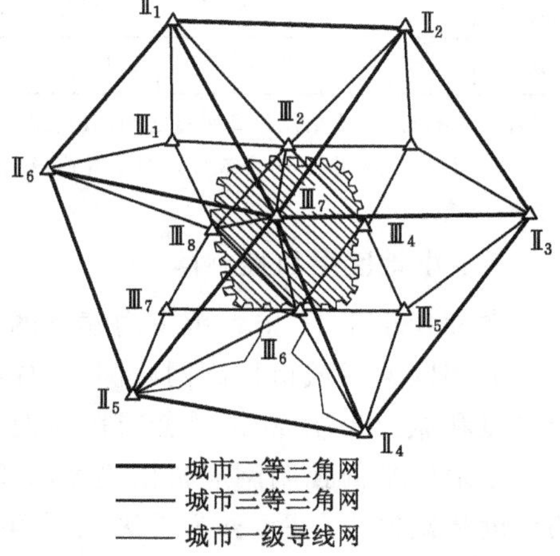

图 6-3　城市平面控制网示意图

量的主要技术要求见表 6-3。

表 6-3　　光电测距导线测量的主要技术要求

等级	导线长度/km	平均边长/km	测角中误差/(″)	测距中误差/mm	测距相对中误差	测回数			方位角闭合差/(″)	相对闭合差
						DJ_1	DJ_2	DJ_5		
三等	14	3	±1.8	±20	≤1/150 000	5	10		$\pm 3.5\sqrt{n}$	≤1/55 000
四等	9	1.5	±2.5	±18	≤1/80 000	4	5		$\pm 5\sqrt{n}$	≤1/35 000
一级	4	0.5	±5	±15	≤1/30 000		2	4	$\pm 10\sqrt{n}$	≤1/15 000
二级	2.4	0.25	±8	±15	≤1/14 000		1	3	$\pm 15\sqrt{n}$	≤1/10 000
三级	1.2	0.1	±12	±15	≤1/7 000		1	2	$\pm 24\sqrt{n}$	≤1/5 000

注：1. 表中 n 为测站数。

2. 当测区测图的最大比例尺为 1∶1 000 时，一、二、三级导线的平均边长及总长可适当放长，但最大长度不应大于表中规定的 2 倍。

城市和工程建设高程控制网一般按水准测量方法建立。考虑到城市和工程建设的特点，《城市测量规范》规定水准测量依次分为二、三、四等 3 个等级。城市首级高程控制网，不应低于三等水准，一般要求布设成闭合环形，加密时可布设成附合路线和结点图形。《城市测量规范》规定的水准测量主要技术要求见表 6-4。

表 6-4　　水准测量的主要技术要求

等级	每千米高差全中误差/mm	路线长度/km	水准仪的型号	水准尺	观测次数		往返较差、附合或环线闭合差/mm	
					与已知点联测	附合或环线	平地/mm	山地/mm
二等	±2	—	DS_1	因瓦	往返各一次	往返各一次	$\pm 4\sqrt{L}$	—
三等	±5	≤50	DS_1	因瓦	往返各一次	往一次	$\pm 12\sqrt{L}$	$\pm 4\sqrt{n}$
			DS_3	双面		往返各一次		
四等	±10	≤15	DS_3	双面	往返各一次	往一次	$\pm 20\sqrt{L}$	$\pm 6\sqrt{n}$
五等	±15	—	DS_3	单面	往返各一次	往一次	$\pm 30\sqrt{L}$	—

注：1. 结点之间或结点与高级点之间，其路线的长度，不应大于表中规定的 0.7 倍。

2. L 为往返测段，附合或环线的水准路线长度(单位为 km)；n 为测站数。

三、小地区平面控制网

在面积小于 15 km² 范围内建立的控制网称为小地区控制网。建立小地区控制网时，应尽可能和国家或城市控制网联测，形成统一的坐标系和高程系。若测区内及附近没有国家控制点和城市控制点，或连接有困难时，也可建立测区内的独立控制网。

小地区平面控制网应根据测区面积的大小按精度要求分级建立。在全测区范围内建立的精度最高的控制网，称为首级控制网；直接为测图而建立的控制网，称为图根控制网。首级控制网和图根控制网的关系见表 6-5。

表 6-5　　首级控制网和图根控制网

测区面积/km^2	首级控制网	图根控制网
1～10	一级小三角或一级导线	两级图根
0.5～2	二级小三角或二级导线	两级图根
0.5 以下	图根控制	

小地区高程控制网，也应根据测区面积大小和工程要求分级的方法建立。主要采用三、四等及等外水准测量方法。

直接用于测绘地形图的控制点称为图根控制点（也称地形控制点），简称图根点。图根点密度取决于测图比例尺和地物、地貌的复杂程度。《工程测量规范》(GB 50026—2016)和《城市测量规范》(GJJ/T 8—2011)中对图根点密度的规定见表 6-6。实际作业时，根据用图目的、测图方法和地形复杂程度，遵照相关行业测量规范确定图根点密度。在地形复杂、隐蔽的地区，图根点的密度应视实际情况适当加大。

表 6-6　　图根点密度与测图比例尺关系

测图比例尺	每平方公里图根点数/(点·km^{-2})		
	工程测量规范	城市测量规范	
		常规测图	数字化成图
1∶5 000	≥8	—	—
1∶2 000	≥15	≥15	≥4
1∶1 000	≥48	≥50	≥16
1∶500	≥128	≥150	≥64

思考与练习

1. 什么是控制点？什么是控制测量？控制测量的基本原则是什么？
2. 为什么要建立控制网？控制网按作业内容分为哪几类？按建立目的又可分为哪几类？
3. 国家平面控制网分哪几个等级？布设控制网的原则是什么？
4. 平面控制测量的主要方法有哪些？

任务二　学会导线测量外业

【知识要点】 导线的概念、布设形式；导线外业的工作内容。

【技能目标】 能根据测区地形选择导线点，能进行导线的外业施测。

任务导入

导线测量是建立小地区平面控制网常用的一种方法。因工程作业区域千差万别，根据相关测量规范要求，因地制宜地选择合适的导线布设形式，可以降低作业强度，提高作业效率和精度，达到事半功倍的效果。

任务分析

根据测区的不同情况和要求，导线可布设成多种形式。导线测量的外业主要完成踏勘设计、选点与埋设标志、角度测量、边长测量等工作。

相关知识

一、导线测量的概念及布设形式

将测区内相邻控制点用直线连接而组成单向伸展的折线图形，称为导线。导线的各转折点，即为导线点；相邻两导线点间的连线，称为导线边；相邻两导线边之间所夹的水平角，称为转折角；已知边与相邻未知导线边间所夹的水平角，称为连接角。

导线测量指依次测定出导线各转角、连接角和各导线边水平距离后，根据已知边方位角推算其余导线边的方位角，利用所测距离根据坐标正算基本公式计算出导线各点的坐标。

导线布设灵活，点之间需通视的方向数少（一般仅需两个方向），图形简单，推进迅速，受地形限制少。适用于通视条件不良的地区（如城镇、森林区），特别是地物分布较复杂的建成区、视线障碍较多的带状地区和地下工程。

用经纬仪测量转折角，用钢尺测定边长的导线，称为经纬仪导线；若用光电测距仪测定导线边长，则称为光电测距导线。由于全站仪的普及，精确测定导线边的水平距离非常方便快捷，因此，全站仪导线已取代三角网（锁）成为图根控制测量的主要形式之一。

根据测区的不同情况和要求，单一导线可布设成以下三种形式。

1. 闭合导线

从一条已知边的一个点出发，经过若干个导线点，最后又回到起始点，形成一个闭合的多边形，称为闭合导线。如图 6-4 所示，图中点 B、A 为已知点，从已知控制点 B 出发，经过 1、2、3、4 点最后仍回到起点 B。

闭合导线本身存在着严密的几何条件，具有检核作用，常用于开阔的局部地区测量控制。

2. 附合导线

从一条已知边的一个点出发，经过若干个导线点，附合到另一条已知边的一个点上，组成伸展的折线，称为附合导线。如图 6-5 所示，导线从已知控制点 B 和已知方向 AB 出发，经过 1、2、3 点，最后附合到另一已知点 C 和已知方向 CD 上。

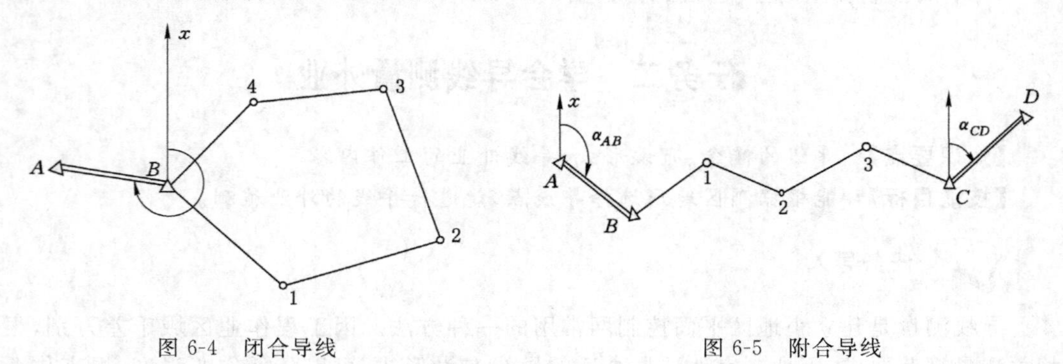

图 6-4　闭合导线　　　　图 6-5　附合导线

附合导线由本身的已知条件构成对观测成果的检核作用，常用于带状地区的测量控制。

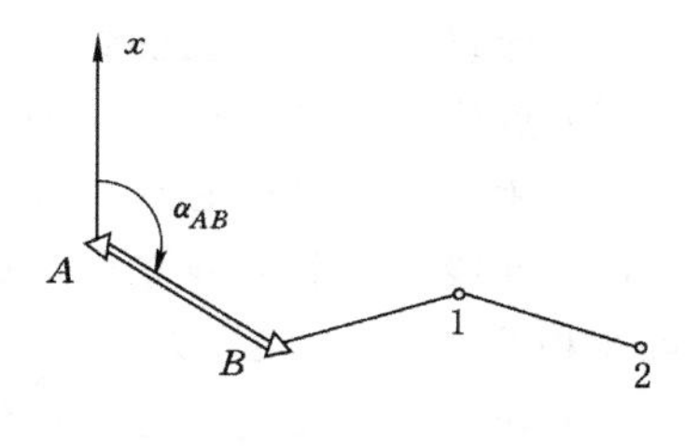

图 6-6　支导线

3. 支导线

从一条已知边的一个点出发，既不闭合到起点，也不附合到另一已知点的导线，称为支导线。如图 6-6 所示，B 为已知控制点，α_{BA} 为已知方向，1、2 为支导线点。

由于支导线没有闭（附）合到已知点上，没有检核条件，出现错误不易发现，所以一般规定支导线不宜超过 3 条边，并需要通过往、返观测来检核。

二、导线测量的技术要求

《城市测量规范》规定的光电测距导线测量的主要技术要求见表 6-3。

图根导线测量的主要技术要求见表 6-7。

表 6-7　　图根导线测量的主要技术要求

导线长度/m	相对闭合差	边　长	测角中误差/(″)		DJ_6 测回数	方位角闭合差/(″)	
			一般	首级控制		一般	首级控制
≤1.0M	≤1/2 000	≤1.5 测图最大视距	±30	±20	1	$\pm 60\sqrt{n}$	$\pm 40\sqrt{n}$

注：1. M 为测图比例尺的分母。

2. 隐蔽或施测困难地区导线相对闭合差可放宽，但不应大于 1/1 000。

任务实施

导线测量的外业工作内容主要有踏勘设计、选点与埋设标志、角度测量、边长测量等工作。

一、踏勘设计

首先接到测量任务并确定了测区范围之后，应调查收集测区有关资料，主要是测区内和测区附近已有的各级控制点成果资料及已有的地形图。然后还要到实地察看已有控制点的保存情况、测区地形条件、交通及物资供应情况、人文与当地居民的生活习俗等，即为踏勘。根据测图要求、现有仪器设备情况及踏勘结果，在小比例尺地形图上划定测区范围，拟订出图根加密方案及采用的加密形式，并在图上设计出大致的图形和地点。如果测区没有地形图资料，则须详细踏勘现场，根据已知控制点的分布、测区地形条件及测图和施工需要等具体情况，合理地选定导线点的位置。

拟订图根导线加密方案时首先考虑起算数据精度问题。平面和高程起算数据可利用测区内或测区附近的国家等级控制点或测区基本控制点。如果没有可利用的控制点，也可采用 GPS 测量的方法获得起算数据。如果采用导线测量建立图根控制，至少需要的起算数据是：一个已知点的坐标和一条已知边的方位角。

二、选点与埋设标志

导线点点位选择必须注意下列事项：

(1) 导线点尽量选在视野开阔之处,便于碎部测量。

(2) 点位应选择在土质坚硬、便于安置仪器和保存标志的地方。

(3) 相邻导线点间必须相互通视,便于角度和距离测量。

(4) 导线边长和导线总边长应符合表 6-3 或相关行业测量规范的要求,相邻导线边长尽可能相等,不易忽长忽短。

(5) 导线点的布设密度要均匀,便于控制整个测区。

(6) 采用光电测距时,导线边应避开强电磁场和发热体的干扰,一般应高出地面或离开障碍物 1 m 以上。

导线点选定后,应在地面上建立标志,并沿导线走向顺序编号,绘制导线略图。根据需要埋设永久性标志(标石或混凝土标石)(图 6-7)或用木桩作为临时标志(图 6-8),并竖立标旗或架设反射棱镜觇板作为照准标志。为了便于寻找,应量出导线点与附近明显地物(房角、电杆)的距离,并绘制草图,注明尺寸,称为"点之记",如图 6-9 所示。

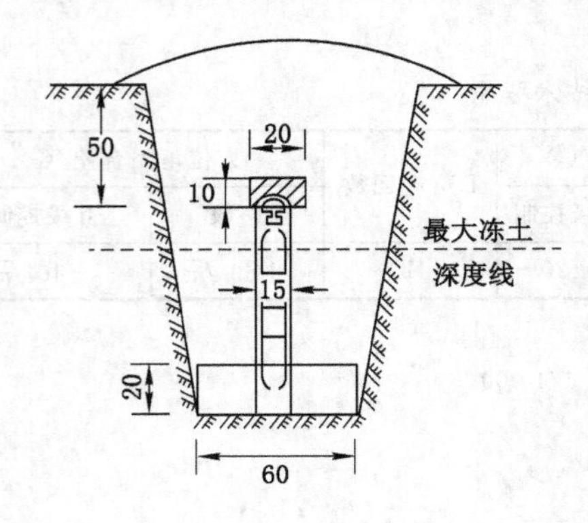

图 6-7 永久导线点的埋设

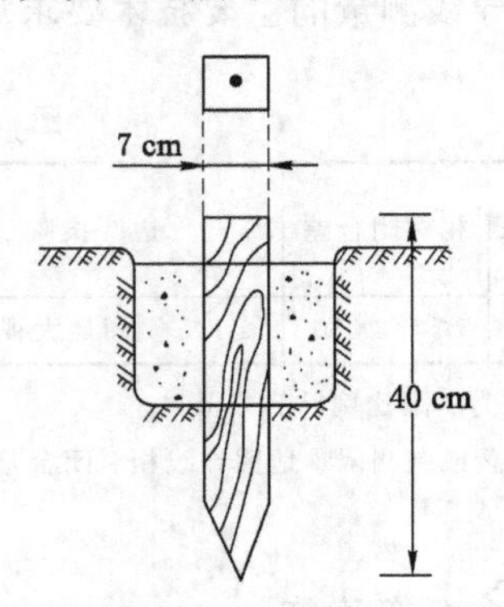

图 6-8 临时导线点

三、水平角测量

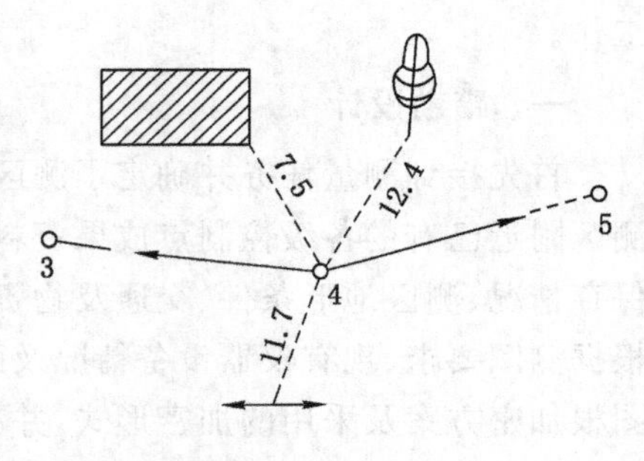

图 6-9 点之记

导线转折角的测量一般采用测回法观测。通常使用精度级别不低于 DJ_6 型经纬仪或全站仪进行。角度观测的手簿记录及各项观测限差,参见教材内容或按照任务书指定的规范执行。不同等级的导线的测角主要技术要求见表 6-3 及表 6-7。

单一导线的水平角观测,除起、终点外,都只观测一个转角(两个方向)。以导线前进方向为准,在前进方向左侧的转角叫左角,右侧的角叫右角。为了内业计算方便,一般统一观测左角。为了将起算边方位角传递到未知导线边上,以控制导线的方向,应测定连接角,该项工作称为导线定向。当独立的连接角不参加角度闭合差的计算时,其观测错误或误差在内业计算时无法发现。因此应特别注意连接角的观测,避免出现错误或过大误差。

测角时,为了便于瞄准,可用测钎、觇标作为照准标志,也可在标志点上用仪器的脚架吊一垂球线作为照准标志。利用全站仪观测时,可直接照准反射棱镜下的觇板标志。同时测角前最好事先绘制好观测略图，标明各点上应观测的方向，以防止重复观测或漏测方向。

四、边长测量

导线边长是指相邻导线点间的水平距离。根据控制的等级不同选择不同精度的测距仪或全站仪进行测量。图根导线一般每条边采用单程观测一测回，直接观测水平距离。

当场地平坦地区且无光电测距仪时，也可采用钢尺丈量距离。钢尺必须经过检定，采用精密量距，每边应进行往、返丈量，取其平均值，往、返测得的较差的相对误差不应大于1/3 000。当尺长改正数大于尺长的1/10 000时，应加入尺长改正；量距时平均尺温与检定时温度相差大于±10°时，应进行温度改正；尺面倾斜大于1.5%时，应加入倾斜改正。钢尺量距结束后，应进行尺长改正、温度改正和倾斜改正，三项改正后的结果作为最终成果。

思考与练习

1. 什么是导线？什么是连接角？连接角有何作用？
2. 导线布设形式有哪几种？各适用于什么情况？
3. 导线外业工作有哪些？导线选点应注意哪些问题？
4. 在校园内进行踏勘选点，布设一条闭(附)合导线，并按要求进行导线外业测量。

任务三　学会导线测量内业

【知识要点】　闭合导线、附合导线、支导线的内业计算步骤与限差要求。

【技能目标】　能进行导线测量的内业计算。

任务导入

导线测量外业工作结束后，即可进行内业计算。计算之前，应先全面检查导线测量外业记录，数据是否齐全，有无记错、算错，观测成果是否符合精度要求，起算数据是否准确。不同的导线布设形式，观测数据量会有所不同，在内业计算过程中也会存在差别，所以要认真分析，正确完成计算。

任务分析

导线测量内业计算的目的是：检查导线精度是否满足要求，并根据观测的水平角和边长，利用已知边的坐标方位角和已知点的坐标，计算出各导线点的平面坐标。

相关知识

导线内业计算的基本思路：首先，根据已知点坐标推算可求得起算边方位角，然后通过连接角和各转角推算出各导线边方位角；再由各边方位角和测得的边长，计算各边相应的坐标增量；最后根据已知点坐标和各边坐标增量求得各点坐标。

由于观测结果中包含一定的误差，所以在计算过程中还要处理这些误差，最后得出合理的结果并进行精度评定。

任务实施

一、支导线的坐标计算

支导线由于其自身没有检核条件，观测结果误差无法体现，因此，支导线计算不需要进行误差处理，计算过程比较简单。

1. 准备工作

将外业观测数据(角度和距离)进行检核，确认成果合格后，与起算数据一起填入表 6-8 的相应栏中，起算数据用双线标注。另外绘制出导线略图(图 6-10)以便于计算时参考。所有抄录的数据，都必须进行认真复核。

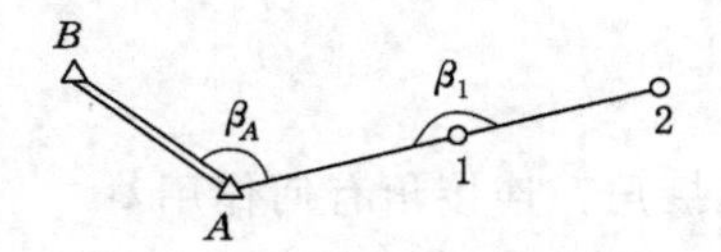

图 6-10 支导线略图

图 6-10 所示为一支导线，A，B 为已知点，A 点坐标为(500.00，500.00)，BA 为导线起始边，BA 边的坐标方位角为 $\alpha_{BA}=132°06'24''$，外业测得点 A 处的连接角为 $\beta_A=128°17'36''$，点 1 处转角 $\beta_1=181°24'30''$，边长 $D_{A1}=186.50$ m，$D_{12}=161.90$ m。将这些已知数据填入表 6-8 相应栏内。

表 6-8 支导线内业计算表

点号	观测角 /(° ′ ″)	方位角 /(° ′ ″)	边长 /m	Δx /m	Δy /m	x /m	y /m
B							
		132 06 24					
A	128 17 36					500.00	500.00
		80 24 00	186.50	31.10	183.89		
1	181 24 30					531.10	683.89
		81 48 30	161.90	23.07	160.25		
2						554.17	844.14

2. 坐标方位角计算

由已知条件，根据(4-23)、式(4-24)可依次推算 A1 和 12 边的方位角，填入表格相应栏中。

$$\alpha_{A1}=\alpha_{BA}+\beta_A\pm180°=132°06'24''+128°17'36''-180°=80°24'00''$$

$$\alpha_{12}=\alpha_{A1}+\beta_1\pm180°=80°24'00''+181°24'30''-180°=81°48'30''$$

在利用式左角计算时，推算得方位角为负角或大于 360°时，则应在最后结果上加上或减去 360°，将方位角化算到 0°～360°范围之内。

3. 坐标增量的计算

利用坐标增量计算公式，即可计算 A1 和 12 边的坐标增量，填入表格相应栏中。

$$\Delta x_{A1}=D_{A1}\times\cos\alpha_{A1}=186.50\times\cos 80°24'00''=31.10$$

$$\Delta y_{A1}=D_{A1}\times\sin\alpha_{A1}=186.50\times\sin 80°24'00''=183.89$$

$\Delta x_{12}=D_{12}\times\cos\alpha_{12}=161.90\times\cos 81°48'30''=23.07$

$\Delta y_{12}=D_{12}\times\sin\alpha_{12}=161.90\times\sin 81°48'30''=160.25$

4. 导线点坐标的计算

根据导线起点的已知坐标和各边坐标增算的计算值，即可逐点计算导线点的坐标，填入表格相应栏中。

$x_1=x_A+\Delta x_{A1}=500+31.10=531.10$

$y_1=y_A+\Delta y_{A1}=500+183.89=683.89$

$x_2=x_1+\Delta x_{12}=531.10+23.07=554.17$

$y_2=y_1+\Delta y_{12}=683.89+160.25=844.14$

二、闭合导线的坐标计算

闭合导线的图形为闭合多边形，图形自身有一些检核条件，观测值误差就可表现出来。所以内业计算步骤除了有一些与支导线相同的基本计算过程外，还需要进行误差处理。

1. 准备工作

将检核过的外业观测数据（角度和边长）与起算数据一起填入表6-9的相应栏中，起算数据用双线标注。另外绘制出导线略图（图6-11）。

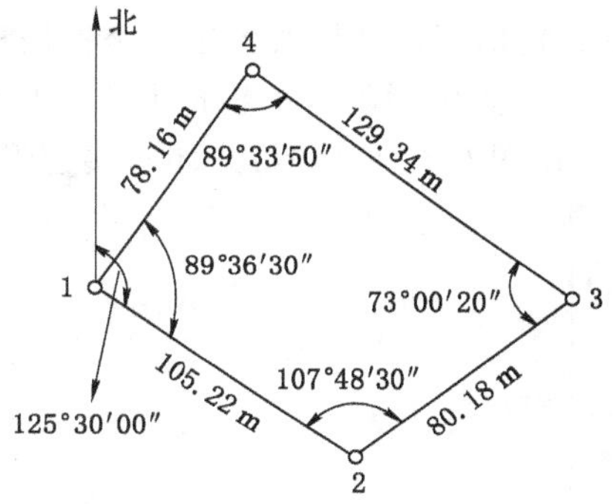

图6-11 闭合导线略图

2. 角度闭合差的计算与配赋

由几何原理可知，闭合多边形内角和的理论值为$(n-2)\times180°$，外顶角总和的理论值为$(n+2)\times180°$。下面以多边形内角和为例，即

$$\sum\beta_{理}=(n-2)\times180°$$

式中 n——多边形内角个数（或顶点数）。

由于观测角度不可避免地含有误差，致使实测的内角之和$\sum\beta_{测}$不等于理论值$\sum\beta_{理}$，两者的差值称为角度闭合差，以f_β表示。通常规定，闭合差按观测值减理论值计算，其计算公式为

$$f_\beta=\sum\beta_{测}-\sum\beta_{理}=\sum\beta_{测}-(n-2)\times180° \tag{6-1}$$

角度闭合差绝对值的大小，反映角度观测的精度。各级导线角度闭合差的容许值$f_{\beta容}$，见表6-3及表6-7。图根光电测距导线角度闭合差的容许值$f_{\beta容}$一般为

$$f_{\beta容}=\pm40''\sqrt{n} \tag{6-2}$$

式中 n——导线转折角个数（也可以理解为参与运算的f_β角的个数）。

当计算得f_β超过容许限差时，首先应重新检查外业记录手簿及计算表格中的角度观测值是否有误，计算过程是否正确；若前面计算无误，则应分析外业观测数据，对可能有误的转折角进行重新观测。

当计算得$f_\beta\leqslant f_{\beta容}$时，则可将角度闭合差$f_\beta$按“反符号平均配赋”的原则分配到各转折角的观测值上。每个角分配的数称为角度改正数，以$v_{\beta i}$表示。即

$$v_{\beta i}=-\frac{f_\beta}{n} \tag{6-3}$$

显然，各转折角改正数的总和应等于角度闭合差的相反数，即

$$\sum v_{\beta i} = -f_{\beta} \tag{6-4}$$

当 f_{β} 不能整除时，则将余数凑整到测角的最小位均匀分配到短边大角上。式(6-4)也可作为角度改正数计算正确性的检核条件。角度观测值加上相应的改正数，就得到改正后的角值，称为平差角值。改正后的角值 β'_i 为

$$\beta'_i = \beta_i + v_{\beta i} \tag{6-5}$$

改正后的角值必须满足：$\sum \beta' = (n-2) \times 180°$，否则表示计算有误。

3. 坐标方位角的计算

根据起始边的方位角和改正后的角值按方位角推算公式，可依次推算出各边的坐标方位角。推算至起始边的方位角角值和已知值一致，则说明上述计算无误，可进行下一步计算。

4. 坐标增量的计算

根据已推算出的导线各边的坐标方位角和相应边的边长，利用坐标增量计算公式(4-26)，即可计算导线各边的坐标增量。

5. 坐标增量闭合差的计算与配赋

由图 6-12 可以看出，闭合多边形各边的纵、横坐标增量的代数和，在理论上应分别等于零，即

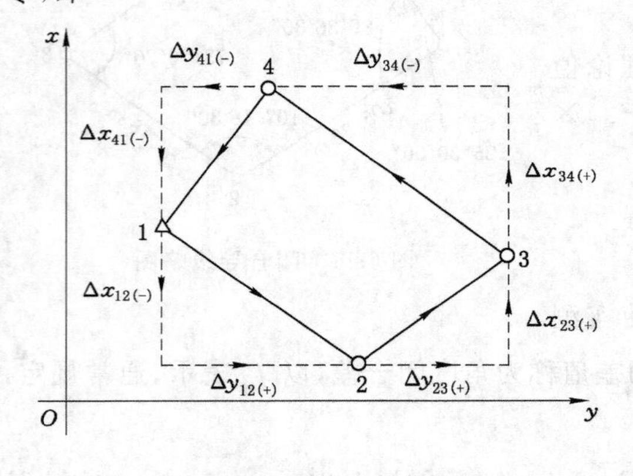

图 6-12 坐标增量计算

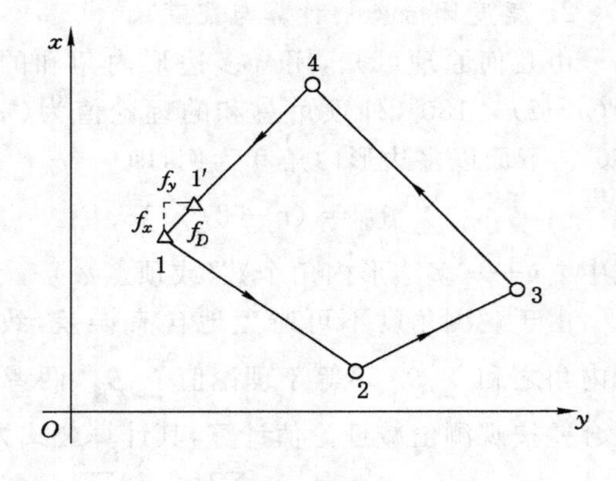

图 6-13 导线全长闭合差

$$\left.\begin{aligned} \sum \Delta x_{理} = 0 \\ \sum \Delta y_{理} = 0 \end{aligned}\right\} \tag{6-6}$$

如果用 $\sum x_{测}$ 和 $\sum y_{测}$ 分别表示计算的坐标增量总和，由于量边的误差和角度闭合差配赋后的残余误差，从而使其总和不等于零(理论值)。二者之差称为导线坐标增量闭合差，纵、横坐标增量闭合差分别用 f_x、f_y 表示，即有

$$\left.\begin{aligned} f_x = \sum \Delta x_{测} - \sum \Delta x_{理} = \sum \Delta x_{测} - 0 = \sum \Delta x_{测} \\ f_y = \sum \Delta y_{测} - \sum \Delta y_{理} = \sum \Delta y_{测} - 0 = \sum \Delta y_{测} \end{aligned}\right\} \tag{6-7}$$

从图 6-13 看出，由于 f_x、f_y 的存在，使导线不能闭合，1-1′之长度 f_D 称为导线全长闭合差，并用下式计算：

$$f_D = \sqrt{f_x^2 + f_y^2} \tag{6-8}$$

仅从 f_D 值的大小还不能说明导线测量的精度是否满足要求，故应当将 f_D 与导线全长 $\sum D$ 相比，以分子为 1 的分数来表示导线全长相对闭合差，用 K 表示，即

$$K = \frac{f_D}{\sum D} = \frac{1}{\dfrac{\sum D}{f_D}} \tag{6-9}$$

式中 f_D、f_x、f_y 的计算均可在表格的下方辅助计算栏内进行。

K 值的大小反映导线的精度。K 的分母值越大，精度越高。光电测距图根导线全长相对闭合差的容许值为 1/4 000。钢尺量距图根导线为 1/2 000。若 $K > K_{容}$，则说明成果不合格，此时应首先检查内业计算有无错误，必要时重测导线边长。若 $K \leqslant K_{容}$，则说明成果符合精度要求，可将 f_x、f_y 反符号按边长成正比分配到各边的纵、横坐标增量中去，进行各边坐标增量的改正。以 v_{xi}、v_{yi} 分别表示第 i 边的纵、横坐标增量改正数，即

$$\left.\begin{aligned} v_{xi} &= -\frac{f_x}{\sum D} \cdot D_i \\ v_{yi} &= -\frac{f_y}{\sum D} \cdot D_i \end{aligned}\right\} \tag{6-10}$$

纵、横坐标增量改正数之和应满足下式：

$$\left.\begin{aligned} \sum v_x &= -f_x \\ \sum v_y &= -f_y \end{aligned}\right\} \tag{6-11}$$

由于凑整误差的影响，使式(6-11)不能满足时，一般可将其差数调整到长边的坐标增量改正数上，以保证改正数满足式(6-11)。同时式(6-11)还可作为坐标增量改正数计算正确性的检核。

6. 导线点坐标的计算

根据已知点的坐标和改正后的坐标增量，利用坐标计算公式(4-27)，依次推算出各点的坐标，并填入表格相应栏中。坐标计算的一般公式表示为

$$\left.\begin{aligned} x_{i+1} &= x_i + \Delta x_i + v_{xi} \\ y_{i+1} &= y_i + \Delta y_i + v_{yi} \end{aligned}\right\} \tag{6-12}$$

最后还应推算起点的坐标，其值应与原有的已知数值相等，以作校核。

闭合导线计算示例见表 6-9。

三、附合导线的坐标计算

附合导线的坐标计算步骤和方法，与闭合导线基本相同。但由于图形布设不同，使得角度闭合差及坐标增量闭合差的计算有所不同。下面着重介绍其不同点。

1. 角度闭合差的计算

设有附合导线如图 6-14，已知起始边 AB 的坐标方位角 α_{AB} 和终边 CD 的坐标方位角 α_{CD}。观测所有导线转折角的左角(包括连接角 β_B 和 β_C)，由式(4-23)、式(4-24)可推算导线各边的坐标方位角为

表 6-9 **闭合导线坐标计算表**

点号	观测角(左角)/(° ′ ″)	改正数/(″)	改正后角值/(° ′ ″)	坐标方位角 α/(° ′ ″)	边长 D/m	增量计算值		改正后增量		坐标值		点号
						Δx/m	Δy/m	Δx/m	Δy/m	x/m	y/m	
1	2	3	4=2+3	5	6	7	8	9	10	11	12	13
1										1 000.00	2 000.00	1
				122 35 50	113.42	−0.03 −61.10	+0.02 +95.55	−61.13	+95.57			
2	102 35 48	+12	102 36 00							938.87	2 095.57	2
				45 11 50	105.48	−0.02 +57.90	+0.02 +58.30	+57.88	+58.32			
3	80 47 11	+12	80 47 23							996.75	2 153.89	3
				305 59 13	111.49	−0.02 +65.51	+0.02 −90.21	+65.49	−90.19			
4	99 41 14	+13	99 41 27							1 062.24	2 063.70	4
				225 40 40	89.05	−0.02 −62.22	+0.01 −63.71	−62.24	−63.70			
1	76 54 57	+13	76 55 10							1 000.00	2 000.00	1
				122 35 50								
2												
∑	359 59 10	+50	360 00 00	419.44	+0.09	−0.07	0.00	0.00				

辅助计算

$\sum\beta_{测}=359°59'10''$

$f_\beta=\sum\beta_{测}-(4-2)\times180°=359°59'10''-360°=-50''$

$f_{\beta容}=\pm40''\sqrt{4}=\pm80''$

$f_\beta<f_{\beta容}$

$f_x=\sum\Delta x_{测}=+0.09, f_y=\sum\Delta y_{测}=-0.07$

导线全长闭合差 $f_D=\sqrt{f_x^2+f_y^2}=\pm0.11$ m

导线全长相对闭合差 $K=\frac{0.11}{419.44}\approx\frac{1}{3\,800}$

容许的相对闭合差 $K_{容}=\frac{1}{2\,000}$

$K<K_{容}$

示意图

$$\alpha'_{B1} = \alpha_{AB} + \beta_B \pm 180^\circ$$
$$\alpha'_{12} = \alpha'_{B1} + \beta_1 \pm 180^\circ$$
$$\alpha'_{2C} = \alpha'_{12} + \beta_2 \pm 180^\circ$$
$$\alpha'_{CD} = \alpha'_{2C} + \beta_C \pm 180^\circ$$

将以上等式左、右分别相加，得

$$\alpha'_{CD} = \alpha_{AB} + \sum \beta_{测} \pm n \cdot 180^\circ$$

式中 $\sum \beta_{测} = \beta_B + \beta_1 + \beta_2 + \beta_C$，$n$ 为导线转折角的个数。

因为观测角含有误差，所以计算出来的终边 CD 的坐标方位角 α'_{CD} 与已知坐标方位角 α_{CD} 有一个差值，这个差值就是角度闭合差 f_β，即

$$f_\beta = \alpha'_{CD} - \alpha_{CD} = \sum \beta_{测} + \alpha_{AB} - \alpha_{CD} \pm n \cdot 180^\circ$$

将上式写成一般公式为

$$f_\beta = \sum \beta_{测} + \alpha_{始} - \alpha_{终} \pm n \cdot 180^\circ \tag{6-13}$$

角度闭合差 f_β 的限差要求和配赋方法与闭合导线相同。

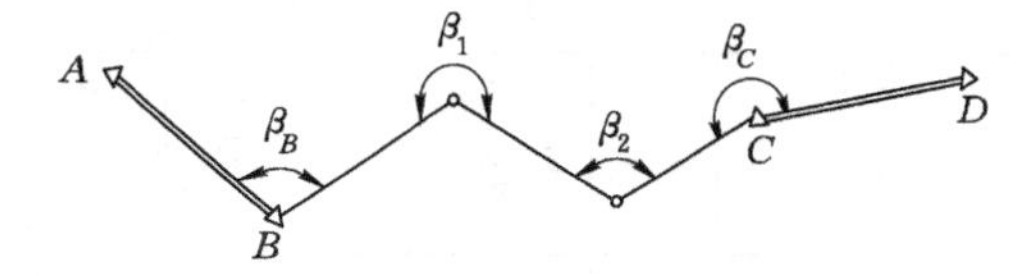

图 6-14 附合导线

2. 坐标增量闭合差的计算

坐标增量闭合差的计算与闭合导线不同之处仅在于附合导线各边坐标增量代数和的理论值不是等于零，而是等于导线终点与起点的坐标差（见表 6-10 附合导线坐标计算表中示意图），即

$$\left.\begin{aligned} \sum \Delta x_{理} &= x_{终} - x_{始} \\ \sum \Delta y_{理} &= y_{终} - y_{始} \end{aligned}\right\} \tag{6-14}$$

故坐标增量闭合差计算式为

$$\left.\begin{aligned} f_x &= \sum \Delta x_{测} - \sum \Delta x_{理} = \sum \Delta x_{测} - (x_{终} - x_{起}) \\ f_y &= \sum \Delta y_{测} - \sum \Delta y_{理} = \sum \Delta y_{测} - (y_{终} - y_{起}) \end{aligned}\right\} \tag{6-15}$$

除此之外，其他各项计算均与闭合导线相同。

附合导线计算示例见表 6-10。

例 6-1 图 6-15 所示为一实测图根光电测距闭合导线。起算方位角 $\alpha_{MA} = 150^\circ 50' 47''$，已知数据和经过整理的外业观测结果已填入表 6-11 中的第 2、第 5、第 6、第 11 和第 12 栏中相应位置，请完成该导线的内业计算。

实际工作中，导线计算均列表进行（表 6-11）。为了进一步说明闭合导线计算方法，本例按下述步骤说明。

表 6-10 附合导线坐标计算表

点号	观测角(左角) /(° ′ ″)	改正数/(″)	改正后角值 /(° ′ ″)	坐标方位角 α /(° ′ ″)	边长 D /m	增量计算值		改正后增量		坐标值		点号
						Δx/m	Δy/m	Δx/m	Δy/m	x/m	y/m	
1	2	3	4=2+3	5	6	7	8	9	10	11	12	13
B												
				245 45 24								
A	91 47 00	+6	91 47 06							2 688.88	1 686.66	A
				157 32 30	215.20	+0.04 −198.88	−0.04 +82.21	−198.84	+82.17			
1	170 42 50	+6	170 42 56							2 490.04	1 768.83	1
				148 15 26	167.65	+0.03 −142.57	−0.03 +88.20	−142.54	+88.17			
2	118 50 23	+6	118 50 29							2 347.50	1 857.00	2
				87 05 55	163.19	+0.03 +8.26	−0.02 +162.98	+8.29	+162.96			
3	193 45 25	+6	193 45 31							2 355.79	2 019.96	3
				100 51 26	120.41	+0.02 −22.68	−0.02 +118.25	−22.66	+118.23			
4	213 09 52	+6	213 09 58							2 333.13	2 138.19	4
				134 01 24	192.39	+0.03 −133.70	−0.03 +138.34	−133.67	+138.31			
C	111 25 06	+6	111 25 12							2 199.46	2 276.50	C
				65 26 36								
D												
∑	899 40 36	+36	899 41 12		858.84	−489.57	+589.98	−489.42	+589.84			

辅助计算

$f_\beta = \sum\beta_{测} + \alpha_{BA} - \alpha_{CD} \pm n\times180°$

$=899°40'36''+245°45'24''-65°26'36''-6\times180°$

$=-36''$

$f_{\beta容}=\pm40''=\pm97''$

$f_\beta < f_{\beta容}$

$f_x = \sum\Delta x_{测} - (x_C - x_A)$

$=-489.57-(-489.42)=-0.15$ m

$f_y = \sum\Delta y_{测} - (y_C - y_A) = +589.98-$

$(+589.84)=+0.14$ m

导线全长闭合差≈±0.21 m

导线全长相对闭合差 $K=\frac{0.21}{858.84}=\frac{1}{4\ 200}$

导线全长容许相对闭合差 K 容 $=\frac{1}{2\ 000}$

$K<K_{容}$

示意图

表 6-11 光电测距闭合导线坐标计算表

点号	观测角(左角) /(° ′ ″)	改正数 /(″)	改正后角值 /(° ′ ″)	坐标方位角 α /(° ′ ″)	边长 D /m	增量计算值		改正后增量		坐标值		点号
						Δx/m	Δy/m	Δx/m	Δy/m	x/m	y/m	
1	2	3	4=2+3	5	6	7	8	9	10	11	12	13
M				150 50 47								
A	193 42 12 (连接角)									1 000.000	1 000.000	A
				164 32 59	69.365	+0.07 −66.858	−0.02 +18.479	−66.851	+18.477			
1	75 52 30	−12	75 52 18							933.149	1 018.477	1
				60 25 17	54.671	+0.05 +26.987	−0.02 +47.546	+26.992	+47.544			
2	202 04 27	−12	202 04 15							960.141	1 066.021	2
				82 29 32	73.266	+0.08 +9.573	−0.03 +72.638	+9.581	+72.635			
3	82 02 12	−13	82 01 59							969.722	1 138.656	3
				344 31 31	71.263	+0.07 +68.680	−0.03 −19.014	+68.687	−19.017			
4	101 53 45	−13	101 53 32							1 038.409	1 119.639	4
				266 25 03	70.678	+0.07 −4.416	−0.02 −70.540	−4.409	−70.542			
5	148 52 40	−13	148 52 27							1 034.000	1 049.097	5
				235 17 30	59.722	+0.06 −34.006	−0.02 −49.095	−34.000	−49.097			
A	109 15 42	−13	109 15 29							1 000.000	1 000.000	A
				164 32 59(检核)								
∑	720 01 16	−76	720 00 00(检核)		398.965	−0.040	+0.001 4	0(检核)	0(检核)			

辅助计算：

$\sum \beta_{测} = 720°01'16''$

$f_\beta = \sum \beta_{测} - (6-2)\times 180° = 720°01'16'' - 720° = +76''$

$f_{\beta容} = \pm 40''\sqrt{6} = \pm 98''$

$f_\beta < f_{\beta容}$

$f_x = \sum \Delta x_{测} = -0.040\ \text{m}, f_y = \sum \Delta y_{测} = +0.014\ \text{m}$

导线全长闭合差 $f_D = \sqrt{f_x^2 + f_y^2} = \pm 0.042\ \text{m}$

导线全长相对闭合差 $K = \frac{0.042}{398.965} \approx \frac{1}{9\ 400}$

容许的相对闭合差 $K_{容} = \frac{1}{4\ 000}$

$K < K_{容}$

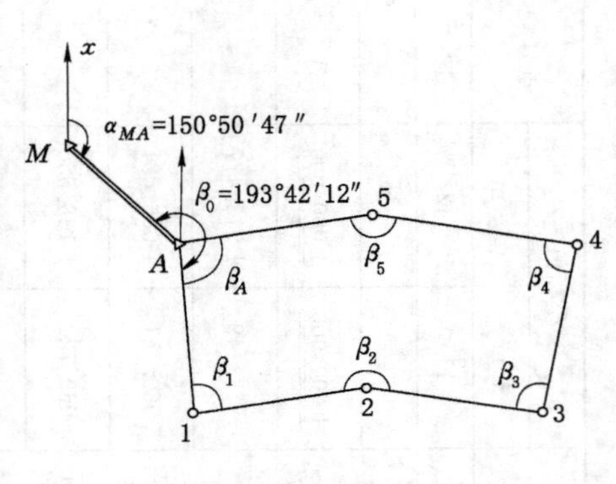

图 6-15 闭合导线计算

第一步：角度闭合差的计算和配赋。

先将第 2 栏中各转折角的观测值相加（本例中连接角不参加计算），求得闭合多边形内角观测值的和为 $\sum\beta_{测}=720°01'16''$。再计算出闭合多边形内角和的理论值为 $\sum\beta_{理}=(n-2)\times180°=720°00'00''$。则角度闭合差为

$$f_\beta=\sum\beta_{测}-\sum\beta_{理}=720°01'16''-720°00'00''$$
$$=+01'16''=+76''$$

图根光电测距导线的角度闭合差容许值为

$$f_{\beta容}=\pm40''\sqrt{n}=\pm40''\sqrt{6}=\pm01'38''=\pm98''$$

上述计算可在表 6-11 辅助计算栏中进行。因为 f_β 在容许范围之内，成果合格，故将 f_β 反号平均配赋给各转折角，得各角改正数 $V_\beta=-\frac{f_\beta}{n}=-\frac{76''}{6}=-12.67''\approx-13''$。由于凑整到秒，所以还需要处理凑整误差影响。因为若每个折角都改正 $-13''$，则 $\sum V_\beta$ 将为 $-78''$，比 f_β 多 $2''$。因此，要有两个折角只能改正 $-12''$，这两个折角一般可选在短边两端的折角，如表 6-11 中 1-2 边两端的折角 1 和 2。将计算得各折角改正数填入表 6-11 第 3 栏中并相加。应满足式(6-4)。

第二步：计算改正后角值。

表 6-11 中，第 2 栏观测角＋第 3 栏改正数＝改后角值，填入第 4 栏中。

$$\beta_1'=\beta_1+v_{\beta1}=75°52'30''-0°00'12''=75°52'18''$$

……

改正后的角值必须满足：$\sum\beta'=720°$，否则表示计算有误。

第三步：坐标方位角的计算。

如图 6-15 所示，按式(4-23)根据起始边 MA 的坐标方位角 α_{MA} 和连接角 β_0（左角）计算 $A1$ 边的坐标方位角 α_{A1} 为

$$\alpha_{A1}=\alpha_{MA}+\beta_0\pm180°=150°50'47''+193°42'12''-180°=164°32'59''$$

同理，由改正后的角值按式左角（右角）公式依次推算其余各边的坐标方位角，并将结果填入表 6-11 第 5 栏内：

$$\alpha_{12}=\alpha_{A1}+\beta_1'\pm180°=164°32'59''+75°52'18''-180°=60°25'17''$$
$$\alpha_{23}=\alpha_{12}+\beta_2'\pm180°=60°25'17''+202°04'15''-180°=82°29'32''$$

……

为了检核上述推算过程以及角度闭合差和改正数计算的正确性，还需要根据 $5A$ 边方位角重新推算 $A1$ 边方位角，直至最后算得 α_{A1} 等于原值 $164°32'59''$，说明上述计算无误，可进行下一步计算。如本例中：

$$\alpha_{A1}=\alpha_{5A}+\beta_A'\pm180°=235°17'30''+109°15'29''-180°=164°32'59''$$

第四步：坐标增量闭合差的计算和配赋。

根据第 5 栏中推算出的各边坐标方位角和第 6 栏中相应的边长，利用坐标增量计算基

本公式分别计算各边的坐标增量，填入第7、第8栏内。将第7、第8栏中坐标增量计算值取代数和 $\sum \Delta x_{测}$，$\sum \Delta y_{测}$，即为坐标增量闭合差 $f_x = -0.040$ m，$f_y = +0.014$ m，并计算全长闭合差为 $f_D = \pm\sqrt{f_x^2 + f_y^2} = \pm 0.042$ m，全长相对闭合差为 $K = \frac{f_D}{\sum D} = \frac{1}{9\ 400}$。上述计算填入辅助计算栏中。因导线相对闭合差 $K < K_{容}$，说明成果符合要求，故可将坐标增量闭合差按公式(6-10)进行配赋，并将算得的增量改正数填写在第7、第8栏坐标增量的上方，对增量改正数的凑整误差在长边上调整，将第7、第8栏中的改正数分别相加应满足式(6-11)。将改正后增量分别填入第9、第10栏中。改正后纵、横坐标增量都应该等于0。

第五步：坐标的计算。

根据已知点 A 的坐标和改正后的坐标增量按式(6-12)依次计算各点坐标。为了检核坐标计算的正确性，还需利用点5的坐标重新计算点 A 的坐标，得 $x_A = 1\ 000.000$ m，$y_A = 1\ 000.000$ m，等于点 A 已知坐标，说明计算正确。

思考与练习

1. 简述导线内业计算的思路和步骤。
2. 闭合导线和附合导线内业计算有何异同点？
3. 已知 A 点坐标(300，200)，试根据图6-16中的观测数据按表6-9格式列表计算2、3、4点的坐标。

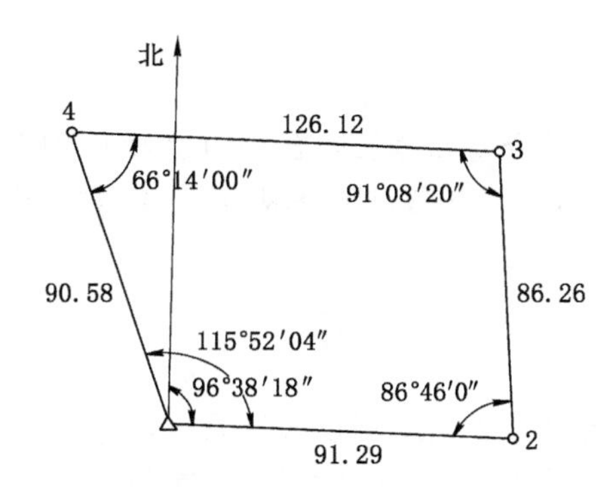

图6-16 第3题附图

4. 试根据图6-17中的已知数据及观测数据按表6-10格式列表计算1、2两点坐标。

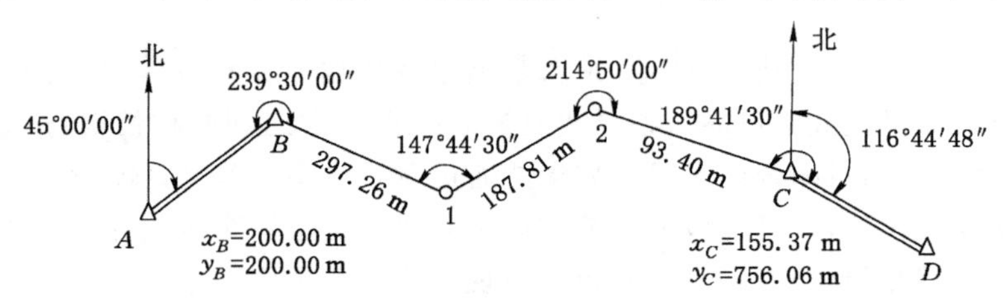

图6-17 第4题附图

5. 已知某闭合导线的已知数据和观测数据如表6-12所示，请完成表格计算。

表 6-12　　　　闭合导线坐标计算用数据

点号	观测角(右角)/(° ′ ″)	坐标方位角/(° ′ ″)	距离/m	坐标值		备注
				x/m	y/m	
1				1 000.00	1 000.00	
		128 30 30	103.85			
2	139 05 00					
			114.57			
3	94 15 54					
			162.46			
4	88 36 36					
			133.54			
5	122 39 30					
			123.68			
1	95 23 30					

任务四　学会检查导线测量的错误

【知识要点】 粗差存在的两种情况;导线测量粗差分析的目的。

【技能目标】 能检查导线测量中的角度错误、边长错误和坐标方位角错误。

任务导入

在导线内业计算中,角度闭合差和全长闭合差的超限现象时有发生。对于超限情况,首先要认真检查数据,针对性地分析、查找问题原因,及时发现问题所在,必要时再进行外业返工重测。

任务分析

角度闭合差的超限,主要是由于角度测量或记录出现问题,所以要检查角度错误。如果角度闭合差的超限解决了,全长闭合差超限就很有可能与边长测量或方位角的推算有关系,要检查边长或坐标方位角的错误。

相关知识

粗差是一种错误,是在获取、传输、编辑数据过程中由于某种差错产生的。粗差的存在将会导致计算数据错误或不可靠。在导线测量和计算中常遇到两种情况:一是角度闭合差超限;二是导线全长相对闭合差超限。如果能通过对导线闭合差的具体情况进行分析,找到存在粗差的角度或边长,则可以极大地节省返工时间。对于导线粗差分析有两个目的:一是确定哪种观测量存在粗差;二是判定此粗差出现的位置即定位。

粗差出现时的检查步骤:

(1) 首先复查外业观测记录手簿及观测和起算数据的整理与抄录是否正确,或草图数据有无错误。

(2) 然后,检查内业计算是否有差错。

(3) 如以上均不能发现错误,说明导线外业的测角或量边工作可能有错误,应该认真分析确定最可能发生错误的角或边,然后到野外重测。

不论检查内业计算或外业,特别是外业,如能从这些地方着手检查,有可能立即检查出错误,避免盲目重复测量,从而节省人力和时间。下面讨论如何寻找最可能发生错误所在的方法。

任务实施

一、角度闭合差超限时检查错误角度的方法

测角错误表现为角度闭合差的超限。如果仅测错一个角度,则可用以下方法查找。

1. 图解法

若为闭合导线,可按边长和角度用一定比例绘制出导线图,然后作闭合导线全长闭合差的垂直平分线,则该线所通过的点,就是角度观测有错误的导线点。

如图 6-18 所示,设闭合导线 $ABCDE$ 中点 D 处转折角有测量错误,其错误值为 α。由图可以看出,A、E 两点绕点 D 旋转了 α 角,移到了点 E'、A'。AA'就是因为点 D 角度观测有错而产生的导线全长闭合差。因为 $AD=A'D$,所以三角形 ADA'是等腰三角形,其底边 AA'的垂直平分线将通过顶角 D。

若为附合导线,如图 6-19 所示,先将两个端点 A、B 展绘在图上,然后分别自 A 向 B、自 B 向 A 按边长和角度绘制出两条导线,在两条导线的交点(如点 2)处发生测角误差的可能性最大。

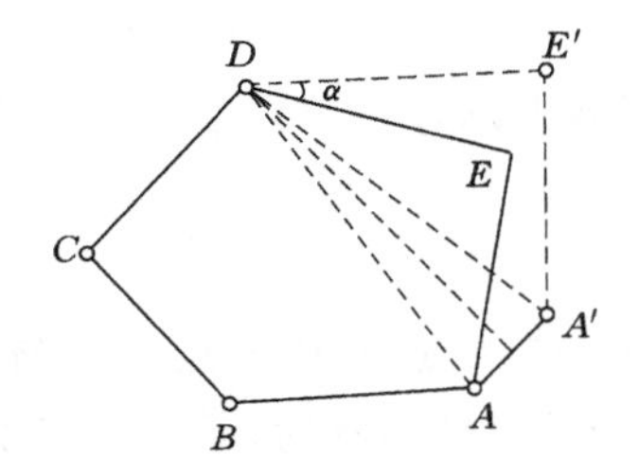

图 6-18 闭合导线测角错误检查

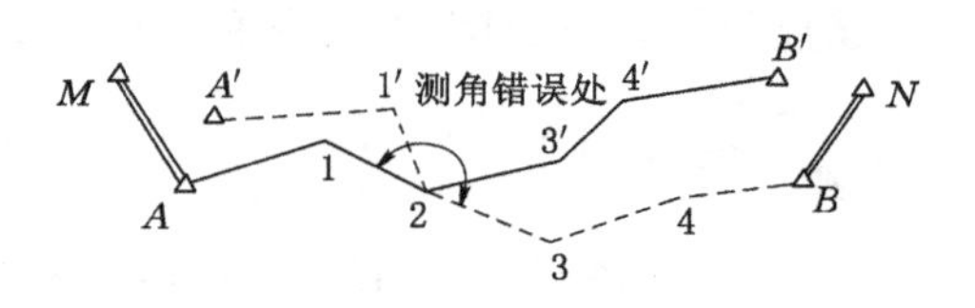

图 6-19 附合导线测角错误检查

2. 解析法

如果误差较小,用图解法难以显示角度测错的点位,可采用计算的方法进行检查。

若为附合导线,如图 6-19 所示,自 A 向 B、自 B 向 A 分别根据未改正的观测角推算各点的坐标并进行比较,若有一点的坐标相等或非常接近,其余各点的坐标相差较大,则说明该点最有可能就是角度观测有错误的点。对闭合导线从一点开始以顺时针和逆时针方向同法进行检查。

二、全长闭合差超限,检查边长或坐标方位角的错误

当角度闭合差未超限时,方可进行全长闭合差的计算。全长闭合差超限时错误可能发生于边长或坐标方位角。如图 6-20 所示,假定闭合导线边 2-3 丈量有错误,其大小为 3-3′,由于边长丈量的错误引起了导线不闭合。当没有其他边长和角度错误存在时,则可以看出,

由导线边2-3丈量的错误，使得点3、点4、点5、点1诸点都平行移动到点3′、点4′、点5′和点1′，其移动方向与3-3′的方向平行。因此可以认为：产生错误的边长与导线全长闭合差1-1′的方向平行，即两者坐标方位角近似相等，而边的错误数值约等于全长闭合差1-1′的大小。故查找时，可先计算导线全长闭合差的坐标方位角$\alpha_{1-1'}$，即

$$\alpha_{1-1'}=\arctan(f_y/f_x)$$

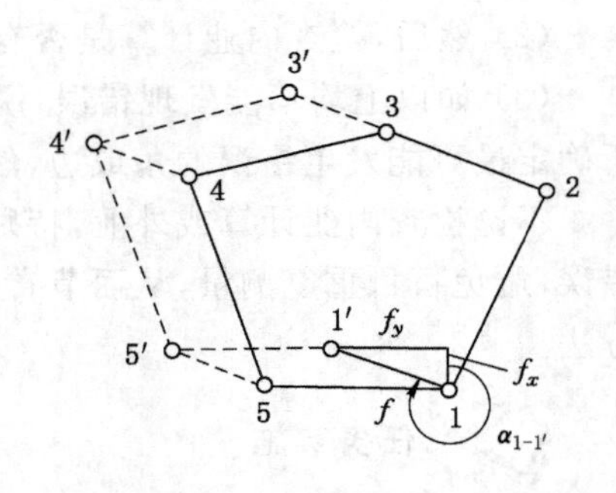

图6-20 闭合导线测边错误检查

将计算的导线全长闭合差的坐标方位角与导线各边的方位角进行比较，如有与之相差约90°者，坐标方位角可能有用错或算错；有与之接近或相差接近于180°的导线边，即认为该边最有可能是测量有错的边。这样就可以到现场检查该边。附合导线也可用上述方法检查导线的量边错误。

思考与练习

1. 导线出现粗差如何处理？
2. 导线计算中超限情况有哪几种？

任务五 学会交会法测量外业及计算

【知识要点】 角度交会、距离交会测量的原理。
【技能目标】 能用角度交会和距离交会的方法加密控制点。

任务导入

当已知点和待定点之间通视良好，但测距困难时，或者已知点和待定点之间测距方便，但是无法测得相应的水平夹角，无法利用极坐标法测定待定点的坐标时，是否还有别的方法求得待定点的坐标？

任务分析

通过导线测量或其他方法建立一级图根控制后，若测区内局部地形利用已有控制点都无法观测到，可以采用交会法来进行加密或补充少量控制点。

相关知识

在只能观测角度的情况下，可以通过在已知点或未知点上只观测水平角的方法，再根据三角形的相关计算原理和公式推算待定点的坐标，即角度交会法。在只能观测距离的情况下，可通过量取已知点和待定点之间的水平距离，进而推算待定点坐标，即距离交会法。

交会法一般每次只测定一个点，图形结构简单，外业选点简易，内业计算容易，所以是建立图根控制点的一种辅助或补充方法。

为了保证交会测量的精度，一方面要求交会角(未知点处的角)不应小于 30°，不大于 150°；另外一方面还要求有多余的观测。在计算过程中，要对观测质量进行检核。

交会法按其布设形式的不同，可分为前方交会、侧方交会和距离交会。交会测量的外业工作可参考导线外业工作的测量方法，本节主要介绍交会法的内业计算。

任务实施

一、角度交会

1. 前方交会

前方交会，就是在两个已知控制点上观测角度，通过计算求得待定点的坐标。如图6-21所示，在已知控制点 A、B 上架设经纬仪测出 α、β 角度，通过计算求得待定点 P 的坐标。

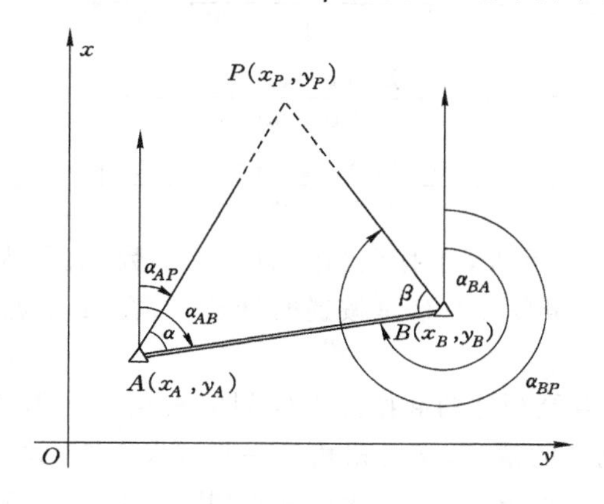

图 6-21　交会原理

计算待定点 P 有以下两种方法：

(1) 坐标正算

根据 A、B 两点坐标(x_A, y_A)、(x_B, y_B)，按坐标反算公式计算 AB 的边长 D_{AB} 和坐标方位角 α_{AB}。由三角形正弦定理可求得 AP、BP 的边长

$$D_{AP}=\frac{D_{AB}\sin\beta}{\sin\gamma}=\frac{D_{AB}\sin\beta}{\sin(\alpha+\beta)}$$

$$D_{BP}=\frac{D_{AB}\sin\alpha}{\sin(\alpha+\beta)}$$

通过 α、β 角计算出边 AP、BP 的坐标方位角

$$\alpha_{AP}=\alpha_{AB}-\alpha$$

$$\alpha_{BP}=\alpha_{BA}+\beta=\alpha AB\pm180^\circ+\beta$$

根据坐标正算公式计算待定点 P 的坐标

$$\left.\begin{aligned}x_P&=x_A+D_{AP}\cos\alpha_{AP}\\y_P&=y_A+D_{AP}\sin\alpha_{AP}\end{aligned}\right\}\tag{6-16}$$

或者

$$\left.\begin{aligned}x_P&=x_B+D_{BP}\cos\alpha_{BP}\\y_P&=y_B+D_{BP}\sin\alpha_{BP}\end{aligned}\right\}\tag{6-17}$$

这种方法需要解算距离、方位角、坐标增量等较多中间结果，为了避免这些中间计算，可采用余切公式直接计算 P 点坐标。

(2) 余切公式

将 $\alpha_{AP}=\alpha_{AB}-\alpha$、$D_{AP}=\dfrac{D_{AB}\sin\beta}{\sin(\alpha+\beta)}$代入 $x_P=x_A+D_{AP}\cos\alpha_{AP}$，得

$$x_P=x_A+D_{AB}\frac{\sin\beta}{\sin(\alpha+\beta)}\cos(\alpha_{AB}-\alpha)$$

$$=x_A+D_{AB}\frac{\sin\beta}{\sin(\alpha+\beta)}(\cos\alpha_{AB}\cdot\cos\alpha+\sin\alpha_{AB}\cdot\sin\alpha)$$

因 $D_{AB}\cos\alpha_{AB}=x_B-x_A$、$D_{AB}\sin\alpha_{AB}=y_B-y_A$，所以

$$x_P=x_A+\frac{(x_B-x_A)\sin\beta\cos\alpha+(y_B-y_A)\sin\beta\sin\alpha}{\cot\alpha+\cot\beta}$$

简化后得

$$x_P=\frac{x_A\cot\beta+x_B\cot\alpha-y_A+y_B}{\cot\alpha+\cot\beta}$$

同理可得

$$y_P=\frac{y_A\cot\beta+y_B\cot\alpha+x_A-x_B}{\cot\alpha+\cot\beta} \tag{6-18}$$

式(6-18)除已知点的坐标外，还有观测角的余切函数，故称为余切公式。利用余切公式计算时，须注意三角形顶点 A、B、P 是按逆时针编号，在 A 点观测的角编号为 α，在 B 点观测的角编号为 β。

前方交会中，由待定点至相邻两起始点方向间的夹角 γ 称为交会角。交会角过大或过小，都会影响 P 点位置测定的精度，交会角角度一般应大于 30°并小于 150°。

计算出 P 点坐标后，将点 P、点 A 作为已知点，用下面公式计算 B 点坐标与原坐标进行检核。

$$\left.\begin{aligned}x_B&=\frac{x_P\cot\alpha+x_A\cot\gamma-y_P+y_A}{\cot\gamma+\cot\alpha}\\ y_B&=\frac{y_P\cot\alpha+y_A\cot\gamma+x_P-x_A}{\cot\gamma+\cot\alpha}\end{aligned}\right\} \tag{6-19}$$

在实际工作中，为了保证点的精度，一般要求从 3 个已知点作两组前方交会。如图6-22所示，测出观测水平角 α_1、β_1、α_2、β_2，分别在△ABP 和△BCP 中计算出 P 点的两组坐标 P'

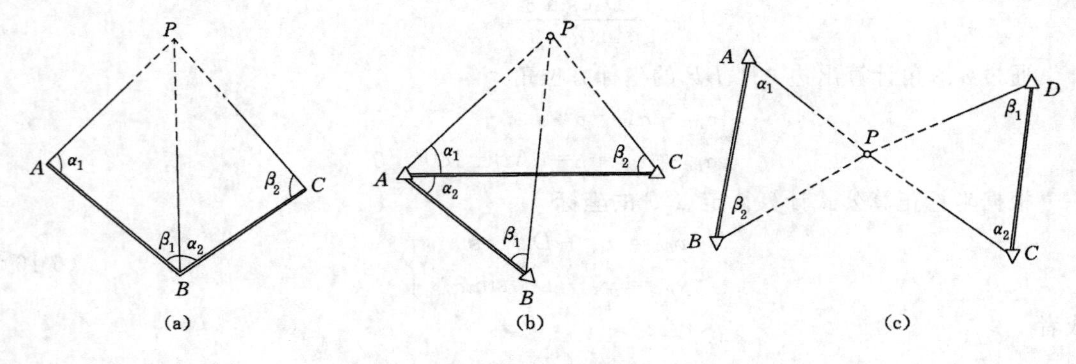

图 6-22 前方交会

$(x'_P、y'_P)$和$P''(x''_P、y''_P)$。当两组坐标较差符合规定要求时,取其平均值作为 P 点的最后坐标。对于图根控制测量而言,其较差 e 应不大于比例尺精度的 2 倍,用公式表示为

$$e = \sqrt{\delta_x^2 + \delta_y^2} \leqslant e_{容} = 2 \times 0.1M \text{ mm} \tag{6-20}$$

式中,$\delta_x = x'_P - x''_P$;$\delta_y = y'_P - y''_P$;M 为测图比例尺分母。

2. 侧方交会

如图 6-23(a)所示,若分别在一个已知点 A(或 B)和待定点 P 上设站,测出角 α(或 β)和角 γ,这时只要计算出另一个已知点上的角度,即可用余切公式计算出 P 点坐标,这种方法称为侧方交会。

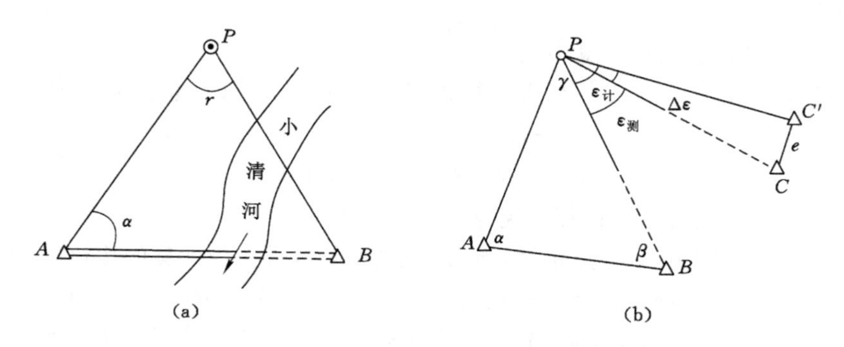

图 6-23　侧方交会

为了检核,还需要在 P 点多观测一个已知点 C,测出检验角 ε,比较坐标反算求得的 $\varepsilon_{计}$ 与实测角值 $\varepsilon_{测}$,即可检核观测质量,如图 6-23(b)所示。具体方法如下:

(1) 根据余切公式求待定点 P 的坐标。

(2) 根据 B、C、P 三点坐标反算出 α_{PB}、α_{PC} 和 D_{PC},如图 6-21 所示,可看出:$\varepsilon_{计} = \alpha_{PB} - \alpha_{PC}$。由于观测误差的影响使得 $\varepsilon_{计}$ 和 $\varepsilon_{测}$ 不相等,两者之间存在一个差值 $\Delta\varepsilon$,即

$$\Delta\varepsilon = \varepsilon_{计} - \varepsilon_{测} \tag{6-21}$$

$\Delta\varepsilon$ 反映了 P 点位置在 PC 边的垂直位移,CC' 称为横向位移 e。由于 $\Delta\varepsilon$ 通常较小,可将 e 看成弧长,即

$$e = \frac{\Delta\varepsilon D_{PC}}{\rho''} \leqslant e_{容} = \frac{M}{10^4}$$

则

$$\Delta\varepsilon = \frac{e}{D_{PC}}\rho''$$

所以

$$\Delta\varepsilon_{容} = \frac{e_{容}}{D_{PC}}\rho'' = \frac{M}{10_4 \times D_{PC}}\rho'' \tag{6-22}$$

若计算得 $\Delta\varepsilon \leqslant \Delta\varepsilon_{容}$,则 P 点的坐标符合精度要求。这种检核又叫方向检核。

二、距离交会

在两个已知点 A、B 上分别测定至待定点 P 的边长 D_{AP}、D_{BP},求解 P 点坐标,称为距离交会。随着电磁波测距仪的应用,距离交会也成为加密控制点的一种常用方法。

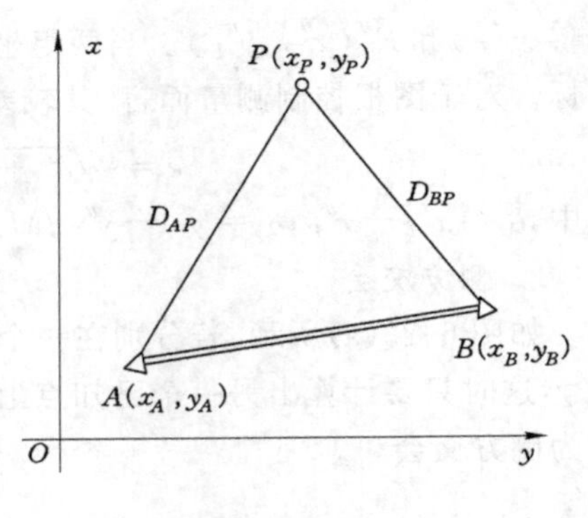

图 6-24 距离交会

1. 利用余弦定理和余切公式计算坐标

如图 6-24 所示，由 A、B 两已知点的坐标反算出 D_{AB} 和 α_{AB}，在△ABP 中由于 3 条边的边长已知，可用余弦定理计算出 α 和 β，则有

$$\left.\begin{aligned}\alpha &= \arccos\frac{D_{AB}^2+D_{AP}^2-D_{BP}^2}{2D_{AB}D_{AP}}\\ \beta &= \arccos\frac{D_{AB}^2+D_{BP}^2-D_{AP}^2}{2D_{AB}D_{BP}}\end{aligned}\right\}\tag{6-23}$$

当求出 α 和 β 后，就可使用余切公式(6-18)计算出 P 点坐标。

2. 利用余弦定理和坐标正算公式计算坐标

用余弦定理计算出 α 和 β 后，根据已知数据反算的 α_{AB}，计算 α_{AP} 和 α_{BP}，即

$$\alpha_{AP}=\alpha_{AB}-\alpha$$
$$\alpha_{BP}=\alpha_{BA}+\beta=\alpha AB\pm180°+\beta$$

根据式(6-16)和式(6-17)计算待定点 P 的坐标。

以上两组坐标分别由 A、B 点推算，所得结果应相同，可作为计算的检核。

在实际工作中，为了保证待定点的精度，避免边长测量错误的发生，一般要求从 3 个已知点分别向待定点测量 3 段水平距离，作 2 组距离交会。计算出 2 组待定点坐标，当坐标较差满足公式(6-20)$e=\sqrt{\delta_x^2+\delta_y^2}\leqslant e_{容}=2\times0.1M$(mm)要求时，取其平均值作为最后坐标。

例 6-2 已知 A、B、C 点的坐标，进行前方交会，观测数据如表 6-13 所示。

表 6-13 前方交会法坐标计算表

略图			点号	x/m	y/m
	C, β_2, Ⅱ, α_2, B, P, β_1, Ⅰ, α_1, A	已知数据	A	116.942	683.295
			B	522.909	794.647
			C	781.305	435.018
		观测数据	α_1	59°10′42″	
			β_1	56°32′54″	
			α_2	53°48′45″	
			β_2	57°33′33″	
计算结果	(1) 由Ⅰ计算得：$x'_P=398.151$ m，$y'_P=413.249$ m (2) 由Ⅱ计算得：$x''_P=398.127$ m，$y''_P=413.215$ m (3) 两组坐标较差：$e=\sqrt{\delta_x^2+\delta_y^2}\leqslant e_{容}=0.042$ m$\leqslant e_{容}=2\times0.1\times1\,000=0.2$ m (4) P 点最后坐标为：$x_P=398.139$ m，$y_P=413.215$ m				

注：测图比例尺分母 M=1 000。

例 6-3 已知 A、B、C 点的坐标，进行距离交会，观测数据如表 6-14 所示。

表 6-14　　　　距离交会法坐标计算表

略图	已知数据/m	x_A	1 807.041	y_A	719.853
		x_B	1 646.382	y_B	830.660
		x_C	1 765.500	y_C	998.650
	观测值/m	D_{AP}	105.983	D_{BP}	159.648
		D_{CP}	177.491		

D_{AP}与D_{BP}交会				D_{BP}与D_{CP}交会			
D_{AB}/m		195.165		D_{BC}/m		205.936	
α_{AB}		145°24′21″		α_{BC}		54°39′37″	
$\angle BAP$		54°49′11″		$\angle CBP$		56°23′37″	
α_{AP}		90°35′10″		α_{BP}		358°16′00″	
Δx_{AP}/m	−1.084	Δy_{AP}/m	105.977	Δx_{BP}/m	159.575	Δy_{BP}/m	−4.829
x'_P/m	1 805.957	y'_P/m	825.830	x''_P/m	1 805.957	y''_P/m	825.831
x_P/m	1 805.957	y_P/m	825.830				
辅助计算	$\delta_x=0$ mm,$\delta_y=1$ mm,$e=\sqrt{\delta_x^2+\delta_y^2}=1$ mm$\leqslant e_{容}=2\times0.1M=200$ mm						

注:测图比例尺分母 $M=1\ 000$。

思考与练习

1. 交会测量有哪几种形式?
2. 如图 6-25 所示,前方交会点 P 的起算数据和观测数据如下,求 P 点坐标。

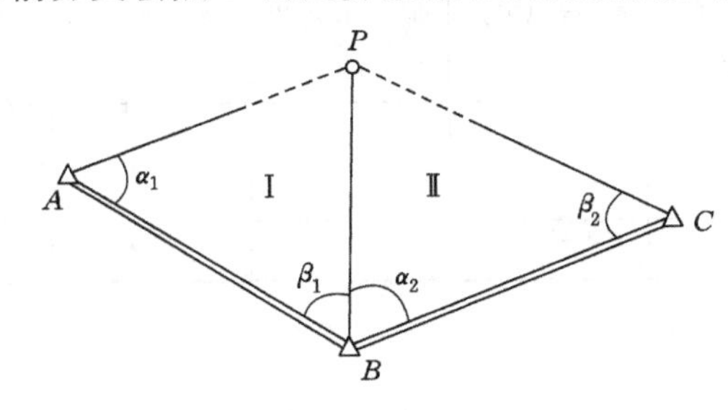

图 6-25　第 2 题附图

$x_A=3\ 646.35$ m　$x_B=3\ 873.96$ m　$x_C=4\ 538.45$ m

$y_A=1\ 054.54$ m　$y_B=1\ 772.68$ m　$y_C=1\ 862.57$ m

$\alpha_1=64°03'30''$　$\alpha_2=55°30'36''$

$\beta_1=59°46'40''$　$\beta_2=72°44'47''$

任务六　学会三、四等水准测量

【知识要点】 三、四等水准测量的技术要求和作业过程。

【技能目标】 能进行三、四等水准测量外业观测、记录及内业计算。

任务导入

三、四等水准测量除用于国家高程控制网的加密外，还常用作小地区的首级高程控制。在地形测图和工程测量中，常用三、四等水准测量的方法建立高程控制网。

任务分析

三、四等水准测量通常是利用水准仪和双面尺配合完成的。在进行三、四等水准测量时，需要正确地读取水准尺面上的读数，正确填写观测手簿，完成数据检核，及时发现并解决超限问题。

相关知识

三、四等水准网应从附近的一、二等水准点引测高程，独立测区可采用闭合水准路线。三、四等水准路线一般沿道路布设，应选在地基稳固、能长久保存和便于观测的地方，并应埋设水准标石，也可以利用埋设了标石的平面控制点作为水准点。为了便于寻找，埋设的水准点应绘制点之记。有关三、四等水准测量的主要技术要求参看表 6-15。

表 6-15　　三、四等水准测量一测站观测的技术要求

等级	水准仪型号	视线长度/m	前、后视距差/m	前、后视距累计差/m	视线离地面最低高度/m	红黑面读数差/mm	红黑面高差之差/mm
三	DS_1	100	3.0	5.0	0.3	1.0	1.5
	DS_3	75				2.0	3.0
四	DS_3	100	5.0	10.0	0.2	3.0	5.0

任务实施

一、外业观测方法

三、四等水准测量使用的水准尺，通常是双面水准尺。两根标尺黑面的尺底均为 0，红面的尺底一根为 4.687 m，一根为 4.787 m，并且两根标尺应成对使用。

三、四等水准测量的观测应在通视良好、望远镜成像清晰稳定的情况下进行。在每一测站上，首先安置仪器，并使水准气泡居中。以下介绍用双面水准尺法在一个测站的观测顺序，并将读数记入三、四等水准测量观测手簿中，见表 6-16。

① 照准后视水准尺黑面，读取上丝、下丝和中丝读数，记入手簿中(1)、(2)、(3)处；

② 照准前视水准尺黑面，读取中丝、上丝和下丝读数，记入手簿中(4)、(5)、(6)处；

③ 照准前视水准尺红面，读取中丝读数，记入手簿中(7)处；

④ 照准后视水准尺红面，读取中丝读数，记入手簿中(8)处。

这样的观测顺序简称为“后-前-前-后”，观测对应尺面为“黑-黑-红-红”，其优点是可以抵消水准仪与水准尺下沉产生的误差。四等水准测量每站的观测顺序也可以为“后-后-前-前”，即“黑-红-黑-红”。每个测站共需读8个读数，并立即进行测站计算与检核。满足三、四等水准测量的有关限差要求后(见表6-15)方可迁站。

在观测过程中，需特别注意的是：

① 每次读数前，都要使水准器气泡居中。

② 读数应仔细、准确、果断。记录应将观测员所报读数复述一次后再记录。

③ 立尺员必须将尺垫踩实安置稳妥，不应放置在土质松软的地方。

④ 当观测员照准标尺读数时，立尺员应将水准标尺垂直竖立在尺垫上(在固定点时，则直接立在点的标志上)，尤其注意沿视线方向前后立直。

⑤ 观测过程中不得碰动仪器、脚架和尺垫。

⑥ 迁站时，原后视尺必须在本站各项计算全部结束且各项限差全部符合后，方可向前移动尺垫，但原前视尺转为后视尺，尺垫切勿碰动。

二、测站计算与检核

1. 视距及视距累计差的计算与检核

根据前、后视的上、下视距丝读数计算前、后视的视距：

后视距：(9)＝[(1)－(2)]×100(式中“100”为视距乘常数)

前视距：(10)＝[(4)－(5)]×100

前、后视距差：(11)＝(9)－(10)

前、后视距离累计差：(12)＝上站(12)＋本站(11)

从理论上说，前、后视距差(11)和视距累计差(12)最好为零，但实际上很难做到，也没有必要。以上计算得前、后视距，视距差及视距累计差均应满足表6-15的要求。对于三等水准测量，(11)不得超过3 m，(12)不得超过5 m，对于四等水准测量，(11)不得超过5 m，(12)不得超过10 m。

2. 同一标尺黑、红面读数的检核

后视尺：(13)＝(3)＋K－(8)

前视尺：(14)＝(5)＋K－(7)

尺常数K为同一水准尺黑面与红面读数差。两根尺的K不一样，分别记为$K_6=4.687$ m、$K_7=4.787$ m，因此，所用的两根尺的K值，应列在表6-16中备注栏内，以便计算。对于三等水准测量，(13)(14)不得超过2 mm，对于四等水准测量，不得超过3 mm。

3. 高差计算与检核

按前、后视水准尺红、黑面中丝读数分别计算该站高差：

黑面高差：(15)＝(3)－(6)

红面高差：(16)＝(8)－(7)

红黑面高差之误差：(17)＝(15)－(16)±0.100＝(13)－(14)

对于三等水准测量，(17)不得超过3 mm，对于四等水准测量，(17)不得超过5 mm。

红黑面高差之差在容许范围以内时，取其平均值，作为该站的观测高差。

$$(18)=\{(15)+[(16)\pm 0.100\ \text{m}]\}/2$$

4. 测段计算与检核

总视距：

$$L=\sum(9)+\sum(10)$$

高差检核：

$$\sum(15)=\sum(3)-\sum(6)$$

$$\sum(16)=\sum(8)-\sum(7)$$

$$\sum(17)=\sum(13)-\sum(14)$$

总高差检核

$$h=\frac{1}{2}\left[\sum(15)+\sum(16)\right]=\sum(18)\text{（测站总数为偶数）}$$

$$h=\frac{1}{2}\left[\sum(15)+\sum(16)\right]=\sum(18)\pm 0.100\text{（测站总数为奇数）}$$

上述各式两端计算结果相等，说明该页或该测段手簿计算正确无误，否则，应认真检查记录手簿，查找计算错误并予以改正。下面以例 6-4 为例对四等水准测量的外业观测、记录和计算进行说明。

例 6-4 如图 6-26 所示，用双面尺法进行四等水准测量，由 BM_1 到 BM_2 组成附合水准路线，各站观测的黑面上、中、下丝及红面中丝读数均注记在图中，试按表 6-16 的格式进行记录、计算，并判断各项检核计算是否符合限差要求？若符合要求，按附合路线计算 A、B、C 点的高程。

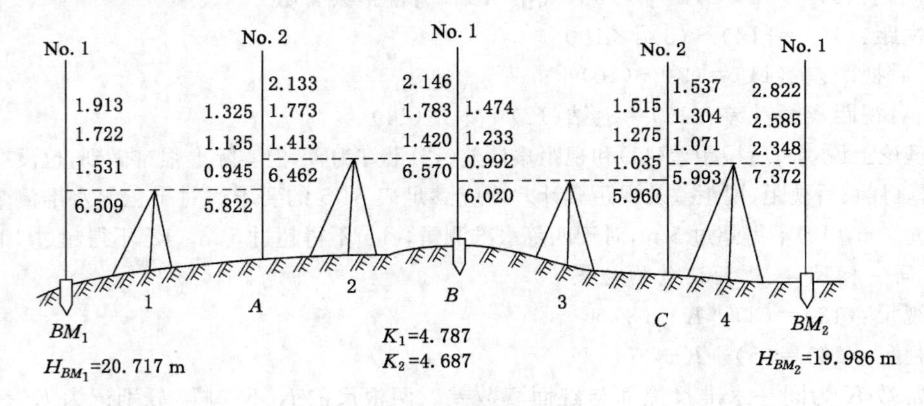

图 6-26 四等水准路线图

实际工作中，水准路线的观测数据和计算均列表进行（见表 6-17）。为了进一步说明每个测站的计算方法，以第 1 测站为例，按下述步骤说明。

第一步：计算视距及累计差

后视距：(1.913－1.531)×100＝38.2

前视距：(1.325－0.945)×100＝38.0

前、后视距差：38.2－38.0＝＋0.2

结果符合四等水准测量前、后视距差不超过±5 m 的要求。

第二步：K＋黑－红的计算

后视尺：4.787＋1.722－6.509＝0

前视尺：4.687＋1.135－5.822＝0

结果符合四等水准测量红、黑面读数差不超过±3 mm 的要求。

第三步：高差的计算

黑面高差：1.722－1.135＝＋0.587

红面高差：6.509－5.822＝＋0.687

红、黑面高差之差：0.587－(0.687－0.1)＝0

结果符合四等水准测量红、黑面高差之差不超过±5 mm 的要求。

平均高差：[0.587＋(0.687－0.1)]÷2＝0.587

至此一个测站计算完成，将结果填入相应表格中。其余测站依次类推。前、后视距离累计差最终结果为－1.0 m，符合四等水准测量视距累计差不超过±10 m 的要求。

表 6-16　　四等水准测量观测计算表

测段：$A\sim B$　　日期：2017 年 6 月 12 日　　仪器型号：南方 DZS_3

开始：8 时 10 分　　天气：晴　　观测者：张三

结束：9 时 30 分　　成像：清晰稳定　　记录者：李四

测站编号	点号	后尺 上丝 / 下丝 / 后视距 / 视距差	前尺 上丝 / 下丝 / 前视距 / 累计差	方向及尺号	水准尺中丝读数 黑面	水准尺中丝读数 红面	K＋黑－红 /mm	平均高差 /m	备注
		(1)	(4)	后	(3)	(8)	(13)		
		(2)	(5)	前	(6)	(7)	(14)		
		(9)	(10)	后－前	(15)	(16)	(17)		
		(11)	(12)					(18)	
1	$BM_1\sim A$	1.913	1.325	后 1	1.722	6.509	0		
		1.531	0.945	前 2	1.135	5.822	0		
		38.2	38.0	后－前	＋0.587	＋0.687	0	＋0.587	
		＋0.2	＋0.2						
2	$A\sim B$	2.133	2.146	后 2	1.773	6.462	－2		
		1.413	1.420	前 1	1.783	6.570	0		
		72.0	72.6	后－前	－0.010	－0.108	－2	－0.009	
		－0.6	－0.4						K 为水准尺常数，表中 $K_1=4.787$ $K_2=4.687$
3	$B\sim C$	1.474	1.515	后 1	1.233	6.020	0		
		0.992	1.035	前 2	1.275	5.960	2		
		48.2	48.0	后－前	－0.042	＋0.060	－2	－0.041	
		＋0.2	－0.2						
4	$C\sim BM_2$	1.537	2.822	后 2	1.304	5.993	－2		
		1.071	2.348	前 1	2.585	7.372	0		
		46.6	47.4	后－前	－1.281	－1.379	－2	－1.280	
		－0.8	－1.0						

每一测站后视距与前视距相加就可以得到测站间距离。将每站所得高差平均值与计算的距离填入高差配赋表中(表 6-17)进行高差配赋计算。

三、三、四等水准测量的内业计算

三、四等水准测量的闭合或附合线路的成果整理首先应按表 6-4 的规定,检验测段往返测高差不符值(往、返测高差之差),及附合或闭合线路的高差闭合差。如果在容许范围以内,则测段高差取往、返测的平均值,线路的高差闭合差则应反其符号按测段的长度或测站数成正比例进行分配。内业计算见表 6-17。

其具体步骤详见项目二中任务五。

表 6-17 高差配赋表

点号	距离/m	观测高差/m	改正值/m	改正后高差/m	高程/m
BM_1					20.717
	76.2	+0.587	+0.002	+0.589	
A					21.306
	144.6	−0.009	+0.004	−0.005	
B					21.301
	96.2	−0.041	+0.003	−0.038	
C					21.263
	94.0	−1.280	+0.003	−1.277	
BM_2					19.986
$\sum$	411.0	−0.743	+0.012	−0.731	
备 注	$f_h=\sum h_{测}-(H_{BM_2}-H_{BM_1})=-0.743-(19.986-20.717)=-0.012\ \text{m}=-12\ \text{mm}$ $f_{h容}=\pm 20\sqrt{L}=\pm 12.8\ \text{mm}\quad f_h\leqslant f_{h容}$(合格)				

思考与练习

1. 三、四等水准测量一测站的观测程序如何?有哪些计算和检核?
2. 三、四等水准测量与普通水准测量在精度要求、观测方法及成果处理方面有何不同?
3. 完成一条四等水准测量路线的测量外业和内业。

任务七 学会三角高程测量

【知识要点】 三角高程测量原理;三角高程测量计算公式;球气差。

【技能目标】 能用三角高程测量测定点的高程。

任务导入

三角高程测量受地形条件的限制较少,在地势起伏较大的地区,用水准测量的方法测定地面点高程比较困难,三、四等及其以下精度的高程测量,可应用三角高程测量的方法,这样既可保证一定精度,又可提高工作效率。

任务分析

光电测距仪和全站仪的普及为人们完成高精度的角度测量和距离测量提供了条件，也使三角高程测量变得更加简单方便。根据观测站与待测点间的距离和竖直角，利用三角形中边角关系的原理推算两点间的高差，进而求出待定点的高程。三角高程测量中，必须考虑地球曲率和大气折光对观测高差的影响。

相关知识

一、三角高程测量原理

三角高程测量是根据测站点至观测目标点间的水平距离和竖直角，运用三角函数公式，来计算两点间的高差，推算未知点高程的方法，是一种间接测定高程的方法。

以水平面代替水准面时，如图 6-27 所示，已知 A 点的高程 H_A，要测定 B 点的高程 H_B，可在 A 点上安置仪器，量取仪器高 i_A；在 B 点安置观测标志(称为觇标)，用望远镜中丝瞄准目标顶部 M 点，测定竖直角 δ(仰角为正，俯角为负)，量取觇标高 v_B；再测定 AB 两点间的水平距离 D_{AB} 或倾斜距离 D'_{AB}，则 AB 两点间的高差计算式为：

$$h_{AB} = D_{AB}\tan\delta + i_A - v_B \tag{6-24}$$

或

$$h_{AB} = D'_{AB}\sin\delta + i_A - v_B \tag{6-25}$$

则 B 点高程为

$$H_B = H_A + h_{AB}$$

这种在已知点 A 设测站观测未知点 B 的方法叫直觇；如果在未知点 B 设测站观测已知点 A 的方法叫反觇，此时高差计算公式为

$$h_{BA} = D_{BA}\tan\delta_{BA} + i_B - v_A \tag{6-26}$$

则 B 点高程为

$$H_B = H_A - h_{BA}$$

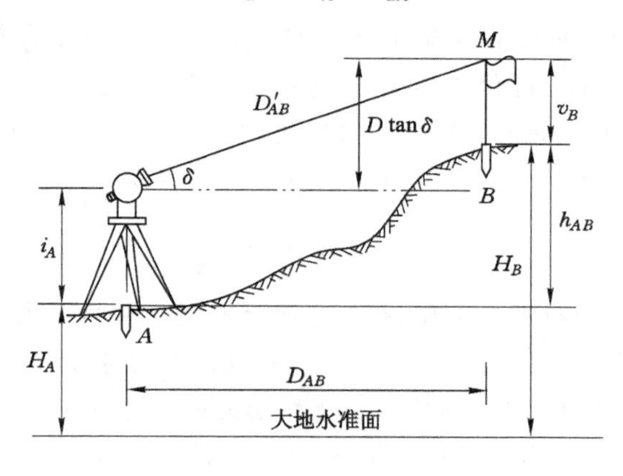

图 6-27　三角高程测量原理

二、地球曲率和大气折光的影响

如图 6-28 所示，AE 为过点 A 的水平线，AF 在过点 A 的水准面上，则 EF 就是以水平面代替水准面对高差产生的影响，称为地球曲率改正（简称球差改正 f_1）。由图可知，球差改正 f_1 为：

$$f_1 = FE = \frac{D^2}{2R} \tag{6-27}$$

过测站点的水平线总是在过站点的水准面之上的，即若以水平面代替水准面，则总是抬高了高差起算面。因此，对正高差的影响是使高差减小，故需加上球差改正；对负高差的影响是使负高差绝对值增大，因高差本身为负，故仍应加球差改正。这就是说，在高差计算中，球差改正数的符号恒为正。

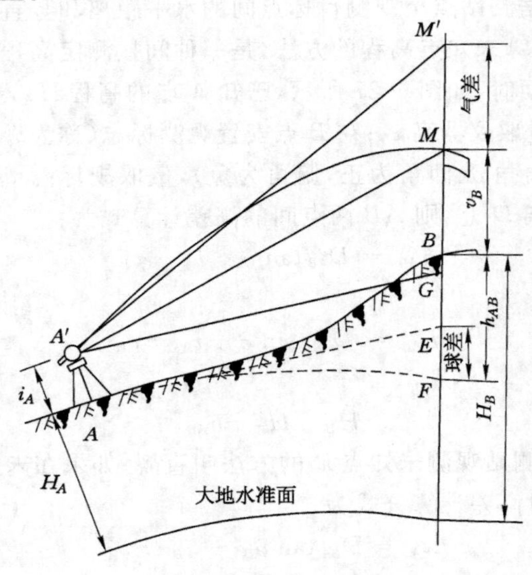

图 6-28 球气差改正

当在 A' 点观测 M 时，照准轴本应位于 $A'M$ 直线上。但由于大气折光的影响，使视线成为向上凸的弧线，照准轴实际位于 $A'M$ 的切线即 $A'M'$ 方向上。所测垂直角 α 是 $A'M'$ 与水平线的夹角。以此计算高差时，就将 M 抬高到 M'。MM' 称为大气折光改正（简称气差改正 f_2）。由图可知，气差改正 f_2：

$$f_2 = MM' = k\frac{D^2}{2R} \tag{6-28}$$

由图不难看出：抬高目标照准部位，相当于降低高差起算面。所以，大气折光的影响与地球曲率的影响正好相反。即在高差计算中，气差改正数的符号恒为负。

由图 6-28 可得，考虑地球曲率和大气折光影响的高差计算式为

$$\begin{aligned} h_{AB} &= FE + EG + GM' - MM' - BM \\ &= D_{AB}\tan\alpha + i_A - v_B + (FE - MM') \\ &= D_{AB}\tan\alpha + i_A - v_B + f \end{aligned}$$

球差改正和气差改正合称为球气差改正 f，则 f 应为

$$f = f_1 - f_2 = \frac{D^2}{2R}(1-k) \tag{6-29}$$

式中 R——地球半径，一般取 6 371 km；

k——大气垂直折光系数。

大气垂直折光系数 k 随气温、气压、日照、时间、地面情况和视线高度等因素而改变，一般取其平均值，令 $k=0.14$。在实际工作中，当两点距离超过 400 m 时，则应加球气差改正数。在表 6-18 中列出水平距离 $D=100$ m～1 000 m 的球气差改正值 f，由于 $f_1>f_2$，故 f 恒为正值。

表 6-18　　三角高程测量地球曲率和大气折光改正($k=0.14$)

D/m	f/mm	D/m	f/mm	D/m	f/mm	D/m	f/mm
100	1	350	8	500	24	850	49
170	2	400	11	550	29	900	55
200	3	450	14	700	33	950	51
250	4	500	17	750	38	975	54
300	5	550	20	800	43	1 000	57

无论直觇还是反觇，考虑球气差改正时，三角高程测量的高差计算公式为

$$h_{AB} = D_{AB}\tan\alpha + i_A - v_B + f \tag{6-30}$$

高程计算公式可写为：

直觇

$$H_B = H_A + h_{AB} = H_A + D_{AB}\tan\alpha_{AB} + i_A - v_B + f \tag{6-31}$$

反觇

$$H_B = H_A - h_{AB} = H_A - D_{AB}\tan\alpha_{BA} - i_B + v_A - f \tag{6-32}$$

上式系以 A 为已知高程点，B 为未知高程点。直觇时测站在点 A；反觇时测站点 B。

在实际作业中为了提高精度，可在 A、B 两点设站，进行直、反觇观测（称为对向观测），分别计算高差。若较差不超限，则取两高差绝对值的平均值。高差符号以直觇为准来推算高程。由式(6-31)和式(6-32)可知，取直、反觇高程的平均值可基本抵消球气差改正的误差。

任务实施

一、三角高程测量的观测

在测站上安置经纬仪(或全站仪)，量取仪器高 i，在目标点上安置觇标(或棱镜)，量取觇标高 v。i 和 v 用小钢卷尺量两次取平均，读数至 1 mm。

仪器盘左位置，瞄准目标点，测定距离 3 次，读取竖盘读数；盘右位置，瞄准目标点，读取竖盘读数。以上完成 1 个测回的观测。

具体需要观测几个测回，应根据实际需要确定。不同等级三角高程测量的具体技术要求见表 6-19。

表 6-19　　光电测距三角高程测量的主要技术要求

等级	仪器	边长/(km)	测回数(中丝法)	指标差较差/(″)	垂直角较差/(″)	对向观测高差较差/mm	附合环形闭合差/mm
四等	DJ_2	≤1	3	≤7	≤7	$\pm 40\sqrt{D}$	$\pm 20\sqrt{\sum D}$
(一级)五等	DJ_2	≤1	2	≤10	≤10	$\pm 60\sqrt{D}$	$\pm 30\sqrt{\sum D}$
(二级)图根	DJ_6		2	≤25	≤25		$\pm 40\sqrt{\sum D}$

注:D 为光电测距边长,以 km 为单位。

四等应起迄于不低于三等水准的高程点上,五等应起迄于四等的高程点上。其边长均不应超过 1 km,边数不应超过 5 条。当边长不超过 0.5 km 或单纯作高程控制时,边数可增加 1 倍。

对向观测应在较短时间内进行。计算时,应考虑地球曲率和折光差的影响。

三角高程的边长测定,应采用不低于Ⅱ级精度的测距仪。四等应采用往返各一测回;五等应采用一测回。仪器高度、反射镜高度或觇牌高度,应在观测前后量测,四等应采用测杆量测,其取值精确到 1 mm,当较差不大于 2 mm 时,取用平均值;五等取值精确至 1 mm,当较差不大于 4 mm 时,取用平均值。

四等竖直角观测宜采用觇牌为照准目标。每照准 1 次,读数 2 次,两次读数较差不应大于 3″。

二、三角高程测量的记录和计算

根据式(6-31)、式(6-32)进行三角高程测量计算,一般在表格中进行,如表 6-20 所示。

表 6-20　　三角高程测量观测记录与高差计算表

测站点	A	B	B	C
目标点	B	A	C	B
直(反)觇	直觇	反觇	直觇	反觇
水平距离 D/m	457.255	457.255	419.831	419.831
竖直角 α/(° ′ ″)	−1°32′59″	+1°35′23″	−2°11′01″	+2°12′55″
测站仪器高 i/m	1.455	1.512	1.512	1.553
目标镜高 v/m	1.752	1.558	1.523	1.704
球气差改正 f/m	0.014	0.014	0.012	0.012
单向高差 h/m	−12.654	+12.658	−16.007	+16.101
平均高差/m	−12.656		−16.054	

已知 $H_A=106.340$ m,则

$H_B=H_A+h_{AB}=106.340+(-12.656)=93.684$ m

$H_C=H_B+h_{BC}=93.684+(-16.054)=77.630$ m

三角高程路线闭合差的计算方法与水准路线高差闭合差的基本相同。高差闭合差限差要求详见表 6-20。

例 6-5　图 6-29 所示为三角高程测量实测数据略图，在 A、B、C 三点间进行三角高程测量，构成闭合线路，已知 A 点的高程为 255.432 m，已知数据及观测数据注明于图上，请在表 6-21 中进行高差计算。

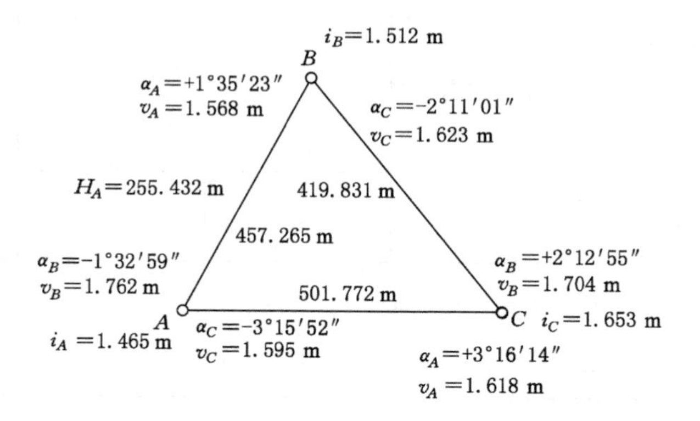

图 6-29　三角高程测量实测数据略图

表 6-21　**三角高程测量高差计算**　单位：m

测站点	A	B	B	C	C	A
目标点	B	A	C	B	A	C
水平距离 D/m	457.255	457.255	419.831	419.831	501.772	501.772
竖直角 α/(° ′ ″)	−1°32′59″	+1°35′23″	−2°11′01″	+2°12′55″	+3°16′14″	−3°15′52″
测站仪器高 i/m	1.455	1.512	1.512	1.553	1.553	1.455
目标镜高 v/m	1.752	1.558	1.523	1.704	1.518	1.595
初算高差 h'/m	−12.668	+12.644	−16.019	+16.089	+28.708	−28.760
球气差改正 f/m	0.014	0.014	0.012	0.012	0.017	0.017
单向高差 h/m	−12.654	+12.658	−16.007	+16.101	+28.725	−28.742
平均高差/m	−12.656		−16.054		+28.734	

由对向观测所求得高差平均值，计算闭合环线或附合线路的高差闭合差的容许值为：

$$f_{h容} = \pm 40\sqrt{\sum D} \quad \text{mm}$$

式中，D 以 km 为单位。

本例的三角高程测量闭合线路的高差闭合差计算、高差调整及高程计算在表 6-22 中进行。高差闭合差按两点的距离成正比反号分配。

表 6-22　　　　三角高程测量成果计算表

点　号	水平距离/m	观测高差/m	改正值/m	改正后高差/m	高程/m
A					255.432
	457.255	−12.656	−0.008	−12.664	
B					242.768
	419.831	−16.054	−0.007	−16.061	
C					226.707
	501.772	+28.734	−0.009	+28.725	
A					255.432
$\sum$	1 378.858	+0.024	−0.024	0.000	
备注	$f_h=+0.024\ \text{m}, \sum D=1.379\ \text{km}$ $f_{h容}=\pm 40\sqrt{\sum D}=47\ \text{mm}\quad f_h \leqslant f_{h容}$（合格）				

思考与练习

1. 在何种情况下采用三角高程测量？什么是单向观测？什么是双向观测？

2. 在三角形高程测量中，取对向观测高差的平均值，可消除球气差的影响，为何在计算对向观测高差的较差时，还必须加入球气差的改正？

3. 已知 A 点高程 $H_A=182.232$ m，在 A 点观测 B 点得竖直角为 $18°36'48''$，量得 A 点仪器高为 1.452 m，B 点棱镜高 1.673 m。在 B 点观测 A 点得竖直角为 $-18°34'42''$，B 点仪器高为 1.466 m，A 点棱镜高为 1.615 m。已知 $D_{AB}=486.751$ m，试求 h_{AB} 和 H_B。

4. 在已知点 A 和 B 之间敷设一条光电测距三角高程路线，未知点为 1 和 2 点。观测数据和已知数据见表 6-23 所列。试完成三角高程路线计算。

表 6-23　　　　第 4 题观测数据和已知数据

测站点	A	1	1	2	2	B	已知点高程
目标点	1	A	2	1	B	2	
水平距离 D/m	457.255		419.831		501.772		$H_A=430.74$ $H_B=422.27$
竖直角 α/(° ′ ″)	$-2°28'54''$	$+2°32'09''$	$+4°07'12''$	$-3°52'24''$	$-1°17'42''$	$+1°21'54''$	
测站仪器高 i/m	1.34	1.30	1.35	1.32	1.32	1.28	
目标镜高 v/m	2.00	1.30	1.34	3.45	1.50	2.20	

任务八　了解GPS定位测量

【知识要点】 GPS系统的构成和作用;GPS定位原理;GPS外业观测方法。
【技能目标】 能进行GPS接收机的简单操作。

任务导入

随着社会的飞速发展,传统的大地测量手段和设备已经不能满足高效率的测量需求,GNSS(全球卫星导航系统)技术的快速发展和大规模运用已经成为了必然,为了适应社会的发展和行业的要求,我们必须掌握卫星定位系统的相关知识。

任务分析

了解GPS系统的建立、组成、坐标系统和定位原理和定位方法,掌握GPS测量实施的工作程序。

相关知识

一、GPS系统的建立和在测绘中的应用

在全球导航卫星系统(GNSS)常见的GPS、BDS、GLONASS和GALILEO四大卫星导航系统中,GPS的应用是最广泛的。GPS即Global Positioning System的缩写,是全球定位系统的简称。它是20世纪60年代末,美国为了满足军事部门越来越高的导航定位要求而研制建立的新一代卫星导航定位系统。该系统能够提供实时、全天候和全球性的导航定位服务,可用于海、空和陆地导航,导弹制导,时间传递和速度测量等。它的广泛应用,有力地推动了数字经济的发展,具有划时代的意义。

GPS定位技术具有全天候、定位精度高、定位速度快、布点灵活、操作简便等特点,已被广泛应用于测绘领域:GPS卫星定位技术已经用于建立高精度的全国性的大地测量控制网,测定全球性的地球动态参数;用于建立陆地海洋大地测量基准,进行高精度的海岛陆地联测以及海洋测绘;用于监测地球板块运动状态和地壳形变;用于工程测量,成为建立城市与工程控制网的主要手段;用于测定航空航天摄影瞬间的相机位置,实现仅有少量地面控制或无地面控制的航测快速成图,导致地理信息系统、全球环境遥感监测的技术革命。

GPS测量方法正在取代传统的三角测量,成为建立平面控制网的一种先进手段。另外,随着GPS理论和技术及有关数据处理软件的不断完善和水准测量的不断发展,GPS定位也将成为建立高程控制网的一种方法。

二、GPS系统的组成

GPS定位系统由3个部分组成(图6-30),即GPS卫星星座(空间部分)、地面控制部分(地面监控系统)、用户设备部分。

1. GPS工作卫星及其星座

GPS卫星星座(图6-31)由24颗卫星组成,目前有30颗工作卫星。卫星分布在6个轨道面内,每个轨道面上分布4颗卫星,卫星轨道面相对地球赤道面的倾角为55°,各卫星轨道

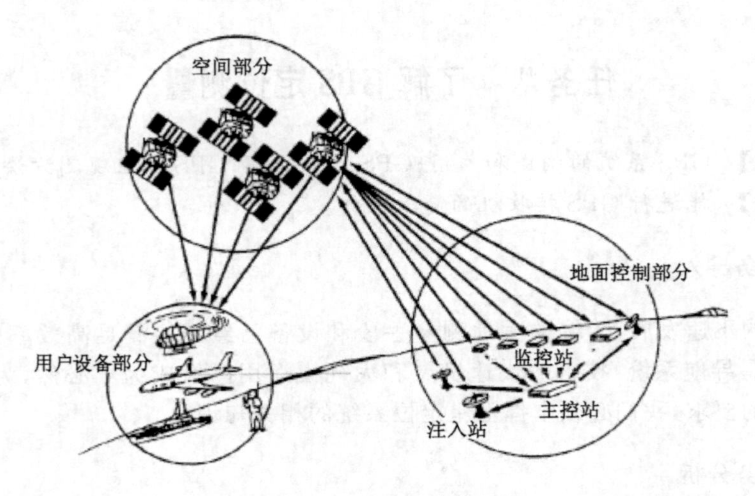

图 6-30　GPS 系统的组成

面升交点赤经相差 60°，每个轨道平面内两颗卫星之间的升交角距相差 90°，在相邻轨道上卫星的升交角距相差 30°，卫星高度为 20 200 km，卫星运行周期为 11 小时 58 分钟。

2. 地面控制部分

GPS 工作卫星的地面监控系统包括 1 个主控站、3 个注入站和 5 个监测站。如图 6-32 所示。

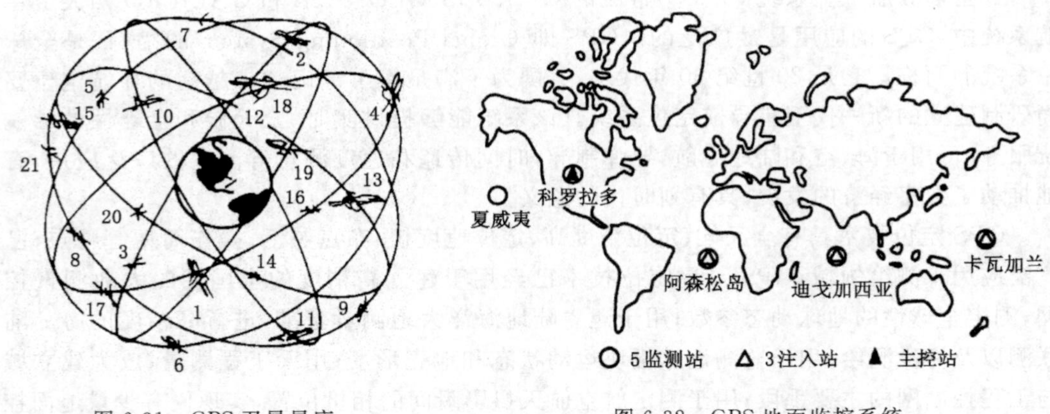

图 6-31　GPS 卫星星座　　　　图 6-32　GPS 地面监控系统

主控站设在美国的本土科罗拉多。主控站拥有大型电子计算机，为主体采集数据、计算、传输、诊断、编辑等。主控站将编辑的卫星电文传送到位于三大洋的 3 个注入站，定时将这些信息注入各个卫星，然后由 GPS 卫星发送给广大用户，这就是所谓的广播星历。

3 个注入站分别设在大西洋、印度洋和太平洋的 3 个美国军事基地上，任务是将主控站发来的导航电文注入到相应卫星的存储器。每天注入 3 次，每次注入 14 天的星历。此外，注入站能自动向主控站发射信号，每分钟报告 1 次自己的工作状态。

5 个监测站设在主控站和 3 个注入站以及夏威夷岛。监测站的主要任务是对每颗卫星进行观测，并向主控站提供观测数据。每个监测站配有 GPS 接收机，对每颗卫星长年连续不断地进行观测，每 6 min 进行 1 次伪距测量和积分多普勒观测，采集气象要素等数据。监测站是一种无人值守的数据采集中心，受主控站的控制，定时将观测数据送往主控站。

3. 用户设备部分

GPS的空间卫星星座和地面监控系统是用户应用该系统进行定位的基础，用户要使用GPS全球定位系统进行导航或定位，必须使用GPS接收机接受GPS卫星发射的无线电信号，获得必要的定位信息和观测数据，并经过数据处理而完成定位工作。

用户部分主要包括GPS接收机、数据传输设备、数据处理软件和计算机等。

三、GPS坐标系统

GPS是全球性的定位导航系统，其坐标系统称为协议地球坐标系。目前，GPS测量中使用的协议地球坐标系称为1984年世界大地坐标系(WGS-84)。我国已建立的1980年国家大地坐标系(简称C80)与WGS-84世界大地坐标系之间可以相互转换。

四、GPS定位的基本原理

GPS卫星定位的基本原理，是以GPS卫星和用户接收机天线之间的距离的观测量为基础，并根据已知的卫星瞬时坐标，来确定用户接收机所对应的电位，即待定点的三维坐标(X、Y、Z)，如图6-33所示。由此可见，GPS卫星定位的关键是测定用户接收机至GPS卫星之间的距离。静态定位方法有伪距法、载波相位测量法和射电干涉测量法等，这里仅简单介绍伪距法基本定位原理。

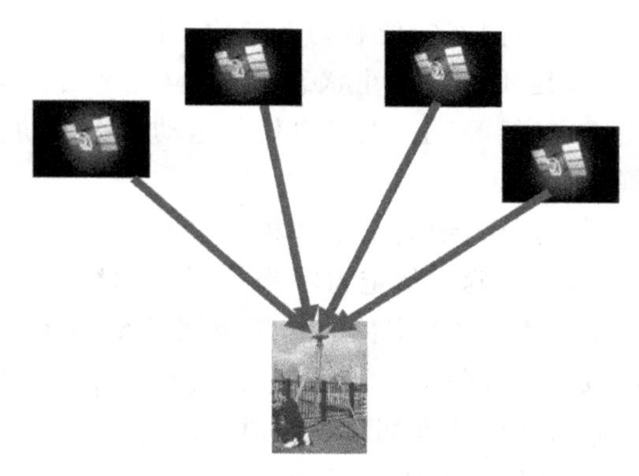

图6-33　卫星定位原理

GPS卫星发射的测距码信号到达接收机天线所经历的时间为t，该时间乘以光速c，就是卫星至接收机的空间几何距离ρ，即

$$\rho = ct \tag{6-33}$$

这种情况下，距离测量的特点是单程测距，要求卫星时钟与接收机时钟要严格同步。但实际上，卫星时钟与接收机时钟难以严格同步，存在一个不同步误差。此外，测距码在大气传播中还受到大气电离层折射及大气对流层的影响，产生延迟误差。因此，实际所求得的距离并非真正的站星几何距离，习惯上将其称为“伪距”，用ρ'表示。通过测伪距来定点位的方法称为伪距法定位。

伪距ρ'与空间几何距离ρ之间的关系为

$$\rho = \rho' + \delta_{pi} + \delta_{pt} - c\delta_t^s + c\delta_{\tan} \tag{6-34}$$

式中　δ_{pi}——电离层延迟改正；

δ_{pt}——对流层延迟改正；

δ_t^s——卫星钟差改正；

δ_{tan}——接收机钟差改正。

也可利用 GPS 卫星发射的载波作为测距信号。由于载波的波长比测距码的波长要短得多，因此对载波进行相位测量，可以获得高精度的站星距离。站星之间的真正几何距离 ρ 与卫星坐标(X_s、Y_s、Z_s)和接收天线相位中心坐标(X、Y、Z)之间有如下关系

$$\rho=\sqrt{(X_s-X)^2+(Y_s-Y)^2+(Z_s-Z)^2} \tag{6-35}$$

卫星的瞬时坐标(X_s、Y_s、Z_s)可根据卫星定位的基本原理接收到的卫星导航电文求得。所以，上式中仅有待定点三维坐标(X、Y、Z)3 个未知数。如果接收机同时对 3 颗卫星进行距离测量，从理论上讲，即可推算出接收机天线相位中心的位置。因此，GPS 单点定位的实质，就是空间距离后方交会，如图 6-33 所示。

实际测量时，为了修正接收机的计时误差，求出接收机钟差，将钟差也当作未知数，这样，在一个测站上实际存在 4 个未知数，为了求得 4 个未知数至少应同时观测 4 颗卫星。以上定位方法是单点定位，这种定位方法的优点是只需 1 台接收机，数据处理比较简单，定位速度快，但其缺点是精度较低，只能达到米级的精度。

五、GPS 定位方法的分类

根据待定点运动状态可分为静态定位和动态定位。静态定位是指接收机的天线在跟踪 GPS 卫星过程中，位置处于固定不动的静止状态；动态定位是指在定位过程中，接收机位于运动着的载体(如车辆、飞机、轮船等)上，天线也处于运动状态。动态定位是用 GPS 信号实时地测得运动载体的位置。

按照参考点的不同位置，可分为绝对定位和相对定位。

绝对定位(或单点定位)：独立确定待定点在坐标系中的绝对位置(图 6-33)。由于目前 GPS 系统采用 WGS-84 系统，因而单点定位的结果也属该坐标系统。绝对定位的优点是 1 台接收机即可独立定位，但定位精度较差。该定位模式在船舶、飞机的导航，地质矿产勘探，暗礁定位，建立浮标，海洋捕鱼及低精度测量领域应用广泛。

相对定位：确定同步跟踪相同的 GPS 信号的若干台接收机之间的相对位置(图 6-34)。相对定位的优点是：可以消除许多相同或相近的误差(如卫星钟、卫星星历、卫星信号传播误

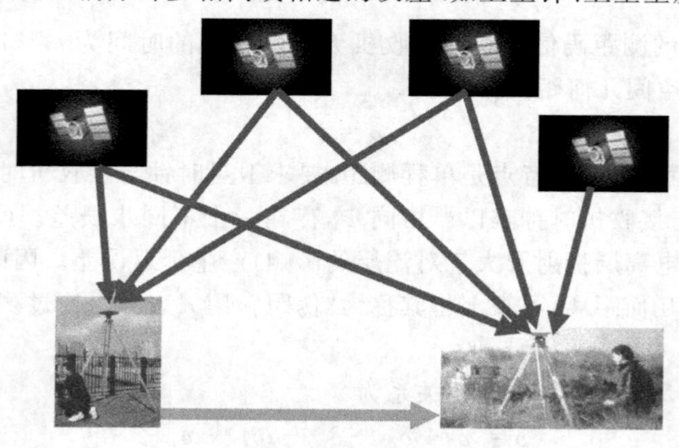

图 6-34　相对定位

差等)，定位精度较高。但其缺点是外业组织实施较为困难，数据处理更为烦琐。为了满足高精度测量的需要，目前相对定位法在大地测量、工程测量、地壳形变监测等精密定位领域内具有广泛的应用。

任务实施

GPS 测量实施的工作程序可分为方案设计、选点建立标志、外业观测、成果检核和数据处理等几个阶段。

一、选点建立标志

GPS 测量选点时应满足以下要点：

(1) 点位应选在交通方便、易于安装接收设备的地方，且视场要开阔。

(2) GPS 点间不需要通视，但应注意点的上方不能有浓密的树木、建筑物等遮挡，并且点位应远离高压线、电台、电视台等强磁场干扰。

(3) 点位选定后，按要求埋设标志，并绘制点之记。

二、外业观测

外业观测主要是利用 GPS 接收机获取 GPS 信号，它是外业阶段的核心工作。其主要工作有：对接收设备的检查、天线设置、选择最佳观测时段、接收机操作、气象数据观测、测站记录等。

(1) 天线设置

观测时，天线须安置在点位上，操作程序为：对中、整平、定向和量天线高度。

(2) 接收机操作

在离天线不远的地面上安放接收机，接通接收机至电源、天线和控制器的电缆，并经预热和静置，即可启动接收机进行数据采集。观测数据由接收机自动形成，并保存在接收机存储器中，供随时调用和处理。

三、成果检核和数据处理

(1) 成果检核

观测成果的外业检查是外业观测工作的最后一个环节，每当观测结束，必须按照《全球定位系统(GPS)测量规范》(GB/T 18314—2009)要求，对观测数据的质量进行分析并作出评价，以保证观测成果和定位结果的预期精度。然后，进行数据处理。

(2) 数据处理

由于 GPS 测量信息量大、数据多，采用的数学模型和解算方法有很多种。在实际工作中，数据处理工作一般由计算机通过软件处理完成。

思考与练习

1. 与常规测量技术相比，GPS 技术具有哪些优点？
2. 简述 GPS 系统的组成。
3. 简述 GPS 定位原理。为何至少 4 颗卫星才可以进行定位？
4. 什么是静态定位和动态定位？
5. GPS 测量实施的工作程序可分为几个阶段？

项目七　大比例地形图测绘

任务一　认识地形图

【知识要点】　地形图的定义；地形图的组成要素。
【技能目标】　能从地形图上找出各组成要素。

任务导入

测绘的任务之一是测绘地形图，那么什么是地形图？它由哪些要素组成？

任务分析

了解地形图的定义；了解地形图的组成要素。

相关知识

一、地形

地球表面的形状非常复杂，有高山、平原、河流、房屋等，但总的来说可分为地物与地貌两大类，我们将地物与地貌总称为地形。

(1) 地物

地物是指地球表面各种自然形成的和人工修建的固定物体，如房屋、道路、桥涵、河流及植被等。

(2) 地貌

地貌是指地球表面的高低起伏形态，如高原、丘陵、深谷、平原、洼地等。地貌非常复杂，但其基本形态可分为：

① 平地：地面平坦，起伏无显著变化，坡度一般在0°～6°。

② 丘陵：地面起伏不大，但变化复杂，坡度一般在6°～15°。

③ 山地：地面起伏较大，坡度一般在15°以上。

④ 高山地：地面起伏大，坡度一般在25°以上。

将地貌的一些典型的形态称之为地貌要素。如将高于四周地面的独立地，称为山；山的最高部分称为山顶；沿某一走向延伸的高地称为山岭或山脊，向某一走向延伸的凹地称为山谷。

二、平面图、地图和地形图

(1) 平面图

在水平面投影图上只表示地物的形状、大小和位置，不表示地貌形态的图称为平面图。

（2）地图

在较大测区范围内，按一定法则有选择地将参考椭球面上的图形编绘成平面图形，这种图称为地图。地图上的图形因有曲面投影关系的原因都有一定的变形。

（3）地形图

在较小范围内，可用水平面代替水准面，将地面上能反映地形特征的点的位置信息进行采集、处理，并将其正射投影到一个水平面上，按一定比例关系、用专门的图式符号描绘在图纸上，这种图称为地形图。

地形图与平面图的区别在于：地形图上既反映地物，也反映地貌；而平面图仅反映地物。

三、地形图的比例尺及其精度

（一）地形图的比例尺及其种类

1. 地形图的比例尺

地形图上某一线段的长度与实地相应线段水平长度的比值称为地形图的比例尺。

2. 比例尺的种类

根据比例尺的表示方法不同，常见的有数字比例尺和直线比例尺两种。

（1）数字比例尺

用数字表示的比例尺称为数字比例尺，用$\frac{1}{M}$的形式来表示。设图上某一线段的长度为l，实地相应水平长度为L，则地形图的比例尺为

$$\frac{l}{L}=\frac{1}{M} \tag{7-1}$$

式中　M——比例尺的分母，表示比例倍数，M越小，比例尺越大，M越大，比例尺越小。

（2）直线比例尺

直线比例尺也称图示比例尺，它是将图上的线段用实际的长度来表示，如图7-1所示。因此，可以用分规或直尺在地形图上量出两点之间的长度，然后与直线比例尺进行比较，就能直接得出该两点间的实际长度值。三棱比例尺也属于直线比例尺。

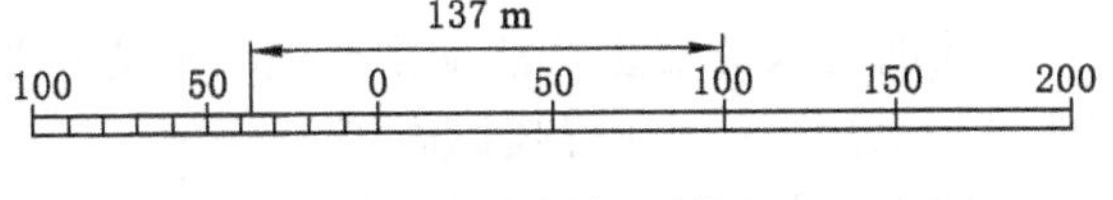

图7-1　直线比例尺

（3）地形图比例尺的大小

为满足不同的规划、设计和工程建设的需要，测绘和编制了不同比例尺的地形图。通常将1∶500、1∶1 000、1∶2 000和1∶5 000的地形图称为大比例尺地形图；将1∶1万、1∶2.5万、1∶5万和1∶10万的地形图称为中比例尺地形图；将1∶10万、1∶20万、1∶50万、1∶100万的地形图称为小比例尺地形图。

不同比例尺的地形图，其成图的方法和用途也不同。大比例尺地形图一般用平板仪、经纬仪及全站仪、GPS、RTK等测绘成图。1∶500和1∶2 000比例尺地形图主要用于各种工程建设的技术设计、施工设计及城市详细规划，1∶5 000比例尺地形图常用于各种工程勘察、规划的初步设计和方案比较，也用于土地平整、地质勘探成果的填图和矿藏量的计算等；

1∶5 000和1∶1万的地形图为国家基本比例地形图，是各部门进行总体规划、设计的重要依据，它由国家测绘部门负责测绘，目前均用航空摄影方法成图；中比例尺地形图多用航测或综合法成图；小比例地形图一般是根据较大比例地形图及各种资料编绘而成。

（二）比例尺的精度及测图比例尺的确定

1. 比例尺的精度

正常情况下人眼能分辨的最短距离一般为0.1 mm，即：当两点之间的距离小于0.1 mm时就难以分辨了，因此将地形图上0.1 mm所代表的实地距离称为比例尺的精度。若用ε表示比例尺的精度，M表示地形图比例尺的分母，则有：

$$\varepsilon=0.1\ \text{mm}\times M$$

利用上式计算出的不同比例尺的精度见表7-1。

表7-1 比例尺的精度

比例尺	1∶500	1∶1 000	1∶2 000	1∶5 000	1∶10 000
比例尺精度/m	0.05	0.1	0.2	0.5	1.0

2. 测图比例尺的确定

根据地形图比例尺精度的意义，一方面可以确定测绘地形图时应准确到什么程度；另一方面可以根据比例尺的精度确定测图比例尺的大小。也就是说，如果地形图的比例尺是1∶5 000，则0.5 m以上的实地距离都能反映出来；如果要求反映的实地距离最小为0.2 m，选择的测图比例尺不应小于1∶2 000。测图比例尺越大，反映地形越大越详细，测图工作量和投入就越大。因此，选择测图比例尺时应从实际需要出发来考虑。

四、地形图的基本内容

地形图的基本内容主要包括：

(1) 数学要素。即图的数学基础，如坐标网、投影关系、图的比例尺和控制点等。

(2) 自然地理要素。即表示地球表面自然形态所包含的要素，如地貌、水系、植被和土壤等。

(3) 社会经济要素。即地面上人类在生产活动中改造自然界所形成的要素，如居民地、道路网、通信设备、工农业设施、经济文化和行政标志等。

(4) 注记和整饰要素。即图上的各种注记和说明，如图名、图号、测图日期、测图单位、所用坐标和高程系统等。

任务实施

某测区实地情况如图7-2所示，测出来的地形图原图如7-3所示，最终绘制的地形图如图7-4所示。由图7-4可见，一幅完整的地形图要包含下列信息：地物、地貌、比例尺、坐标系、高程系、图名、图号、图廓、接图表、保密等级、测图日期、测图单位等。

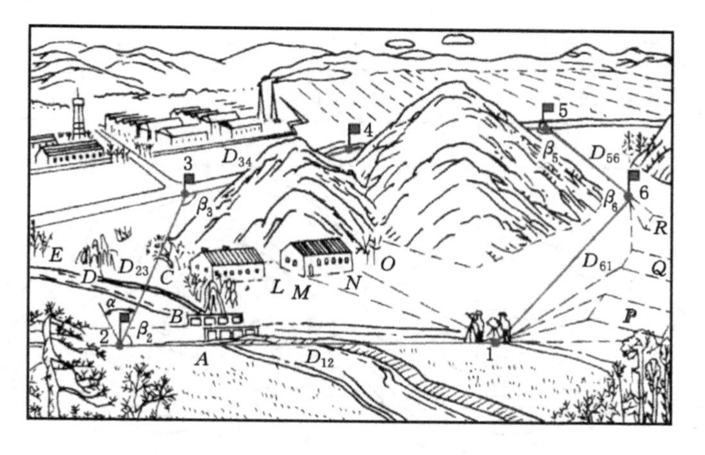

图 7-2　某测区实地情况

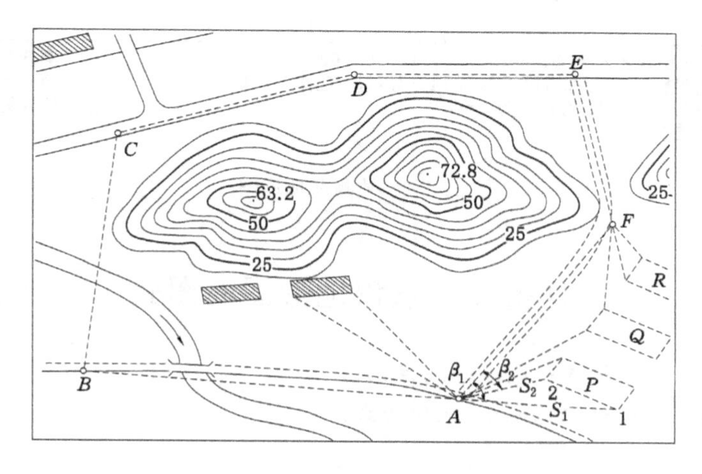

图 7-3　某测区地物地貌

思考与练习

1. 地形图与平面图有何区别？

2. 地形图一般包含哪些信息？

3. 什么是地物、地貌？它们与地形有什么关系？

4. 什么是地形图？

5. 什么是比例尺？什么是比例尺的精度？

6. 1∶2 000 的地形图，量得图上线段 A、B 的长度为 36.7 mm，其 A、B 间的实际距离是多少？若 CD 的实际距离为 136.263 m，图上长度为多少？该比例尺的图能反映到多少米？

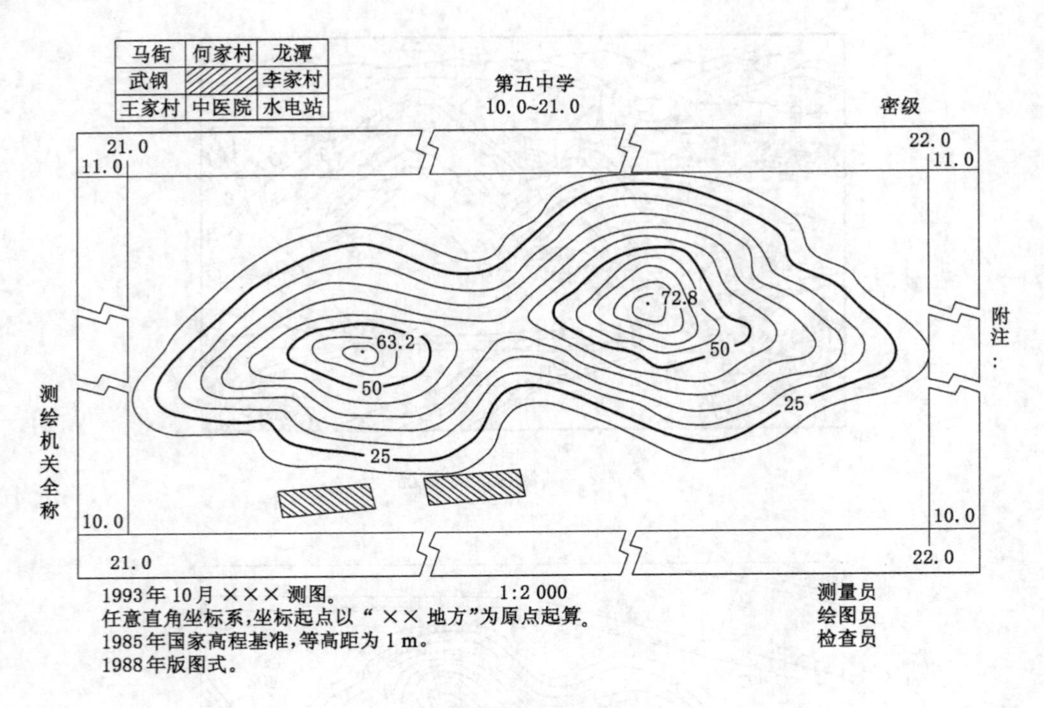

图 7-4　某测区地形图

任务二　认识地形图的图式

【知识要点】 地物符号；地貌符号；注记。

【技能目标】 能认识常见地物、地貌图式。

任务导入

地形图上能显示的信息是有限的，怎样用规定的符号把重要的信息表示出来？这就要用到地形图图式。

任务分析

了解地物符号、地貌符号和注记，了解图式的组成要素。

相关知识

一、地形符号及其作用

1. 地形符号

地面上的地物和地貌，如建筑物、水系、植被和地表高低起伏的形态等，在地形图上是通过不同的点、线和各种图形表示的，这些点、线和图形就被称为地形符号。

2. 地形符号的作用

地形符号是表示地形图内容的主要形式。它有对各种物体和现象的概括能力，有对数量和特征的表达能力，能反映出测绘地区的地理分布规律和特征，是传输地形图信息的语言工具。地形符号的大小和形状，均视测图比例尺的大小不同而异。

地形符号不仅要表示出地面物体的位置、类别、形状和大小，而且还要反映出各物体的数量及其相互关系，从而在图上可以精确地判定方位、距离、面积等数据，使地形图具有一定的精确性和可靠性，以满足各种用图者的不同需要。

二、地形图图式

各种比例尺地形图的符号、图廓、图内和图边注记字体的位置与排列等，都有一定的格式，总称为地形图图式，简称图式。为了统一全国所采用的图式以及用图的方便，《国家基本比例尺地形图图式　第1部分：1∶500　1∶1 000　1∶2 000地形图图式》(封面见图7-5)制定了各类地物、地貌在地形图上表示的符号和方法。测制各种比例尺的地形图，都应严格执行相应的图式。测图人员应熟悉图式。

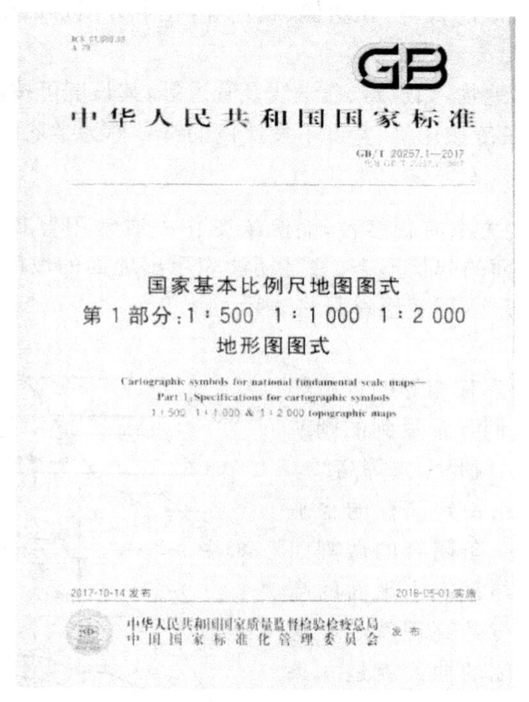

图7-5　国家基本比例尺地形图图式

任务实施

地形符号分为地物符号、地貌符号和注记三大类。

一、地物符号

地形图上表示地物的形状、大小和位置的符号，称为地物符号。根据地物的形状、大小和测图比例尺的不同，表示地物的符号总的可分为：比例符号、非比例符号及半依比例符号等。

(一) 比例符号

凡能将地物的外部轮廓依测图比例尺测绘到图上时，则可得到该地物外部轮廓的相似图形。这类相似图形就属于比例符号。这类符号不仅能反映出地物的位置、类别，而且能反映出地物的形状和大小。

（二）非比例符号

有些地物，如三角点、水准点、独立树、里程碑、钻孔，轮廓较小，无法将其形状和大小按测图比例尺缩绘到图纸上，而该地物又很重要，必须表示出来，则不管地物的实际尺寸，而用规定的符号表示之，这类符号称为非比例符号。

非比例符号按下列规定表示该地物中心的位置：

（1）规则几何图形符号，如三角点、导线点、钻孔等，在几何图形的中心。

（2）宽底符号，如里程碑、岗亭等，在该符号底线的中心。

（3）底部为直角的符号，如独立树、风车、路标等，在直角的顶点。

（4）下方无底线的符号，如山洞、窑洞等，在符号下方两端点连线的中心。

（5）几种几何图形组成的符号，如塑像、旗杆等，在下方图形的中心或交叉点。

（三）半依比例符号

对于一些带状延伸的地物，如道路、通讯线及管道等，其长度可按测图比例尺缩绘，而宽度无法按比例尺缩绘，这种长度按比例、宽度不按比例的符号称为半依比例符号或线形符号。

二、地貌符号

地形图上表示地貌的方法有很多种，而测绘工作中通常用等高线表示。因为用等高线表示地貌，不仅能表示地面的起伏形态，并且还能表示出地面的坡度和地面点的高程。一些变化特殊的地貌称为变形地，用变形符号来表示。

（一）等高线

等高线就是指地面上高程相等的各相邻点所连成的闭合曲线。我们日常见到的湖或水库的水面与岸边的交线，就是一条等高线。

如图 7-6 所示，假设用一定高程的水平面去截割地面，就会得到一条闭合的截割曲线，由于这条曲线的高程与截割水平面的高程相同，所以该曲线上各点的高程就等于这个水平面的高程，这条封闭的曲线就是一条等高线。若用若干个高差相同的水平面截割地面，就会得到多条不同高程的等高线。将这些等高线垂直投影在同一个水平面上，并按测图比例尺缩小绘制在图纸上，就得到用等高线表示的地形图。

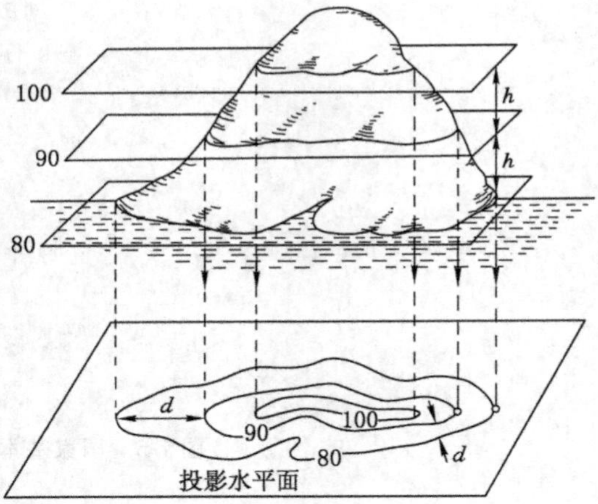

图 7-6 等高线、等高距、等高线平距和示坡线

（二）等高距、等高线平距及示坡线

1. 等高距

相邻两条等高线之间的高差，称为等高距，也称为等高线间距，即地面上两相邻截平面之间的垂直距离，用 h 表示。如图 7-6 所示，等高距为 10 m。

2. 等高线平距

相邻两等高线之间的水平距离，称为等高线平距，用 d 表示，如图 7-6 所示。

为了使用方便，一般规定，在同一幅图上或同一测区内应采用一种等高距。各种比例尺的等高距如表 7-4。在同一幅地形图中等高距 h 是相同的，等高线平距 d 的大小不同，地面坡度 i 的大小也不同，其三者之间的关系可用下式表示：

表 7-2　大比例尺地形图的基本等高距

地形倾斜角	等高距			
	1∶500	1∶1 000	1∶2 000	1∶5 000
6°以下	0.5	0.5	1	2
6°～15°	0.5	1	2	5
15°以上	1	1	2	5

$$i=\frac{h}{d}\times 100\% \tag{7-2}$$

i 用百分率表示地面的坡度。当地面坡度愈陡，等高线平距就愈小，因而等高线显得密集；反之，等高线平距就越大，等高线变得稀疏。当地面坡度均匀时，等高线平距近似相等。因此，根据图上等高线的疏密可以判别地面坡度的缓急，如图 7-6 所示。

3. 示坡线

示坡线是加绘在等高线上指示斜坡降低方向的小短线，一般绘在最高或最低的等高线上，如图 7-6 所示。

（三）等高线的分类

为了更好地表示地貌的特征，地形图上主要采用下列 4 种等高线：

1. 首曲线

在地形图上，按规定的基本等高距测定的等高线，称为首曲线，也称基本等高线，用细实线表示。如图 7-7 中的 88 m，90 m，…，102 m 等，其基本等高距为 2 m。

2. 计曲线

为了用图方便，每隔四条首曲线勾绘一条较粗的等高线，称为计曲线，也称为加粗等高线，用粗实线表示。一般加粗的是高程等于 5 m 的整倍数的等高线。如图 7-7 中的 90 m、100 m 等高线。

3. 间曲线

当首曲线不能详细表示地貌特征时，则需要在首曲线间加绘一条等高线，其等高距为基本等高距的二分之一，称为间曲线，也称为半距等高线，一般用长虚线表示，如图 7-7 中的 93 m、97 m 等高线。

4. 助曲线

如果采用了间曲线仍不能详细表示地貌的特征时，则应当首曲线和间曲线之间加绘等高线。其等高距为基本等高距

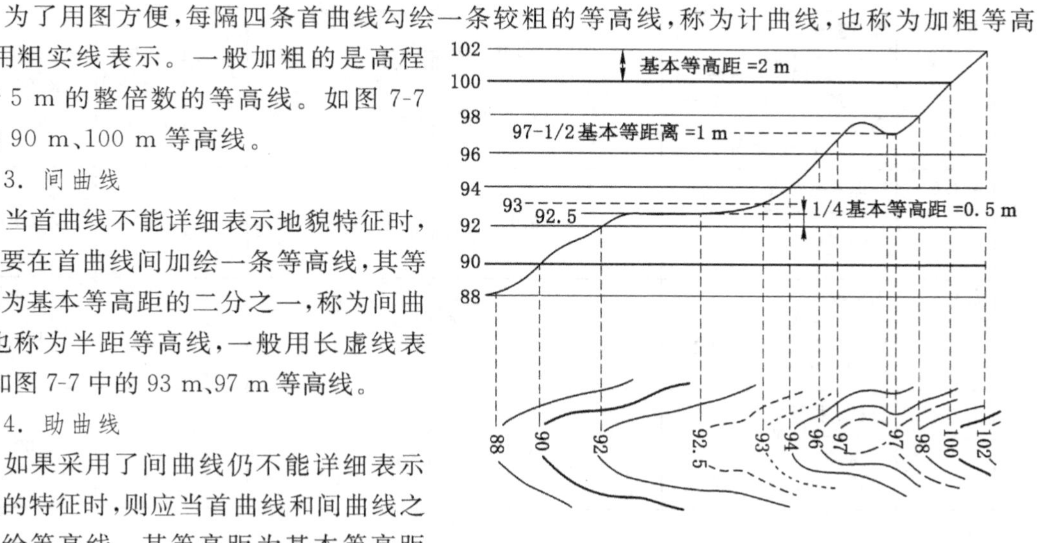

图 7-7　等高线的种类

的四分之一，一般用短虚线表示，如图7-7中的92.5 m等高线。

三、注记

地形图上各种要素除用符号、线划、颜色表示外，还须用文字和数字来补充说明地形图符号的名称、数量和种类，这些文字和数字称为注记。注记符号既能对图上物体作补充说明，成为判读地形图的依据，又弥补了地形符号的不足，使图面均衡、美观，并能说明各要素的名称、种类、性质和数量。它直接影响着地形图的质量和用图的效果。

部分地形图图式列举如图7-8、7-9所示。绘制地形图符号时，应按《国家基本比例地形

编号	符号名称	符号式样			符号细部图	多色图色值
		1:500	1:1 000	1:2 000		
4.1	测量控制点					
4.1.1	三角点 a. 土堆上的 张湾岭、黄土岗——点名 156.718、203.623——高程 5.0——比高	3.0 △ 张湾岭/156.718 a 5.0 △ 黄土岗/203.623			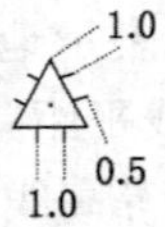 1.0 0.5 1.0	K100
4.1.2	小三角点 a. 土堆上的 摩天岭、张庄——点名 294.91、156.71——高程 4.0——比高	3.0 ▽ 摩天岭/294.91 a 4.0 ▽ 张庄/156.71			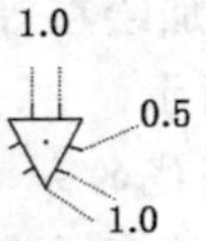 1.0 0.5 1.0	K100
4.1.3	导线点 a. 土堆上的 I16、I23——等级、点号 84.46、94.10——高程 2.4——比高	2.0 ⊙ I16/84.46 a 2.4 ⊙ I23/94.10				K100
4.1.4	埋石图根点 a. 土堆上的 12、16——点号 275.46、175.64——高程 2.5——比高	2.0 ⊡ 12/275.46 a 2.5 ⊡ 16/175.64			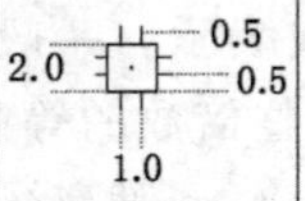 2.0 0.5 0.5 1.0	K100
4.1.5	不埋石图根点 19——点号 84.47——高程	2.0 ⊡ 19/84.47				K100
4.1.6	水准点 Ⅱ——等级 京石5——点名点号 32.805——高程	2.0 ⊗ Ⅱ京石5/32.805				K100
4.1.7	卫星定位等级点 B——等级 14——点号 495.263——高程	3.0 △ B14/495.263				K100

图7-8 测量控制点图式

图图式》规定的样式、颜色等要求绘制。

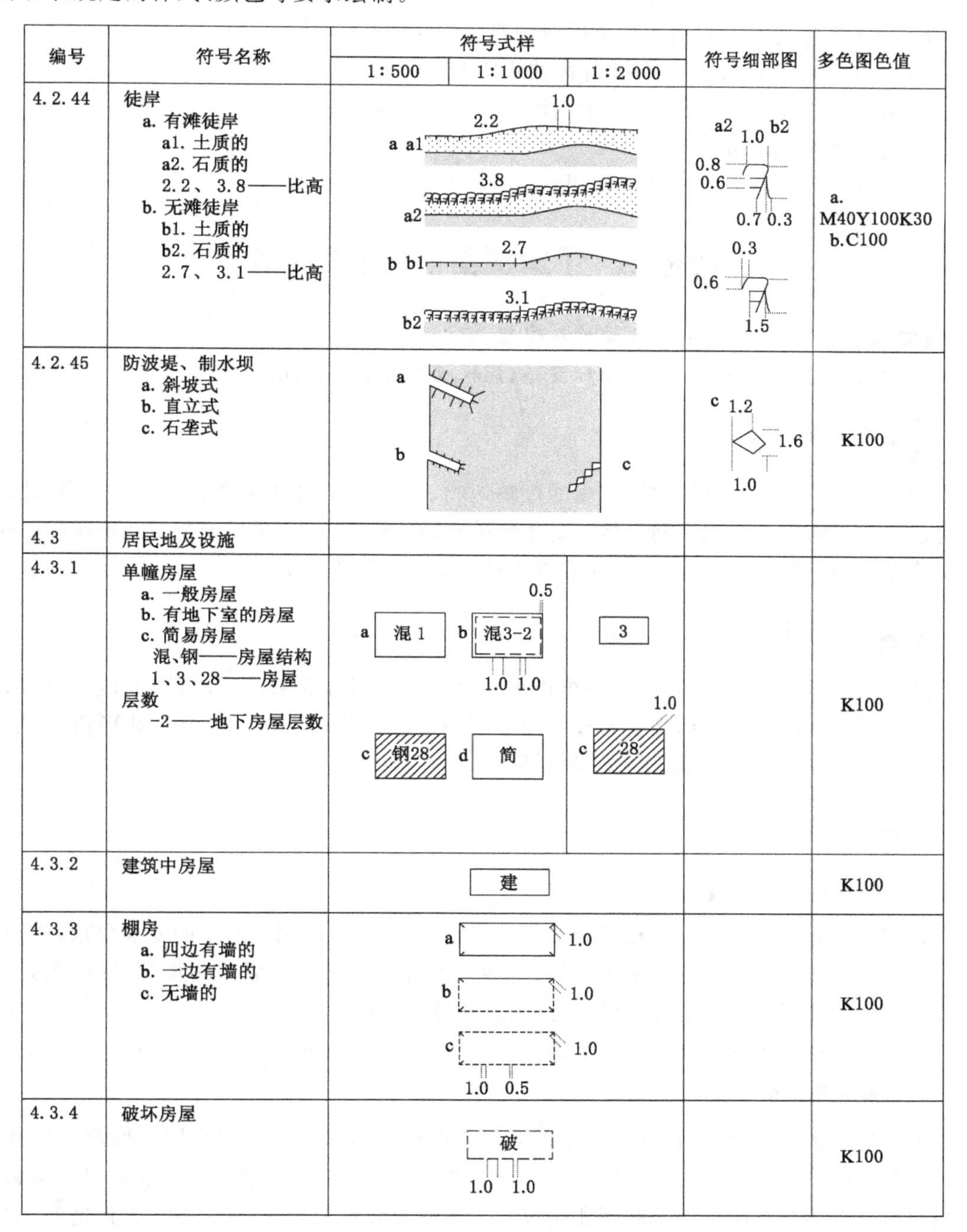

编号	符号名称	符号式样 1:500	符号式样 1:1 000	符号式样 1:2 000	符号细部图	多色图色值
4.2.44	徒岸 a. 有滩徒岸 a1. 土质的 a2. 石质的 2.2、3.8——比高 b. 无滩徒岸 b1. 土质的 b2. 石质的 2.7、3.1——比高	a a1 2.2 1.0 a2 3.8 b b1 2.7 b2 3.1			a2 1.0 b2 0.8 0.6 0.7 0.3 0.3 0.6 1.5	a. M40Y100K30 b.C100
4.2.45	防波堤、制水坝 a. 斜坡式 b. 直立式 c. 石垄式	a b c			c 1.2 1.6 1.0	K100
4.3	居民地及设施					
4.3.1	单幢房屋 a. 一般房屋 b. 有地下室的房屋 c. 简易房屋 混、钢——房屋结构 1、3、28——房屋层数 -2——地下房屋层数	a 混1　b 混3-2 0.5 1.0 1.0 c 钢28　d 简		3 c 28 1.0		K100
4.3.2	建筑中房屋	建				K100
4.3.3	棚房 a. 四边有墙的 b. 一边有墙的 c. 无墙的	a 1.0 b 1.0 c 1.0 1.0 0.5				K100
4.3.4	破坏房屋	破 1.0 1.0				K100

图 7-9　测量控制点图式

思考与练习

1. 现行的国家基本比例尺地形图图式是哪一版？

2. 地形符号有几大类？在地形图上表示地貌的符号是什么？
3. 什么是地物符号？地形图上的地物符号有几种？
4. 什么是地形等高线等高距、等高线平距？
5. 在一幅图上，等高线平距与地面坡度有什么关系？
6. 等高线分为哪几种？
7. 什么是示坡线？它有什么作用？

任务三　了解测图前的准备工作

【知识要点】 测图前的准备工作及流程。
【技能目标】 能绘制和检查坐标网格；能根据坐标展绘控制点。

任务导入

地形图测绘就是通过测定测区内能反映地物、地貌特征点位置的信息进行采集、处理，并将这些点投影到一个水平面上按一定比例关系缩绘到图纸上，最后绘制成地形图的工作。为了确保测图的顺利进行，测图前我们需要进行哪些准备工作呢？

任务分析

测图前的准备工作包括：抄录各级控制点的平面及高程成果；准备测图板，绘制坐标格网，展绘图幅内各级控制点；检验与校正地形测图所用仪器；踏勘、了解测区地形情况、平面高程控制点的完好情况；拟定作业计划；等等。

相关知识

一、技术资料的准备与抄录

测图前应收集测区的自然地理和交通情况资料，了解对所测地形图的专业要求，抄录测区内各级平面和高程控制点的成果资料，对抄取的各种成果资料应仔细核对，确认无误，方可使用。测图前还应取得有关测量规范、图式和技术设计书等。

大比例尺地形图的图幅大小一般为 50 cm×50 cm、50 cm×40 cm、40 cm×40 cm。

二、对绘图纸的要求

为保证测图的质量，应选择优质绘图纸。常规模拟测图已广泛地采用聚酯薄膜代替图纸。聚酯薄膜图纸的厚度为 0.07～0.1 mm。聚酯薄膜图纸经打毛后清绘的原图可不必经过照相而可直接在底图上着墨制版印刷成图。聚酯薄膜图纸具有伸缩性小、无色透明、牢固耐用、化学性能稳定、质量轻、不怕潮湿，便于携带和保存等优点。但聚酯薄膜图纸易燃、易折和老化，故在使用、保管过程中应注意防火防折。

三、坐标格网及其绘制要求

坐标格网是展控制点的依据，它是由两组互相正交且间隔 10 cm 的纵、横平行直线构成的方格网，其每一方格的尺寸为 10 cm×10 cm。其纵、横直线作为纵、横坐标线，在纵、横直线的两端注记与图幅位置相应的坐标值。

展绘控制点前,先按图的分幅位置确定坐标格网线的坐标值,并将坐标值注在相应格网边线的外侧。

任务实施

一、准备图纸

一般临时性测图,可直接将图纸固定在测图板上进行测绘;需要长期保存的地形图,为减少图纸的伸缩变形,通常将图纸裱糊在锌板、铝板或胶合板上。当使用聚酯薄膜时,可用胶带纸或铁夹将其固定在图板上,即可进行测图。

二、坐标格网的绘制方法及检查

(一) 坐标格网的绘制方法

绘制坐标格网的方法因所使用的仪器和工具不同而有很多种,这里仅介绍对角线法。

如图 7-10 所示,先用直尺在图纸上绘出两条对角线,从交点 O 为圆心沿对角线量取等长线段(交点 O 为圆心,取适当长度为半径画弧,在对角线上交出 a、b、c、d 点),得 a、b、c、d 点,用直线顺序连接 4 点,得矩形 $abcd$。再从 a、d 两点起各沿 ab、dc 方向每隔 10 cm 定一点;从 d、c 两点起各沿 da、cb 方向每隔 10 cm 定一点,连接矩形对边上的相应点,即得坐标格网。

(二) 坐标格网的检查方法

(1) 用直尺检查各方格网的交点是否在同一直线上,其偏差值应小于 0.2 mm。

(2) 用标准直尺检查每一方格的边长与理论值(10 cm)相差不得超过 0.2 mm。

(3) 方格网对角直线长度误差应小于 0.3 mm。

如超过规定的限差应重新绘制。

三、展绘图廓点及控制点

点的展绘就是把图廓点及控制点的坐标位置按比例展绘到图纸上。展点质量的好坏与成图质量有着密切的关系,因此本着"过细"的精神,要"认真"地对待。

按坐标展绘控制点,先要根据其坐标,确定所在的方格。如图 7-11 所示,控制点 D 的坐

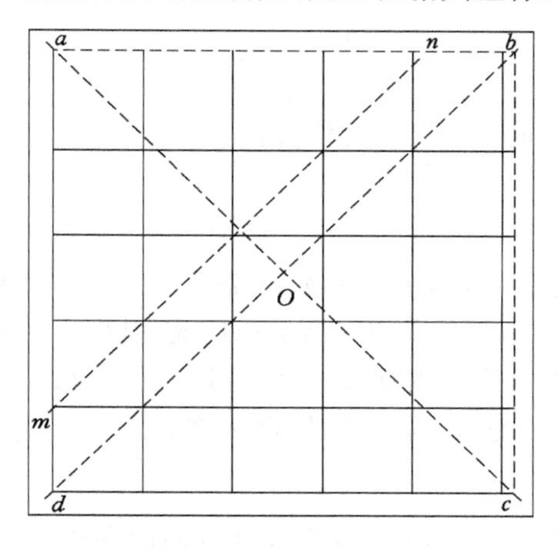

图 7-10　绘制好的方格网

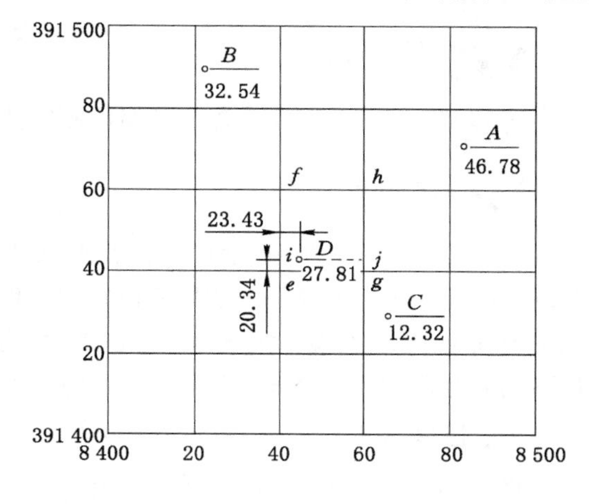

图 7-11　展点

标 x_D=420.34 m，y_D=423.43 m。根据 D 点的坐标值，可确定其位置在 $efhg$ 方格内。分别从 ef 和 gh 按测图比例尺各量取 20.34 m，得 i、j 两点；然后从 i 点开始沿 ij 方向按测图比例尺量取 23.43 m，得 D 点。同法可将图幅内所有控制点展绘在图纸上，最后用比例尺量取各相邻控制点间的距离进行检查，其距离与相应的实地距离的误差不应超过图上 0.3 mm。展好的控制点要注记点名和高程，一般可在控制点的右侧以分数形式注明，分子为点名，分母为高程，如图中 A、B、C、D 点。

展好的各点，应认真检查，此时可用比例尺在图上量取各相邻控制点之间的距离，和已知的边长相比较，其最大误差在图纸上不得超过 0.3 mm，否则应重新展绘。

四、准备测图仪器和工具

用于测图的所有仪器工具有经纬仪、平板仪、全站仪、水准仪等，作业前都必须进行仔细检查和必要的校正，各项指标需符合规范要求。

思考与练习

1. 地形测图之前，应做好哪些准备工作？
2. 简述对角线法绘制方格网。
3. 如何展绘图根控制点？
4. 碎部点测绘的方法有几种？试简述其中的一种。

任务四　学会常规测图方法

【知识要点】　极坐标法、方向交会法和距离交会法的意义。

【技能目标】　能用经纬仪测绘法测定碎部点的位置。

任务导入

常规测图是指白纸测图，是一种传统的测图方法。虽然目前全站仪等测量设备已经广泛应用，但是要了解测图原理，还必须先了解常规的测图方法。

任务分析

了解基本测图方法，学会用经纬仪测绘法测定地形特征点的位置。

相关知识

所谓碎部点就是地物、地貌的特征点，如房角、道路交叉点、山顶、鞍部等。大比例尺地形图测绘过程是先测定碎部点的平面位置与高程，然后根据碎部点对照实地情况，以相应的符号在图上描绘地物、地貌。测量碎部点位置时，可以根据实际的地形情况、使用的仪器和工具选择不同的测量方法。碎部点位置的测量方法有极坐标法、方向交会法、距离交会法等。

一、极坐标法

极坐标法是根据测站点上的一个已知方向，测定已知方向与所求点方向的角度和量测测站点至所求点的距离，以确定所求点位置的一种方法。如图 7-12 所示，设 A、B 为地面上的两个已知点，欲测定建筑物房角的碎部点 1，2，3…，n 等的坐标，可以将仪器安置在 A 点，以 AB 方向作为零方向，观测水平角 β_1，β_2，…，β_n，测定距离 D_1，D_2，D_3，…，D_n，即可利用极坐标计算公式计算碎部点 $I(I=1,2,\cdots,n)$ 的坐标。

测图时，可按碎部点坐标直接展绘在测图纸上，也可根据水平角和水平距离用图解法将碎部点直接展绘在图纸上。

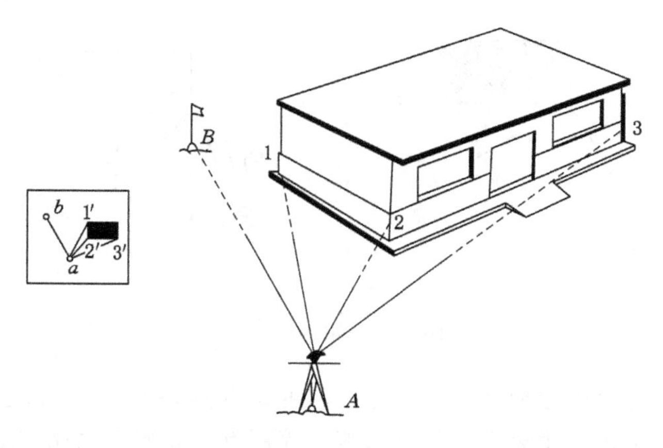

图 7-12　极坐标法

当待测点与碎部点之间的距离便于测量时，通常采用极坐标法。极坐标法是一种非常灵活的也是最主要的测绘碎部点的方法。例如采用经纬仪、平板仪测图时常采用极坐标法。极坐标法测定碎部点时，适用于通视良好的开阔地区。碎部点的位置都是独立测定的，因此不会产生误差积累。

值得一提的是，随着全站仪的普及，在小区域内测图时，使用全站仪测定碎部点位置的方法已非常普遍。这种方法的实质也是极坐标法，不同的是全站仪可以直接测定并显示碎部点的坐标和高程，这会极大地提高碎部点的测量速度和精度。因此，全站仪测图在大比例尺数字测图中被广泛采用。

二、方向交会法

方向交会法也称角度交会法，是分别在两个已知测点上对同一碎部点进行方向交会以确定碎部点位置的一种方法。如图 7-13(a)所示，A、B 为已知点，为测定河流对岸的电杆 1、2，在 A 点测定水平角 α_1、α_2，在 B 点测定水平角 β_1、β_2，利用前方交会公式计算 1、2 点的坐标。也可以利用图解法，根据观测的水平角或方向线在图上交会出 1、2 点，如图 7-13(b)所示。方向交会法常用于测绘目标明显、距离较远、易于瞄准的碎部点，如电杆、水塔、烟囱等地物。

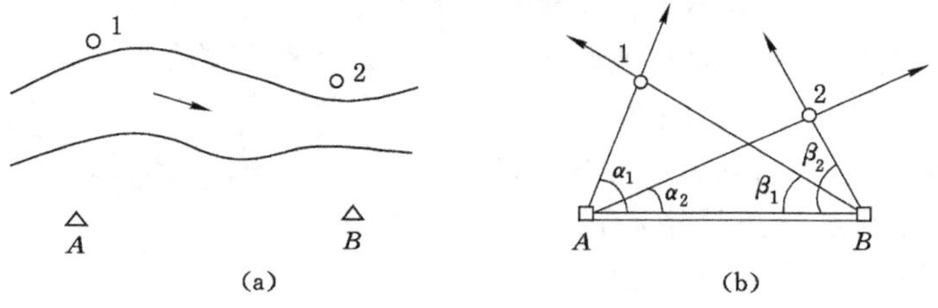

图 7-13　方向交会法

三、距离交会法

距离交会法是测量两已知点到碎部点的距离来确定碎部点位置的一种方法。如图7-14(a)所示，A、B 为已知点，P 为待测定部点，测量距离 D_1、D_2 后，利用距离交会公式计算 P 点坐标。也可以利用图解法，利用圆规根据测量水平距离，在图上交会碎部点，如图 7-14(b)所示。

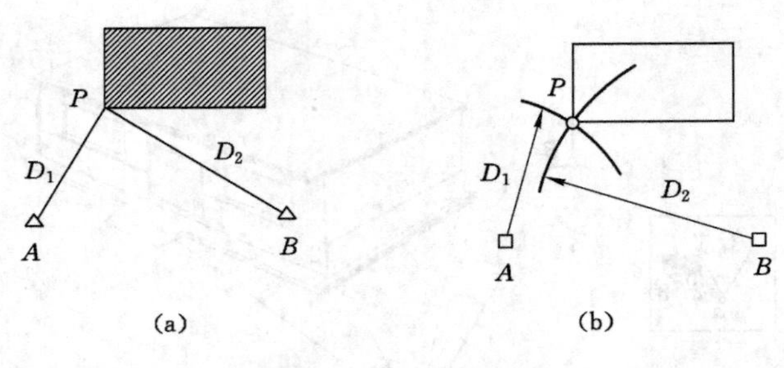

图 7-14 距离交会法

当碎部点到已知点(困难地区也可以为已测的碎部点)的距离不超过一尺段，地势比较平坦且便于量距时，可采用距离交会的方法测绘碎部点。如城市大比例地形图测绘、地籍测量时，常采用这种方法。

碎部点的高程可以根据项目六中所介绍的三角高程测量的方法测定，城市地区可以用项目二中所介绍的水准测量的方法测定。

任务实施

一、经纬仪测绘法

经纬仪测绘法就是将经纬仪安置在控制点上，测绘板(小平板)安置于测站旁，用经纬仪测出碎部点方向与已知方向之间的水平夹角。然后再用视距测量方法测出测站到碎部点的水平距离及碎部点的高程。根据测定数据，用量角器和比例尺将碎部点展绘在图纸上，并在点的右侧注记其高程。最后对照实地情况，按照地形图图式规定的符号绘出地形图。

1. 经纬仪测图方法

(1) 安置仪器

如图 7-15 所示，将经纬仪安置在控制点 A 上，量取仪器高，并记入碎部测量手簿。后视另一控制点 B，置水平度盘读为 0°00′00″，则 AB 称为起始方向。将小平板安置在测站附近，使图纸上控制边方向与地面上相应控制边方向大致一致。连接图上相应控制点 A、B，并适当延长 AB 线，则 AB 为图上起始方向线。用小针通过量角器圆心的小孔插在 A 点，使量角器圆心固定在 A 点。

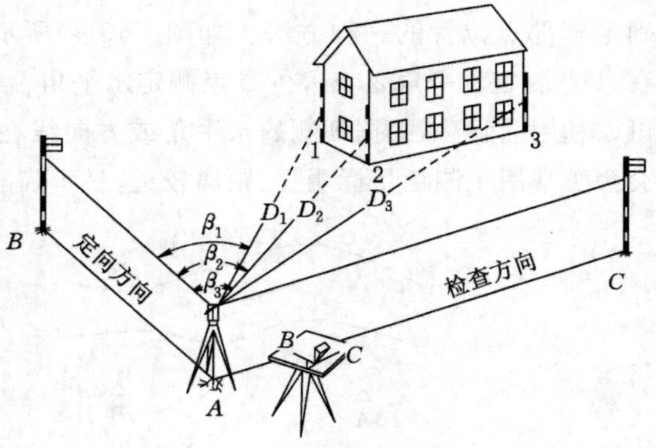

图 7-15 经纬仪测绘法

(2) 立尺

将视距尺立在地物、地貌特征点上。现

将视距尺立于1点上。负责观测的观测员将经纬仪瞄准1点视距尺，读尺间隔 l、中丝读数 v、竖盘读数 L 及水平角 β。

(3) 记录与计算

将观测数据尺间隔 l、中丝读数 v、竖盘读数 L 及水平角 β 逐项记入“碎部测量手簿”相应栏内。

(4) 展点

用量角器，将碎部点展绘在图纸上。

(5) 绘图

参照实地情况，随测随绘，按地形图图式规定的符号将地物和等高线绘制出来。

表 7-3　碎部测量手簿

测站：A　　定向点：B　　仪器高：1.42 m

测站高程：207.40 m　　标差：$x=0''$　　仪器：DJ_6

测点	尺间隔 l/m	中丝读数 v/m	竖盘读数 $L/(°\ ')$	竖直角 $\delta/(°\ ')$	高差 h/m	水平角 $\beta/(°\ ')$	水平距离 D/m	高程 H/m	备注
1	0.750	1.420	93 28	−3 28	−4.59	114 00	75.7	202.81	山脚
2	0.760	2.420	93 00	−3 00	−4.92	80 30	74.8	202.48	房角

2. 测量中的人员分配

(1) 观测员——读数时注意记录者和绘图者是否听清楚，要随时把地面情况和图面点位联系起来，观测碎部点的精度要得当；

(2) 立尺员——选点要有计划，点子分布均匀，尽量一点多用，必要时勾绘碎部草图，供绘图者参考；

(3) 记录、计算员(1-2人)——记录应正确、工整、清楚，重要地物备注说明，碎部点水平距离和高程均计算到厘米，注意高差的正负号；

(4) 绘图员——随时保持图面的整洁，抓紧在野外对照实地地形勾绘整理，边测、边绘、边勾等高线，随时将图上与实地对照检查(距离、高程、方位)。

3. 跑尺方法

(1) 若地物较多时，分类立尺，避免连线错误；若地物较少时，可采用螺旋形跑尺法，由近及远，搬站后，由远及近；如果有两名以上跑尺员，要分工明确。

(2) 测绘地貌时沿等高线跑尺，沿地性线跑尺，这样效果比较好，效率比较高。

二、地形图碎部测量时的注意事项

(1) 仪器迁到下一测站，应先观测前站所测的某些明显碎部点，以检查由两个测站测得该点平面位置和高程是否相同，相差较大，则应查明原因，纠正，再继续进行测绘。

(2) 每观测20～30个碎部点后，应重新瞄准起始方向检查变化情况，其归零差不得超过4′，否则应重新定向，并检查已测碎部点。

(3) 立尺人员应将标尺竖直，并随时观察立尺点周围情况，弄清碎部点之间的关系，地形复杂时还需绘出草图，以协助绘图人员做好绘图工作。

(4) 绘图人员要注意图面正确整洁，注记清晰，并做到随测点、随展绘、随检查。

(5) 当每站工作结束后，应进行检查，在确认地物、地貌无测错或漏测时，方可迁站。

思考与练习

1. 简述极坐标法的步骤。
2. 碎部测量须注意哪些事项？
3. 在校园附近找一已知控制点和已知方向进行碎部测图练习。

任务五　学会测绘地物

【知识要点】 地物的特征点。

【技能目标】 能熟练找出地物的特征点；能进行地物测绘。

任务导入

地物是地形图的重要组成部分，如何高效、准确地完成地物测绘是我们必须掌握的技能。

任务分析

掌握地物测绘的一般原则；学会地物特征点的选择及其测绘方法。

相关知识

一、地物测绘的一般原则

(1) 凡能依比例尺表示的地物，就应将其水平投影位置的几何形态测绘到地形图上，如房屋、双线河流、球场等。或是将它们的边界位置表示在图上，边界内在填绘相应的地物符号，如森林、草地等。对于不能依比例尺表示的地物，则测绘出地物的定位中心位置并以相应的地物符号表示，如水塔、烟囱、小路等。

(2) 地物测绘主要是将地物的形状特征点(也即其碎部点)准确地测绘到图上，例如地物轮廓的转折点、交叉点、曲线上的弯曲变换点等。

二、地物的测绘要求及方法

(一) 居民地和垣栅的测绘

(1) 居民地是重要的地形要素，主要由不同类型的建筑物组成。

(2) 房屋的轮廓应以墙基外角为准，并按建筑材料和性质分类，注记层数。

(3) 建筑物和围墙轮廓凸凹在图上小于 0.4 mm，简单房屋小于 0.6 mm 时，可用直线连接。

(4) 1∶500 比例尺测图，房屋内部天井宜区分表示；1∶1 000 比例尺测图，图上 6 mm^2 以下的天井可不表示。

(5) 测绘垣栅时，可沿其范围测定所有转折点的实际位置并以相应符号表示。表示应类别清楚，取舍得当，临时性的垣栅不表示。

（二）工矿建（构）筑物及其他设施的测绘

（1）工矿建（构）筑物及其他设施的测绘，图上应准确表示其位置、形状和性质特征。

（2）工矿建（构）筑物及其他设施依比例尺表示的，应实测其外部轮廓，并配置符号或按图示规定用依比例尺符号表示；不依比例尺表示的，应准确测定其定位点或定位线，用不依比例尺符号表示。

（三）交通及附属设施的测绘

交通的陆地道路分为铁路、公路、大车路、乡村路、小路等，包括道路的附属建筑物如车站、桥涵、路堑、路堤、里程碑等。道路应按其中心线的交叉点和转弯点测定其位置，以相应的比例或非比例符号表示。海运和航运的标志，均须测绘在图上。

（四）管线及附属设施的测绘

管线包括地上、地下和架空的各种管道、电力线和通讯线等。测绘时应符合下列规定：

（1）永久性的电力线、电信线均应准确表示，电杆、铁塔位置应实测。

（2）架空的、地面上的、有管堤的管道均应实测。

（五）水系及附属设施的测绘

（1）江、河、湖、海、水库、池塘、沟渠、泉、井等及其他水利设施，均应准确测绘表示，有名称的加注名称。

（2）河流、溪流、湖泊、水库等水涯线，宜按测图时的水位测定，当水涯线与陡坎线在图上投影距离小于 1 mm 时以陡坎线符号表示；水涯线与斜坡脚重合，仍应在坡脚将水涯线绘出。河流在图上宽度小于 0.5 mm、沟渠在图上宽度小于 1 mm（1∶2 000 地形图上小于 0.5 mm）的用单线表示。

（3）海岸线以平均大潮高潮的痕迹所形成的水陆分界线为准。各种干出滩在图上用相应的符号或注记表示，并适当测注高程。

（4）水位高及施测日期视需要测注。水渠应测注渠顶边和渠底高程；时令河应测注河床高程；堤、坝应测注顶部及坡脚高程；池塘应测注塘顶边及塘底高程；泉、井应测注泉的出水口与井台高程，并根据需要注记井台至水面的深度。

（六）独立地物的测绘

独立地物有水塔、电视塔、烟囱、旗杆、矸石山、独立坟及独立树等。

开采的或废弃的矿井，应测定其井口轮廓，若井口在图上小于井口符号尺寸时，应依非比例符号表示。开采的矿井应加注产品名称，如“煤”“铜”等。通风井亦用矿井符号表示，加注“风”字，并加绘箭头以表示进、回风。斜井井口及平硐洞口须按真实方向表示，符号底部为井的入口。矸石堆应沿矸石上边缘测定其转折点位置，以实线按实际形状连接各转折点，并依斜坡方向绘以规定的线条。同时，还应测定其坡脚范围，以点线绘出，并注记“矸石”二字。较大的独立地物应测定其范围，用相应的符号表示。

（七）植被的测绘

1. 植被的测绘

测绘植被是为了反映地面的植被情况。所以要测出各类植被的边界，用地类界符号表示其范围，再加注植被符号和说明。

2. 边界的重叠

如地类界与道路、河流、栏栅等实地地物界线重合时，则可不绘出地类界，但与境界、电力线、通讯线等实地地面上没有的地物界线重合时，地类界应移位绘出。

任务实施

按照地物测绘原则、地物测绘方法，进行地物测绘。

首先务必找出地物的特征点。地物特征点主要是地物轮廓的转折点，如房屋的房角，围墙、电力线的转折点，道路河岸线的转弯点、交叉点，电杆、独立树的中心点等，如图 7-16 所示。连接这些特征点，便可得到与实地相似的地物形状。由于地物形状极不规则，一般规定，主要地物凹凸部分在图上大于 0.4 mm 时均应表示出来；在地形图上小于 0.4 mm，可以用直线连接。

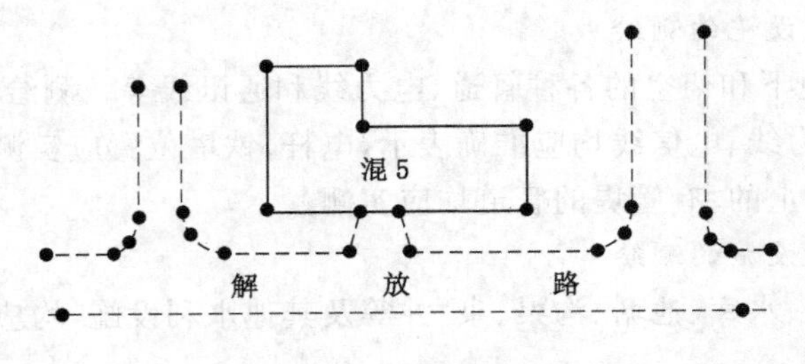

图 7-16 地物特征点举例

思考与练习

1. 地物测绘的一般原则是什么？
2. 请找出图 7-17 中房屋的特征点。

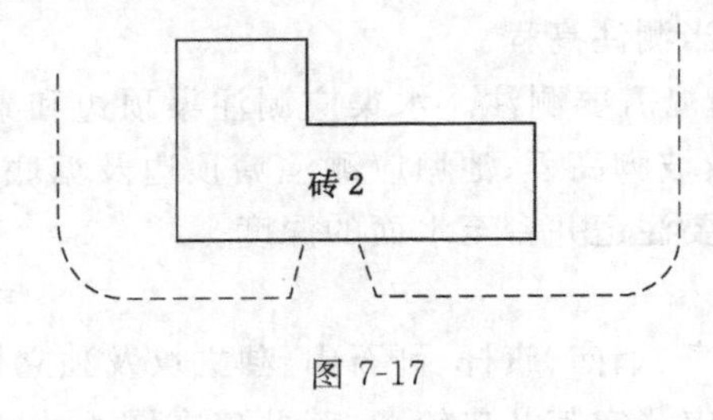

图 7-17

任务六 学会测绘地貌

【知识要点】 地貌的特征点；等高线知识。
【技能目标】 能找出地貌的特征点；能正确勾绘各种地貌的等高线。

任务导入

地形图除有地物信息之外，还包含地貌信息，如何高效、准确地完成地貌(等高线)测绘，本次任务来帮你解答。

任务分析

学会地貌特征点的选择；了解典型地貌的等高线特征；学会勾绘地形等高线是测绘地貌的主要任务。

相关知识

测量工作中常用等高线来表示地貌，地貌测绘的成果就是等高线图。

一、地貌的测绘方法

（一）测定地貌特征点

地貌特征点是指山顶点、鞍部点、山脊线和山谷线的坡度变换点，山坡上的坡度变换点以及山脚与平地相交点等等。归纳起来就是各类地貌的坡度变换点即地貌特征点。对这些特征点，采用极坐标法或交会法测定其在图纸上的平面位置，用小点表示，并在小点的旁边注记高程。

（二）连接地性线

测定了地貌特征点后，不能马上描绘等高线，必须先连成地性线。通常以实线连接成山脊线，以虚线连成山谷线，如图 7-18 所示。地性线连接情况与实地是否相符，直接影响到描绘等高线的逼真程度，应充分注意。地性线应该随着碎部点的陆续测定而随时连接，不要等到所有的碎部点测完后再去连接地性线，以免发生连错点的情况，使等高线不能如实地反映实地地貌的形态。

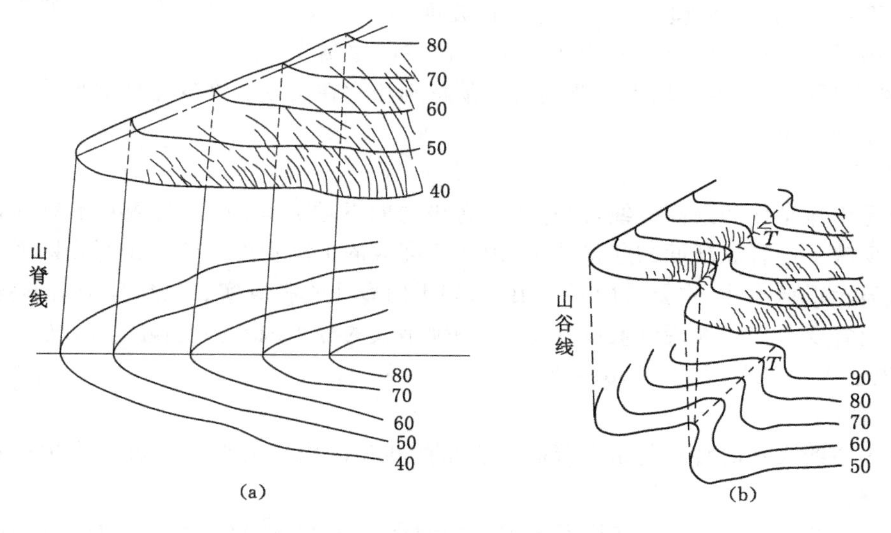

图 7-18　山脊线和山谷线

（a）山脊等高线形状；（b）山谷等高线形状

（三）求等高线的通过点

完成地性线的连接工作后，即可在同一坡度的两相邻点之间，内插出每整米高程的等高线通过点。

（四）勾绘等高线

在地性线上求得等高线的通过点以后，即可根据等高线的特性，把相邻的相等高程的点连起来，即为等高线。

在两相邻地性线之间求出等高线通过点之后，根据实际情况，将同高的点连起来，不要等到把全部等高线通过点都求出后再勾绘等高线。应一边求等高线通过点，一边勾绘等高线。勾绘时，要对照实地情况来描绘等高线，这样才能逼真地显示出地貌的形态。

二、几种典型地貌的测绘

1. 山顶

山顶是山的最高部分，山顶要按实地形状描绘。山顶的形状有很多，有尖山顶、圆山顶、平山顶等。各种形状的山顶，等高线的表示都不一样。

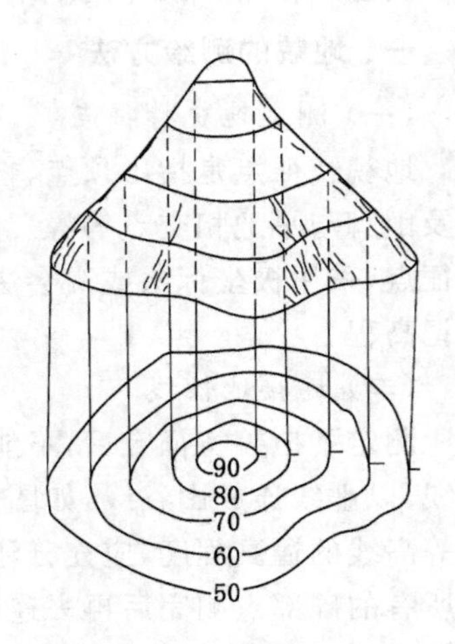

图 7-19　山顶等高线形状

（1）尖山顶：山顶附近倾斜比较一致，尖山顶的等高线之间的平距大小相等，即使在顶部，等高线之间的平距也没有多大的变化。测绘时标尺点除立在山顶外，其周围适当立一些就够了，如图 7-19 所示。

（2）圆山顶：顶部坡度比较平缓，然后逐渐变陡，等高线之间的平距在离山顶较远的山坡部分较小，愈至山顶，平距逐渐增大，顶部最大。测绘时山顶最高点应立尺，山顶附近坡度逐渐变化的地方也需要立尺。

（3）平山顶：顶部平坦，到一定范围时坡度突然变化。等高线间的平距，山坡部分较小，但不是向山顶方向逐渐变化，而是到山顶时平距突然增大。测绘时必须特别注意在山顶坡度变化处立尺，否则地貌的真实性将受到显著影响。

2. 山脊

山脊是山体延伸的最高棱线，山脊的等高线均向下坡方向凸出，两侧基本对称，山脊的坡度变化反映了山脊纵断面的起伏情况，山脊等高线的尖圆程度反映了山脊横断面的形状。山地地貌显示得像不像，主要看山脊与山谷，如果山脊测绘得真实、形象，整个山形就比较逼真。测绘山脊要真实地表现其坡度和走向，特别是大的分水线倾斜变换点和山脊、山谷转折点，应形象地表示出来，如图 7-18(a)所示。

3. 山谷

山谷等高线表示的特点与山脊等高线表示的相反。山谷的形状也可分为尖底谷、圆底谷和平底谷。

（1）尖底谷：底部尖窄，等高线通过谷底时呈尖状。其下部常常有小溪流，山谷线较明显，如图 7-18(b)所示。测绘时，标尺点应选择在等高线的转弯处。

（2）圆底谷：底部近于圆弧状，等高线通过谷底时呈圆弧状。圆底谷的山谷线不太明显，所以测绘时，应注意山谷线的位置和谷底形成的地方。

（3）平底谷：谷底较宽，底坡平缓，两侧较陡，等高线通过谷底时在其两侧近于直角状。平底谷多系人工开辟耕地之后形成的，测绘时，标尺点应选择在山坡与谷底相交的地方，这样才能控制住山谷的宽度和走向。

4. 鞍部

鞍部是相邻两个山顶之间呈马鞍形的地方，可分为窄短鞍部、窄长鞍部和平宽鞍部。鞍部往往是山区道路通过的地方，有重要的方位作用。测绘时在鞍部的最低点必须有立尺点，以便使等高线的形状正确。鞍部附近的立尺点应视坡度变化情况选择。描绘等高线时要注意鞍部的中心位于分水线的最低位置上，并针对鞍部的特点，抓住两对同高程的等高线分别描绘，即一对高于鞍部的山脊等高线，另一对低于鞍部的山谷等高线，这两对等高线近似地对称，如图 7-20 所示。

5. 盆地

盆地是中间低四周高的地形，其等高线的特点与山顶相似，但其高低相反，即外圈的等高线高于内圈的等高线。测绘时，除在盆底最低处立尺外，对于盆底四周及盆壁地形变化的地方均应适当选择立尺点，才能正确显示出盆地的地貌，如图 7-21 所示。

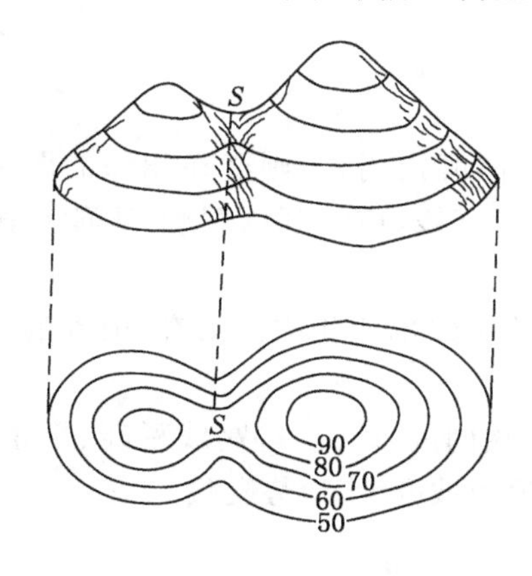

图 7-20　鞍部等高线形状

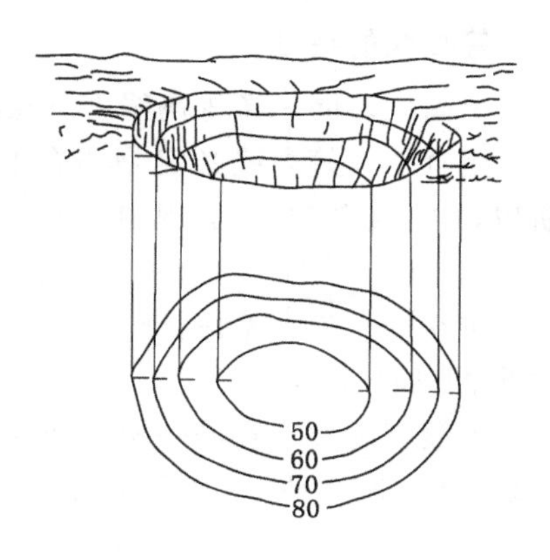

图 7-21　盆地等高线形状

6. 山坡

上述几种地貌形状之间都有山坡相连，山坡虽都是倾斜的面，但坡度是有变化的。测绘时标尺位置应选择在坡度变换的地方。坡面上的地形变化实际也就是一些不明显的小山脊、小山谷，等高线的弯曲也不大。因此，必须特别注意选择标尺点的位置，以显示出微小地貌来。

7. 梯田

梯田是在高山上、山坡上及山谷中经人工改造了的地貌。梯田有水平梯田和倾斜梯田两种。梯田在地形图上以等高线、符号和高程注记（或坎上坎下的高差注记）结合的形式来表示。

测绘时要沿田坎立标尺，注意等高线的进出点和田坎坎上坎下的高差注记。描绘时应先绘田坎符号，要对照地貌情况，边测边绘等高线，以防错漏。

8. 不用等高线表示的地貌

除了用等高线表示的地貌外，还有些地貌如雨裂、冲沟、悬崖、陡壁、砂崩崖、土崩崖等都不能用等高线表示。这些地貌可用测绘地物的方法，测绘其轮廓位置，用图式规定的符号表示。注意这些符号与等高线的关系不要发生矛盾。

9. 地貌测绘时的注意事项

(1) 主次分明。以上所述是用等高线表示几种基本地貌的测绘方法。实地的地貌是复杂的,是各种地貌要素的综合体,测绘时应区别对待,找出主要的地貌要素,用等高线逼真地表示。

(2) 选择测点。测绘时立尺点的选择十分重要,在一个测站上要有统筹考虑,全盘计划。测点太密,影响图面清晰,增加工作量;测点太稀,不能真实地反映地貌形状。

(3) 团结协作。地形图的测绘是集体工作,其中每一个环节都很重要,互相之间要配合好,立尺员和绘图员之间要密切合作,每个立尺点的作用以及点子之间的联系,双方都要清楚,必要时,测绘一段时间之后立尺员应回到测站上向绘图员讲明情况,然后再继续工作。

测绘等高线与测绘地物一样,首先需要确定地貌特征点,然后连接地性线,得到地貌整个骨干的基本轮廓,按等高线的性质,再对照实地情况描绘等高线。

三、等高线的特性

(1) 等高性。同一条等高线上各点的高程相同。

(2) 闭合性。等高线必定是闭合曲线,如不在本图幅内闭合,则必在相邻的图幅内闭合。所以,在描绘等高线时,凡在本图幅内不闭合的等高线,应绘到内图廓,不能在图幅内中断。

(3) 正交性。除在悬崖、陡崖处外,不同高程的等高线不能相交。山脊、山谷的等高线与山脊线、山谷线正交。

(4) 疏缓密陡性。在同一幅地形图上,等高距是相同的,因此,等高线稀疏、平距大,表示地面坡度小、地势平坦;等高线稠密、平距小,表示地面坡度大、地势陡峻。

任务实施

测绘地貌前,务必先找出地貌的特征点。地貌特征点应选在最能反映地貌特征的山脊线、山谷线等地性线上,如山顶、鞍部、山脊和山谷的地形变换处、山坡倾斜变换处和山脚地形变换的地方,如图 7-22 所示。为了能真实地表示实地情况,在地面平坦或坡度无明显变化的地区,碎部点的间距、碎部点的最大视距和城市建筑区的最大视距均应符合相应的规定。

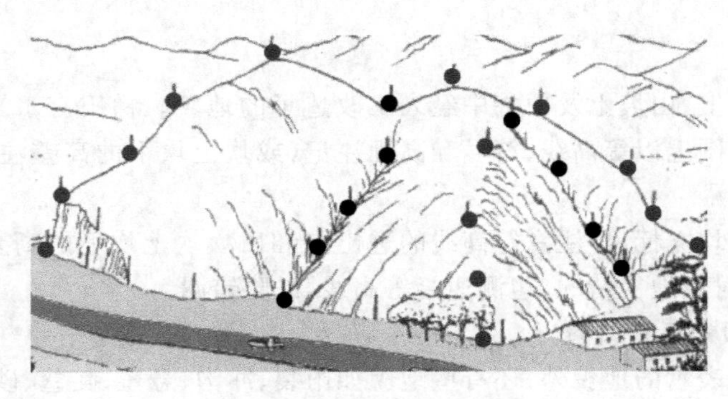

图 7-22　地貌特征点举例

例 7-1　已知等高距为 1 m,在地形点 A、B 之间内插得到整米等高线通过的位置。

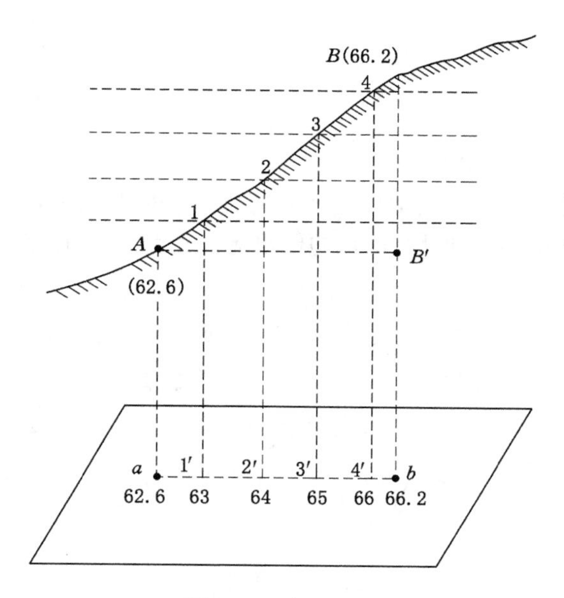

图 7-23　高程内插

如图 7-23 所示，在同一坡度上有相邻的 a、b 两点，其高程分别为 62.6 m 和 66.2 m，从这两个点的高程，可以断定在 ab 直线上能够找出 63、64、65、66 m 等高线所通过的点。假设 ab 间的坡度是均匀的，则根据 a 和 b 点间的高差为 3.6 m（即 66.2－62.6），ab 线上（图上平距）为 25 mm，则 1 m 高差对应的等高线平距 $d=ab/h=25/3.6=6.94$ mm。$a_1{}'=0.4d=2.8$ mm。$b_4{}'=0.2d=1.4$mm。三等分 $1'4'$，得 $2'$、$3'$两点。

用同样的方法，可以截得在同一坡度上的相邻点间等高线的通过点。将高程相等的点用平滑曲线连接，得到等高线，如图 7-24 所示。

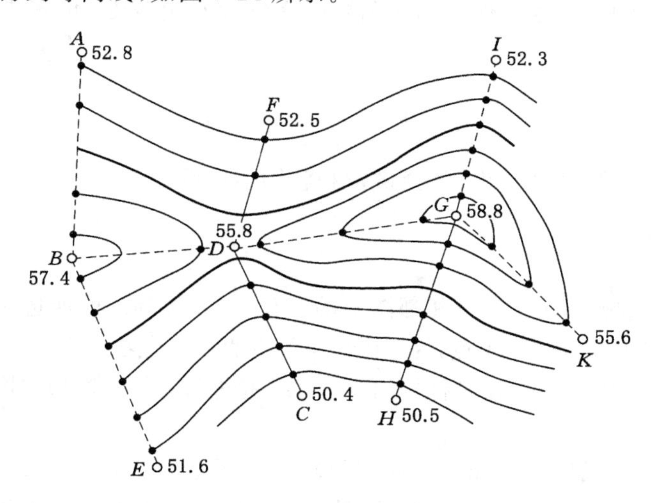

图 7-24　勾绘等高线

思考与练习

1. 简述等高线的特性。

2. 何为等高线的内插方法？

3. 等高线平距、等高距与地面坡度三者有何关系？举例说明其意义。

4. 图 7-25 中，已经绘制出地性线，请勾绘出等高距为 1 m 的等高线。

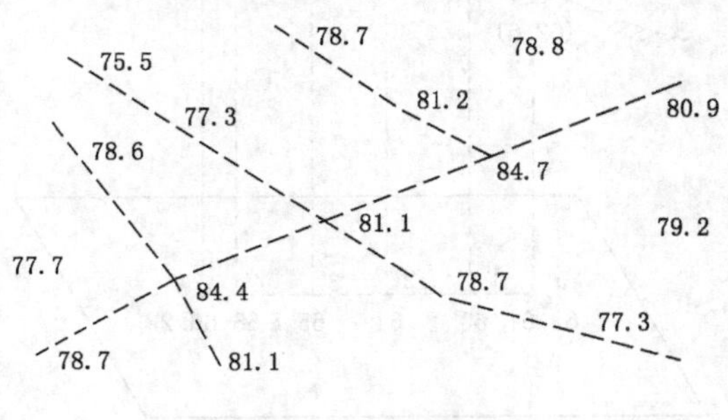

图 7-25　习题图

任务七　学会拼接与整饰地形图

【知识要点】 地形图的拼接精度要求；地形图的整饰内容。

【技能目标】 能进行地形图的拼接和整饰。

任务导入

地形图是分幅施测的，为了保证相邻图幅的完整性和美观性，我们要掌握必要的拼接、整饰技巧。

任务分析

了解地形图的拼接、整饰知识；学会拼接和整饰地形图。

相关知识

地形图是分幅施测的，为了保证相邻图幅的互相拼接，每幅图的四边，一般均应测出图廓外 5 mm。对地物应测完其主要角点，为了测出电杆等直线形地物的方向，应多测出一些距离。拼接时将相邻两幅的相应图边，按坐标格网叠合在一起进行拼接。图边接图的精度要求如下：

1. 地物

测量规范规定，一般地物的测绘中误差要求小于图上的 0.8 mm，重要地物的测绘中误差小于图上的 0.6 mm。以一般地物为例，图边部分的两幅图均是单独测量的，所以两幅图上同一地物的中误差均为 0.8 mm，则其容许的位置偏差值应为 $2\sqrt{2}\times 0.8\ \text{mm}\approx 2.2\ \text{mm}$。

2. 地貌

等高线的位置中误差与地面坡度有关。一般规定：等高线表示的高程中误差，平地不大于基本等高距的 1/3；丘陵不大于 2/3；山地不大于 1 个等高距。设基本等高距为 1 m，平坦地区的接图容许最大误差为 $2\sqrt{2}/3$ m≈0.9 m。

当两幅图的接图较差不超过以上规定时，可取地物和等高线的平均位置作为最终的正确位置，否则即为超限，应重测。改正后的地物地貌，还应注意保持它们的合理走向。地形图拼接示意见图 7-26。

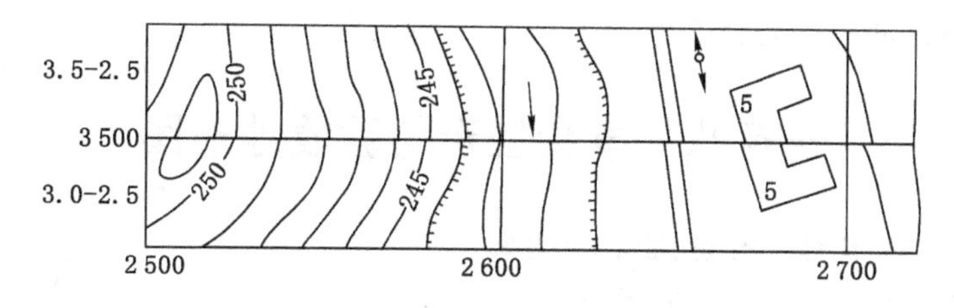

图 7-26　地形图拼接示意图

任务实施

一、地形图的清绘与整饰

1. 地形图的清绘

对铅笔原图，按地形图图式进行着墨描绘，称为地形图的清绘。清绘时要注意地物地貌的位置、内容和种类均不得更改和增减。清绘的顺序：内图廓、坐标格网、控制点、地形点符号的绘注及高程注记→独立物体及各种名称、数字的绘注→居民地等建筑物的绘注→各种线路、水系等的绘注→植被与地类界的绘注→等高线及各种地貌符号等的绘注。

2. 图廓整饰

图廓的整饰包括图廓线、坐标网、经纬度、图幅名称及图号等。线条粗细、采用字体、注记大小等均应依照地形图图式的规定确定。

原图经过拼接和检查后，还应按规定的地形图图式符号对地物、地貌进行清绘和整饰，使图面更加合理、清晰和美观。整饰的顺序是先图内后图外，先注记后符号，先地物后地貌。最后写出图名、比例尺、坐标系统及高程系统、施测单位、测绘者及施测日期等。如果是独立坐标系统，还须画出指北方向。

二、聚酯薄膜测图的拼接方法

由于薄膜具有透明性，拼接时可直接将相邻图幅边上下准确地叠合起来，仔细观察接图边两边的地物和地貌是否互相衔接；地物有无遗漏；取舍是否一致；各种符号、注记是否相同；等等。接边误差如符号要求，即可按地物和等高线的平均位置进行改正。具体做法是：先将其中一幅图边的地貌按平均位置改正，而另一幅则根据改正后的图边进行改正。改正直线地物时，应按相邻两图幅中直线的转折点或直线两端点连接。改正后的地物和地貌应保持合理的走向。

三、白纸测图的接图方法

用白纸测图时，需用约 5 cm 宽、比图廓略长的透明纸作为接图边纸。在接图边纸上先绘出接图的图廓线、坐标格网线并注明其坐标值。然后将每幅图各自的东、南两图廓边附近 1 cm 至 1.5 cm，以及图廓边线外实测范围内的地物、地貌及其说明符号注记等绘于接图边上。再将摹好的东、南拼接图边分别与相邻图幅的西、北图边拼接。拼接注意问题和改正要求，与聚酯薄膜测图的拼接方法相同。

思考与练习

1. 简述接图的精度要求。
2. 地形图整饰的顺序是什么？

任务八　学会检查与验收地形图

【知识要点】 地形图的检查、验收的内容。
【技能目标】 能检查和验收地形图。

任务导入

检查验收工作是对成果成图进行的最后鉴定。通过这项工作，不仅要评定其质量，更重要的是消除成图中可能存在的错误，保证各项测绘资料的正确、清晰、完整，真实地反映地物地貌。

任务分析

了解地形图的检查制度和检查过程及内容，学会检查和验收地形图。

相关知识

为了保证地形图符合使用要求，必须对所测地形图进行质量检查。测量人员除了平时对所有观测和计算工作进行充分检核外，还要在自我检查的基础上建立逐级检查制度。

任务实施

一、地形图的检查

1. 自检

自检是保证测绘质量的重要环节。测绘人员应经常检查自己的操作程序和作业方法。自检的内容主要有：所使用的仪器工具是否定期检验并符合精度要求；地形控制测量的成果及计算是否充分可靠；图廓、坐标格网及控制点的展绘是否正确；地形控制点的高程是否与成果表相符；等等。

测图开始前应选择一个通视良好的测站点设站，先以一远处清晰目标定向，还至少以另一方向检查，并检查高程无误后始能测图。每站测完后，应对照实地地形，查看地物有无遗漏，地貌是否相像，符号应用是否恰当，线条是否清晰，注记是否齐全正确等。当确认图面完全正确无误后，再搬迁至下一测站进行测绘。测图员要做到随测随画，要做到一站工作当站清，当天工作当天清，一幅测完一幅清。

2. 全面检查

测图结束后，先由作业员对地形图进行全面检查，而后组织互检和由上级领导组织的专人检查。检查的方法分室内检查、野外巡视检查和野外仪器检查。

(1) 室内检查

资料检查:观测和计算手簿的记载是否齐全、清楚和正确;各项限差是否符合规定。也可视实际情况重点抽查其中的一部分。

原图检查:格网及控制点展绘是否合乎要求;图上地形控制点及埋石点数量是否满足测图要求;图面地形点数量及分布能否保证勾绘等高线的需要;等高线与地形点高程是否适应;综合取舍是否合理;符号应用是否合乎要求;图边是否接合;等等。

(2) 巡视检查

应根据室内检查的重点按预定的路线进行。检查时将原图与实地对照,查看原图上的综合取舍情况,地貌的真实性,符号的运用,名称注记是否正确等。

(3) 仪器检查

仪器检查是在内业检查和外业巡视检查的基础上进行的。除将检查发现的重点错误和遗漏进行补测和更正外,对发现的怀疑点也要进行仪器检查。

① 散点法:在测站周围选择一些地形点,测定其位置和高程,检查时除对本站所测载形点重新立尺进行检查外,还要注意检查其他测站点所测地形点是否正确。

② 断面法:沿测站的某一方向线进行,测定该方向线上各地形特征点的平面位置和高程,然后再与地形图上相应地物点、等高线通过点进行比较。

在检查过程中,对所发现的错误和缺点,应尽可能予以纠正。如错误较多,应按规定退回原测图小组予以补测或重测。测绘资料经全面检查认为符合要求,即可予以验收,并按质量评定等级。

二、地形图的验收

详情可参考下列规范:

《测绘成果质量检查与验收》 GB/T　24356—2009;

《大比例尺地形图质量检验技术规程》 CH/T　1020—2010。

思考与练习

1. 地形图的检查方法有几种?

2. 地形图检查和验收的规范有哪些?

任务九　了解数字化测图

【知识要点】 数字化测图的基本知识。

【技能目标】 了解数字化测图系统的组成和工作过程。

任务导入

随着科学技术的进步、计算机技术的迅猛发展及其向各个领域的渗透,电子全站仪和GPS-RTK、摄影测量系统等先进的测量仪器和技术的广泛应用,使数字化测图技术得到了突飞猛进的发展,并以高自动化、全数字化、高精度的显著优势逐步取代了传统的手工白纸图解法测图,成为测绘技术现代化水平的标志之一。

任务分析

了解数字化测图的基本概念及其优点。了解数字化测图系统的组成及工作过程。

相关知识

一、数字化测图的几个概念

1. 数字化测图

数字化测图是以计算机为核心,在外连输入输出设备硬件、软件的条件下,通过计算机对地形空间数据进行处理,得到数字地图,也可用数控绘图仪绘制所需的地形图或各种专题地图。

2. 数字地形图

数字地形图是用数字形式存储全部地形图信息的地图,是以数字形式描述地形图要素的属性、定位和关系信息的数据集合,是存储在具有直接存取性能的介质(磁盘、硬盘和光盘)上的关联数据文件。

3. 数字化测图的基本思想

通过采集有关的绘图信息并及时记录在数据终端(或直接传输给便携机),然后在室内通过数据接口将采集的数据传输给电子计算机,并由计算机对数据进行处理,再经过人机交互的屏幕编辑,形成绘图数据文件。最后由计算机控制绘图仪自动绘制所需的地形图,最终由磁盘、优盘等存储介质保存电子地图。数字化测图的生产成品仍然以提供图解地形图为主,但是它以数字形式保存着地形模型及地理信息。

二、数字化测图的特点

大比例尺数字化测图有力地冲击着传统的平板仪或经纬仪的白纸测图方法,已经取代了白纸测图,这是因为数字化测图具有诸多优点。

(1) 自动化程度高,劳动强度较小

在传统测图技术中,地形原图必须在野外手工绘制。而数字化测图技术将成图这一烦琐的工作转到室内,在计算机上以人机交互的方式绘制地形图,部分工作可由计算机自动完成。当采用全站仪观测碎部点时,测距的精度较高、距离远,可以在很大范围内观测碎部点,从而减少了搬站工作。另外,电子测量仪器用内存或电子记录手簿储存测量数据,可以省却测站记录工作。所有这些都在不同程度上减轻了测绘工作者的劳动强度。

(2) 点位精度高

传统的经纬仪配合小平板、半圆仪白纸测图,因受各种综合因素的影响,地物点平面位置的误差约为±590 mm(1∶1 000 比例尺)。主要误差源为视距误差和刺点误差。经纬仪视距高程法测定地形点高程时,即使在较平坦地区,视距为 150 m,地形点高程测定误差也达±0.06 m,而且随着倾斜角的增大,高程测定误差会急剧增加。

用数字化测图,测定地物点的误差在距离 450 m 内约为±22 mm,测定地形点的高程误差在 450 m 内约为±21 mm。若距离在 300 m 以内,则测定地物点误差约为±15 mm,测定地形点的高程误差约为±18 mm。数字化测图的精度明显高于白纸测图。

另外，表示在图纸上的地图信息随着时间的推移图纸产生变形而产生误差。数字化测图的成果以数字信息保存，避免了对图纸的依赖性。

(3) 便于成果更新

数字化测图的成果是以点的定位信息和绘图信息存入计算机，当实地有变化时，只需输入变化信息的坐标、代码，经过编辑处理，很快便可以得到更新的图，从而可以确保地面的可靠性和现势性，数字化测图可谓"一劳永逸"。

(4) 能以各种形式输出成果

计算机与显示器、打印机联机时，可以显示或打印各种需要的资料信息。与绘图仪联机，可以绘制出各种比例尺的地形图、专题图，以满足不同用户的需要。

(5) 便于成果的深加工利用

数字化测图分层存放，可使地面信息无限存放，不受图面负载量的限制，从而便于成果的深加工利用，拓宽测绘工作的服务面，开拓市场。比如 CASS 软件总共定义了 26 个层(用户还可根据需要定义新层)。房屋、电力线、铁路、植被、道路、水系、地貌等均存于不同的层中，通过关闭层、打开层等操作来提取相关信息，便可方便地得到所需的测区内各类专题图、综合图，如路网图、电网图、管线图、地形图等。又如在数字地籍图的基础上，可以综合相关内容补充加工成不同用户所需要的城市规划用图、城市建设用图、房地产图以及各种管理的用图和工程用图。

(6) 便于保存与管理

数字地形图产品以数字形式存储于计算机的存储介质上，仅占很少的空间。这与纸质地形图相比占据着优势；另外，数字地形图产品不存在纸质地形图产品保存过程中的霉烂、变形等问题。数字地形图产品易于复制，这也给保存的安全性提供了可靠的保证。数字地形图产品不仅便于保存，而且管理也十分方便。目前，已有不少专用软件实现了数字地形图的计算机管理，将数字化成图与数字地形图的管理功能集成在一起，使用极其方便。

(7) 能够作为 GIS 的重要信息源

地理信息系统(GIS)具有方便的信息查询检索功能、空间分析功能以及辅助决策功能。然而，要建立一个 GIS，花在数据采集上的时间和精力约占整个工作的 80%。GIS 要发挥辅助决策的功能，需要现势性强的地理信息资料。数字化测图能提供现势性强的地理基础信息，经过一定的格式转换，其成果即可直接进入 GIS 的数据库，并更新 GIS 的数据库。一个好的数字化测图系统应该是 GIS 的一个子系统。

三、传统测图与数字化测图优劣对比

传统测图与数字化测图优劣对比见表 7-4。

表 7-4　　传统测图与数字化测图对比

测图方法种类	优势	劣势	使用设备
传统测图	仪器、设备费用低	精度低；工序多、劳动强度大；质量管理难；图纸承载图形信息少；图纸更新不便	平板仪、经纬仪、皮尺、量角器、圆规、直尺、比例尺、铅笔、计算器等

续表 7-4

测图方法种类	优势	劣势	使用设备
数字化测图	高精度；自动化程度高、劳动强度小；更新方便；便于保存与管理；便于应用，易于远距离传输	仪器设备费用高	全站仪、GPS 接收机、无人机、摄像测量系统、CASS 软件、MapGIS 软件等

四、数字化测图系统的组成

数字化测图系统是指实现数字化测图功能的所有因素的集合。广义地讲，数字化测图系统是硬件、软件、人员和数据的总和。

（一）数字化测图系统的硬件

数字化测图系统的硬件主要有两大类：测绘类硬件和计算机类硬件。测绘类硬件主要指用于外业数据采集的各种测绘仪器，如全站仪、GPS 接收机；计算机类硬件包括用于内业处理的计算机及其标准外设（如显示器、打印机等）以及图形外设（如数字化仪、扫描仪）。另外，实现外业记录和内、外业数据传输的电子手簿既可作为测绘类的硬件也可作为计算机类硬件。

（二）数字化测图系统的软件

数字化测图软件是数字化测图系统中必不可少的组成部分，是将仪器与计算机结合的媒介，并通过软件将采集的数据进行处理和编辑，最终绘制成图。软件的优劣直接影响数字化测图系统的效率、可靠性、成图精度和操作的难易程度。从一般意义上讲，数字化测图系统的软件包括为完成数字化成图工作用到的所有软件，即各种系统软件（如操作系统 Windows）、支撑软件（如计算机辅助设计软件 AutoCAD）和实现数字化成图功能的应用软件或者叫专用软件（如南方测绘仪器公司的 CASS 成图软件）。

数字化测图软件是数字化测图系统的关键，一个完整的数字化测图系统软件应具备如下功能特点：

① 具备数据（图形）采集、数据输入、数据处理、图形生成、图形编辑、图形输出等功能；

② 通用性强、稳定性好，图形界面直观、简洁，操作使用要符合测量人员的作业习惯；

③ 数字图中使用的注记、地物符号、制图规范以及地物的编码等必须符合国家正在施行的标准；

④ 应包含多种作业模式，如“电子平板”模式、“测记法”模式、“编码成图法”模式等；

⑤ 应能识别主要仪器设备（全站仪）的数据格式，能直接与这些设备进行通信，并提供这些仪器设备的数据转换接口，以便与其他软件进行数据交换；

⑥ 成果的输出应标准、美观并符合规范要求。

（三）数字化测图系统的人员与数据

数字化测图系统的人员是指参与完成数字化成图任务的所有工作与管理人员。数字化测图对测图人员提出了较高的技术要求，他们应是既掌握了现代测绘技术又具有一定的计算机操作和维护经验的综合性人才。

数字化测图系统中的数据主要指系统运行过程中的数据流。它包括：采集数据、处理数据和数字地形图数据。采集数据可能是野外测量与调查结果（如控制点、碎部点坐标、地物属性等)，也可能是内业直接从已有的纸质地形图或图像数字化或矢量化过程中得到的结果(如地形图数字化数据和扫描矢量化数据等)。处理数据主要是指系统运行中的一些过渡性数据文件。数字地形图数据是指生成的数字地形图数据文件，一般包括空间数据和非空间数据两大部分，有时也考虑时间数据。数字化测图系统中数据的主要特点是结构复杂、数据量庞大，这也是开发数字化测图系统时必须考虑的重点和难点之一。

五、数字化测图的工作过程

数字化测图的作业过程与使用的设备和软件、数据源及图形输出的目的有关。但不论是测绘地形图，还是制作种类繁多的专题图、行业管理用图，只要是测绘数字图，都必须包括数据采集、数据处理和图形输出 3 个基本阶段。数据采集是计算机绘图的基础，这一工作主要是在外业完成。内业进行数据的图形处理，在人机交互方式下进行图形编辑，生成图形文件，最后由绘图仪输出地形图。

1. 数字化测图的特点有哪些？
2. 数字化测图系统由哪几部分组成？

项目八　地形图的应用

任务一　学会识读地形图

【知识要点】 地形图的识读原则；地形图的基本内容和图外注记；比例尺；三北方向。

【技能目标】 能使用比例尺进行相关计算；能识读地形图；能在野外使用地形图。

任务导入

地形图是包含丰富自然地理要素和社会、政治、经济、人文要素的载体，是经济建设和国防建设的重要依据。对于各种工程建设，地形图是必不可少的基本资料。

任务分析

了解地形图的识读方法和基本内容；学会识读地形图；学会在野外使用地形图。

相关知识

一、地形图的识读原则

地形图的识读指判断和识别地形图上所有划线、符号和注记的含义。识读地形图的一般原则是：先图外后图内、先地物后地貌、先注记后符号、先主要后次要。

二、地形图的基本内容

地形图的基本内容主要包括：数学要素——坐标系、投影方式、比例尺等；自然地理要素——地貌、水系、植被、土壤等；社会经济要素——居民、道路、经济文化、行政标志等；注记和整饰要素——图名、图号、测图日期、测图单位、采用的坐标系、高程系等。

三、地形图的图外注记

（一）图名与图号

图名是指本图幅的名称，一般以本图幅内最重要的地名或主要单位名称来命名，注记在图廓外上方的中央。如图 8-1 所示，地形图的图名为“西三庄”。

图号，即图的分幅编号，注在图名下方。如图 8-1 所示，图号为 3510.0-220.0，它由左下角纵、横坐标组成。

（二）接图表与图外文字说明

为便于查找、使用地形图，在每幅地形图的左上角都附有相应的图幅接图表，用于说明本图幅与相邻 8 个方向图幅位置的相邻关系。接图表中央为本图幅的位置。

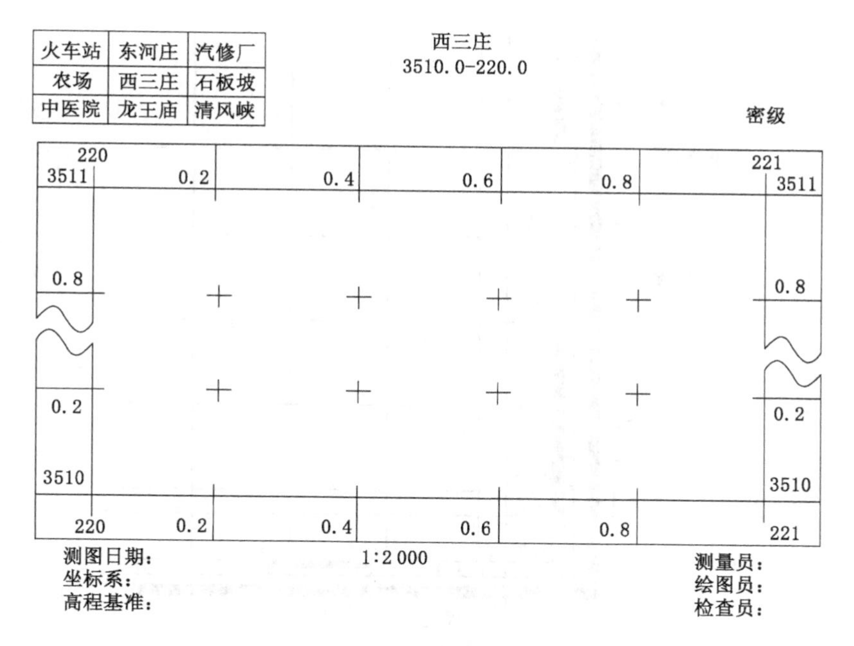

图 8-1　地形图示例

文字说明是了解图件来源和成图方法的重要的资料。如图 8-1 所示，通常在图的下方或左、右两侧注有文字说明，内容包括测图日期、坐标系、高程基准、测量员、绘图员和检查员等。在图的右上角标注图纸的密级。

（三）图廓与坐标格网

图廓是地形图的边界，正方形图廓只有内、外图廓之分。内图廓为直角坐标格网线，外图廓用较粗的实线描绘。外图廓与内图廓之间的短线用来标记坐标值。图 8-1 中，左下角的纵坐标为 3510.0 km，横坐标为 220.0 km。

由经纬线分幅的地形图，内图廓呈梯形，如图 8-2 所示。西图廓经线为东经 128°45′，南图廓纬线为北纬 46°50′，两线的交点为图廓点。内图廓与外图廓之间绘有黑白相间的分度带，每段黑白线长表示经纬差 1′。连接东西、南北相对应的分度带值便得到大地坐标格网，可供图解点位的地理坐标用。分度带与内图廓之间注记了以 km 为单位的高斯直角坐标值。图中左下角从赤道起算的 5 189 km 为纵坐标，其余的 90、91 等为省去了前面两位数字 51。横坐标为 22 482 km，其中 22 为该图所在的投影带号，482 km 为该纵线的横坐标值。纵横线构成了公里格网。在四边的外图廓与分度带之间注有相邻接图号，供接边查用。

（四）比例尺与坡度尺

按照地形图图式规定，地形图的数字比例尺一般标在图幅的下方正中位置处。

为了便于在地形图上量测两条等高线（首曲线或计曲线）间两点直线的坡度，通常在中、小比例尺地形图的南图廓外绘有图解坡度尺，如图 8-3 所示。坡度尺是按等高距与平距的关系制成的。如图 8-3 所示，在底线上以适当比例定出 0°，1°，2°，…等各点，并在点上绘垂线。将相邻等高距 h 与各点角值 α 按关系式求出相应平距 d。然后，在相应点垂线上按地形图比例尺截取平距值定出垂线顶点，再用光滑曲线连接各顶点而成。应用时，用卡规在地形图上量取不同

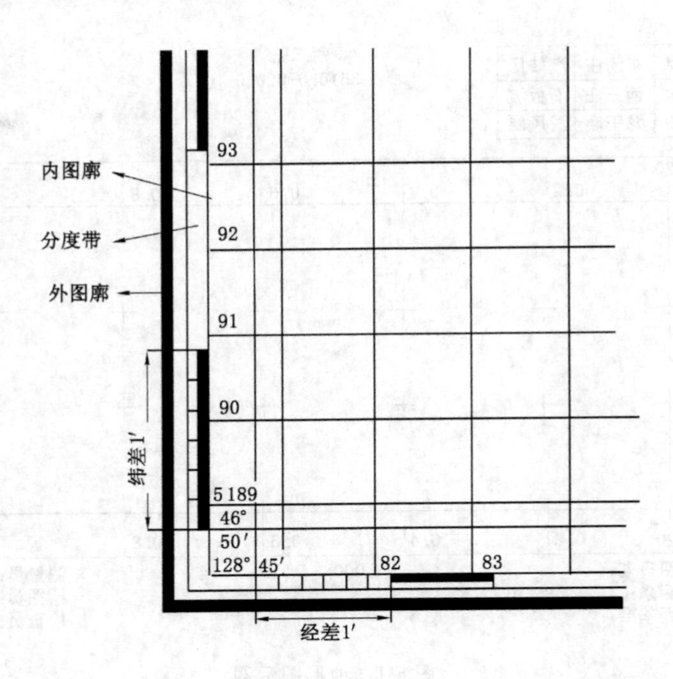

图 8-2 图廓、坐标格网

等高线上两点的平距，在坡度尺上比较，即可查得两点间的坡度值约为 5°或 8.8%。

$$i = \tan \alpha \times 100\% = \frac{h}{d \cdot M} \times 100\% \tag{8-1}$$

式中 i——坡度；

h——等高距；

d——等高线平距；

M——比例尺分母。

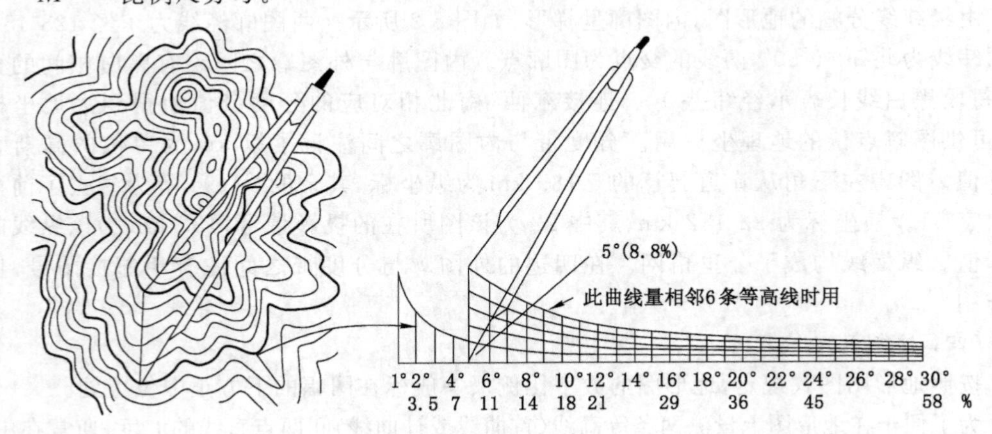

图 8-3 坡度尺

(五) 三北方向

中、小比例尺地形图的南图廓线右下方，通常绘有真北(真子午线)、磁北(磁子午线)和轴北(坐标纵线)之间的角度关系,如图 8-4 所示。利用三北方向图,可对图上任一方向的真方位角、磁方位角和坐标方位角进行相互换算。

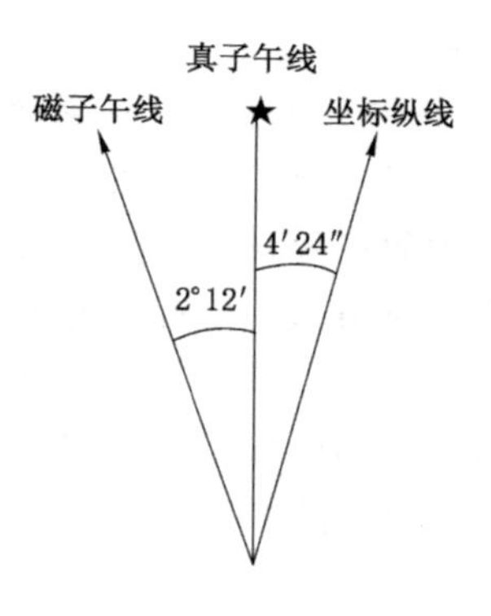

图 8-4 三北方向

任务实施

一、地形图的识读

地形图反映了地物的位置、形状、大小和地物间的相互位置关系,以及地貌的起伏形态。为了能够正确地应用地形图,必须要读懂地形图(即识图),并能根据地形图上各种符号和注记,在头脑中建立起相应的立体模型。地形图识读包括如下内容:

(一) 图廓外要素的阅读

图廓外要素是指地形图外图廓外部的要素。通过图廓外要素的阅读,可以了解测图时间,从而判断地形图的新旧和适用程度,以及地形图的比例尺、坐标系统、高程系统和基本等高距,以及图幅范围和接图表等内容。

(二) 图廓内要素的判读

图廓内要素是指地物、地貌符号及相关注记等。在判读地物时,首先要了解主要地物的分布情况,例如,居民点、交通线路及水系等。要注意地物符号的主次让位问题,例如,铁路和公路并行,图上是以铁路中心位置绘制铁路符号,而公路符号让位,地物符号不能重叠。在地貌判读时,先看计曲线再看首曲线的分布情况,了解等高线所表示出的地性线及典型地貌,进而了解该图幅范围总体地貌及某地区的特殊地貌。同时,通过对居民地、交通网、电力线、输油管线等重要地物的判读,可以了解该地区的社会经济发展情况。

二、野外使用地形图

在野外使用地形图时,经常要进行地形图的定向、在图上确定站立点位置、地形图与实地对照以及野外填图等项工作。当使用的地形图图幅数较多时,为了使用方便则须进行地形图的拼接和粘贴,方法是根据接图表所表示的相邻图幅的图名和图号,将各幅图按其关系位置排列好,按照左压右、上压下的顺序进行拼贴,构成一张范围更大的地形图。

(一) 地形图的野外定向

地形图的野外定向就是使图上表示的地形与实地地形一致。常用的方法有以下 2 种:

罗盘定向:根据地形图上的三北关系图,将罗盘刻度盘的北字指向北图廓,并使刻度盘上的南北线与地形图上的真子午线(或坐标纵线)方向重合,然后转动地形图,使磁针北端指到磁偏角(或磁坐偏角)值,完成地形图的定向。

地物定向:首先,在地形图上和实地分别找出相对应的 2 个位置点,例如,本人站立点、房角点、道路或河流转弯点、山顶、独立树等,然后转动地形图,使图上位置与实地位置一致。

(二) 在地形图上确定站立点位置

当站立点附近有明显地貌和地物时,可利用它们确定站立点在图上的位置。例如,站立点的位置是在图上道路或河流的转弯点、房屋角点、桥梁一端,以及在山脊的一个平台上等。

当站立点附近没有明显地物或地貌特征时,可以采用交会方法来确定站立点在图上的

位置。

（三）地图与实地对照

当进行了地形图定向和确定了站立点的位置后，就可以根据图上站立点周围的地物和地貌的符号，找出与实地相对应的地物和地貌，或者观察了实地地物和地貌后来识别其在地图上所表示的位置。地图和实地通常是先识别主要和明显的地物、地貌，再按关系位置识别其他地物、地貌。通过地形图和实地对照，了解和熟悉周围地形情况，比较出地形图上内容与实地相应地形是否发生了变化。

（四）野外填图

野外填图，是指把土壤普查、土地利用、矿产资源分布等情况填绘于地形图上。野外填图时，应注意沿途具有方位意义的地物，随时确定本人站立点在图上的位置，同时，站立点要选择视线良好的地点，便于观察较大范围的填图对象，确定其边界并填绘在地形图上。通常用罗盘或目估的方法确定填图对象的方向，用目估、步测或皮尺确定距离。

现有一幅地形图如图 8-5 所示，请按照地形图的识读原则，获取其相应信息。

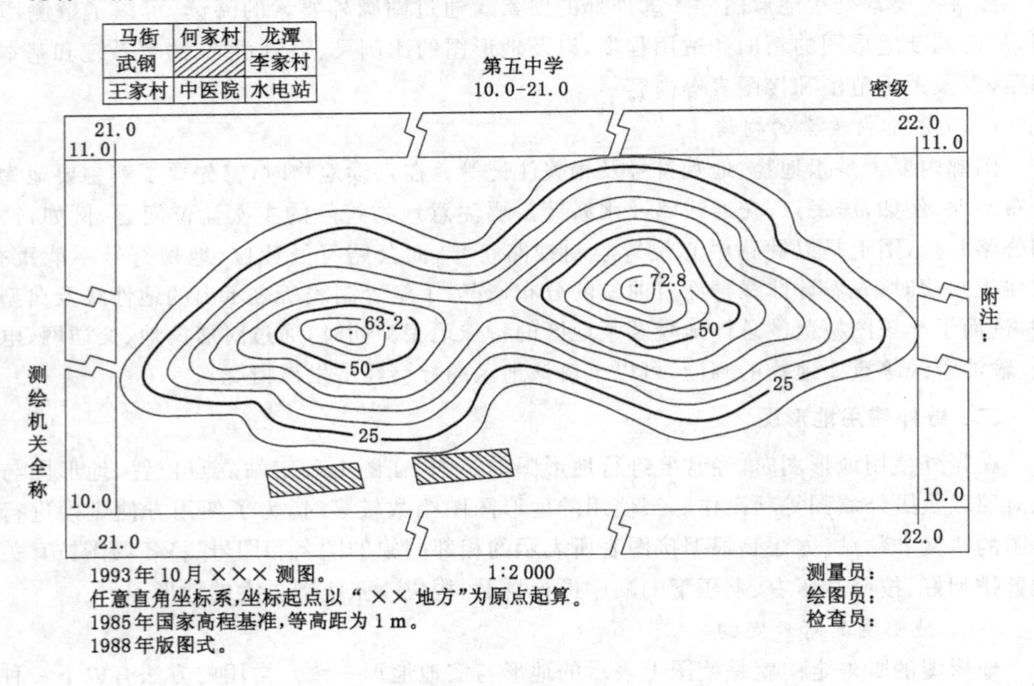

图 8-5　地形图样例

经识读获取信息如下：

图名：第五中学。图号：10.0-21.0；接图表信息；密级；测绘机关全称；测图时间：1993 年 10 月；平面坐标系：任意直角坐标系；高程系：1985 国家高程；图式：1988 年版；比例尺：1：2 000；测量员姓名；绘图员姓名；检查员姓名；附注等。

思考与练习

1．简述地形图识读的一般原则。

2. 地形图的图外注记包含哪些内容?

3. 简述坡度尺的用法。

任务二　学会地形图的基本应用

【知识要点】 地形图的基本应用内容。

【技能目标】 学会地形图的基本应用。

任务导入

对于各种工程建设,地形图是必不可少的基本资料。在每一项工程建设之前,都先要从已有的地形图上获取有用信息,并利用地形图解决工程中的问题。

任务分析

学会地形图在社会生活和工程建设中的基本应用,为生产、生活提供服务。

相关知识

地形图是各项工程建设中必需的基础资料,在地形图上可以获取多种、大量的所需信息。并且,从地形图上确定地物的位置和相互关系及地貌的起伏形态等情况,比实地更准确、更全面、更方便、更迅速。

地形图的应用大致包含以下几部分,如图 8-6 所示。

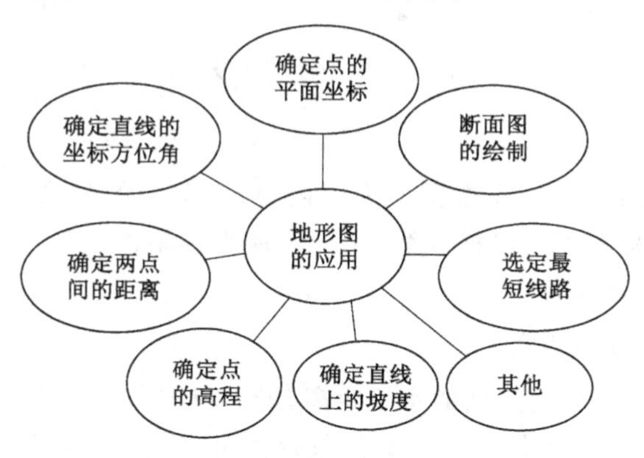

图 8-6　地形图应用分布

任务实施

一、确定图上点位的坐标

(一) 求点的直角坐标

欲求图 8-7 格网 $abcd$ 中 P 点的直角坐标,可以通过从 P 点作平行于直角坐标格网的直线,交格网线于 e、f、g、h 点。用比例尺(或直尺)量出 ae 和 ag 两段距离,则 P 点的坐标为：

$$x_p = x_a + ae = 21\,100 + 27 = 21\,127\ \text{m}$$
$$y_p = y_a + ag = 32\,100 + 29 = 32\,129\ \text{m} \tag{8-2}$$

为了防止图纸伸缩变形带来的误差，可以采用下列计算公式消除：

$$x_p = x_a + \frac{ae}{ab} \cdot l = 21\,100 + \frac{27}{99.9} \times 100 = 21\,127.03\ \text{m}$$
$$y_p = y_a + \frac{ag}{ad} \cdot l = 32\,100 + \frac{29}{99.9} \times 100 = 32\,129.03\ \text{m} \tag{8-3}$$

式中　l——相邻格网线的间距。

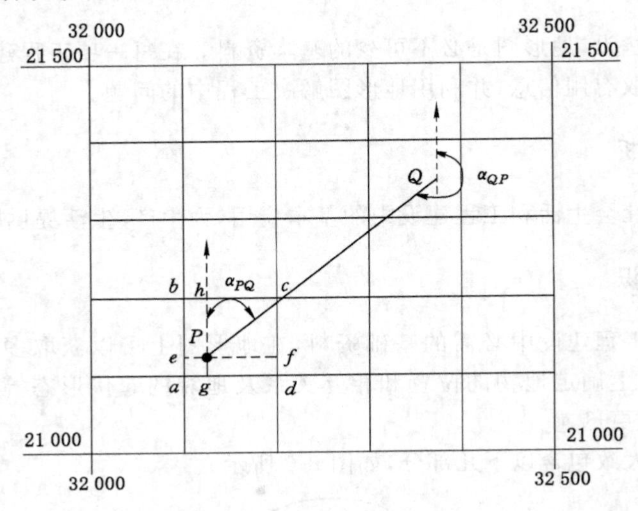

图 8-7　确定点的坐标和线段的方位角

（二）求点的大地坐标

在求某点的大地坐标时，首先根据地形图内、外图廓中的分度带，绘出大地坐标格网。接着，作平行于大地坐标格网的纵横直线，交于大地坐标格网。然后，按照上面求点直角坐标的方法计算出点的大地坐标。

二、确定图上直线段的距离

如图 8-7 所示，若求 PQ 两点间的水平距离，最简单的办法是用比例尺或直尺直接从地形图上量取。为了消除图纸的伸缩变形给量取距离带来的误差，可以用两脚规量取 PQ 间的长度，然后与图上的直线比例尺进行比较，得出两点间的距离。更精确的方法是利用前述方法求得 P、Q 两点的直角坐标，再用坐标反算出两点间距离。

三、图上确定直线的坐标方位角

如图 8-7 所示，若求直线 PQ 的坐标方位角 α_{PQ}，可以先过 P 点作一条平行于坐标纵线的直线，然后，用量角器直接量取坐标方位角 α_{PQ}。要求精度较高时，可以利用前述方法先求得 P、Q 两点的直角坐标，再利用坐标反算公式计算出 α_{PQ}。

四、确定图上点的高程

根据地形图上的等高线，可确定任一地面点的高程。如果地面点恰好位于某一等高线上，则根据等高线的高程注记或基本等高距，便可直接确定该点高程。如图 8-8 所示，p 点的高程为 20 m。当确定位于相邻两等高线之间的地面点 q 的高程时，可以采用目估的方法确定。更精确的方法是，先过 q 点作垂直于相邻两等高线的线段 mn，再依高差和平距成比例的关系求解。例如，图中等高线的基本等高距为 1 m，则 q 点高程为：

$$H_q = H_m + \frac{mq}{mn} \cdot h = 23 + \frac{14}{20} \times 1 = 23.7 \text{ m} \tag{8-4}$$

如果要确定两点间的高差，则可采用上述方法确定两点的高程后，相减即得两点间高差。

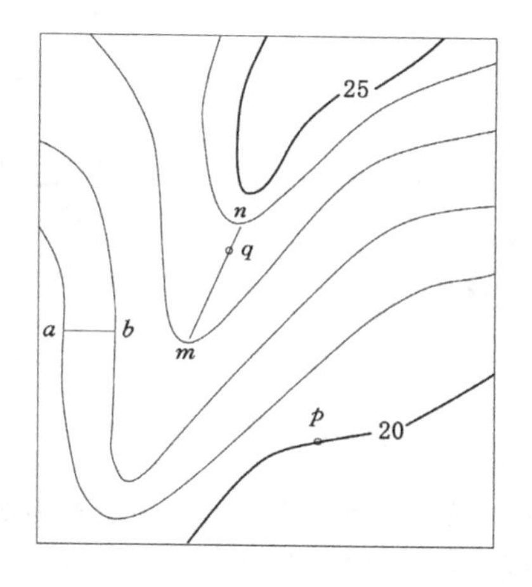

图 8-8　确定点的高程

五、确定图上地面坡度

由等高线的特性可知，地形图上某处等高线之间的平距愈小，则地面坡度愈大。反之，等高线间平距愈大，坡度愈小。当等高线为一组等间距平行直线时，则该地区地貌为斜平面。

如图 8-9，欲求 p、q 两点之间的地面坡度，可先求出两点高程 H_p、H_q，然后求出高差 $h_{pq}=H_q-H_p$，以及两点水平距离 d_{pq}，再按下式计算：

p、q 两点之间的地面坡度：

$$i = \frac{h_{pq}}{d_{pq}} \tag{8-5}$$

p、q 两点之间的地面倾角：

$$\alpha_{pq} = \arctan \frac{h_{pq}}{d_{pq}} \tag{8-6}$$

当地面两点间穿过的等高线平距不等时，计算的坡度则为地面两点的平均坡度。

两条相邻等高线间的坡度，是指垂直于两条等高线两个交点间的坡度。如图 8-8 所示，垂直于等高线方向的直线 ab 具有最大的倾斜角，该直线称为最大倾斜线（或坡度线），通常以最大倾斜线的方向代表该地面的倾斜方向。最大倾斜线的倾斜角，也代表该地面的倾斜角。

此外，也可以利用地形图上的坡度尺求取坡度。

六、在图上设计规定坡度的线路

对管线、渠道、交通线路等工程进行初步设计时，通常先在地形图上选线。按照技术要求，选定的线路坡度不能超过规定的限制坡度，并且线路最短。

如图 8-9 所示，地形图的比例尺为 1∶2 000，等高距为 2 m。设需在该地形图上选出一条由 A 至 B 的最短线路，并且在该线路任何处的坡度都不超 4%。

常见的做法是将两脚规在坡度尺上截取坡度为 4%时相邻两等高线间的平距；也可以按下式计算相邻等高线间的最小平距（地形图上距离）：

$$d = \frac{h}{M \cdot i} = \frac{2}{2\,000 \cdot 4\%} = 25 \text{ mm} \tag{8-7}$$

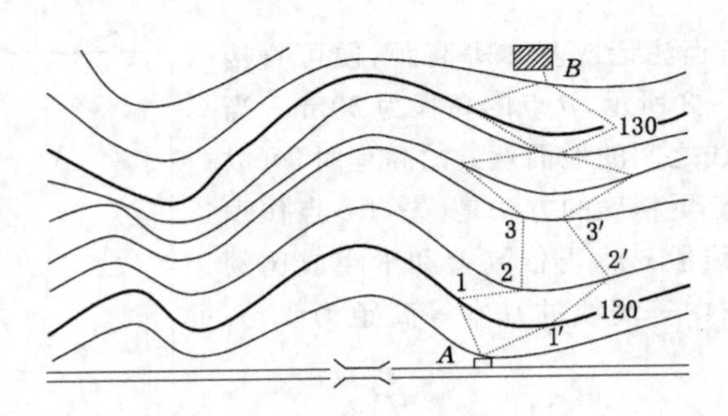

图 8-9 按规定坡度设计线路

然后，将两脚规的脚尖设置为 25 mm，把一脚尖立在以点 A 为圆心上作弧，交另一等高线 1 点，再以 1 点为圆心，另一脚尖交相邻等高线 2′点。如此继续直到 B 点。这样，由 A、1、2、3 至 B 连接的 AB 线路，就是所选定的坡度不超过 4％的最短线路。

从图 8-9 中看出，如果按坡度 4％计算出的平距 d 小于图上等高线间的平距，则说明该处地面最大坡度小于设计坡度，这时可以在两等高线间用垂线连接。此外，从 A 到 B 的线路可采用上述方法选择多条，例如，由 A、1′、2′、3′至 B 所确定的线路。最后选用哪条，则主要根据占用耕地、撤迁民房、施工难度及工程费用等因素决定。

七、沿图上已知方向绘制断面图

地形断面图是指沿某一方向描绘地面起伏状态的竖直面图。在交通、渠道以及各种管线工程中，可根据断面图地面起伏状态，量取有关数据进行线路设计。断面图可以在实地直接测定，也可根据地形图绘制。

绘制断面图时，首先要确定断面图的水平方向和垂直方向的比例尺。通常，在水平方向采用与所用地形图相同的比例尺，而垂直方向的比例尺通常要比水平方向大 10 倍，以突出地形起伏状况。

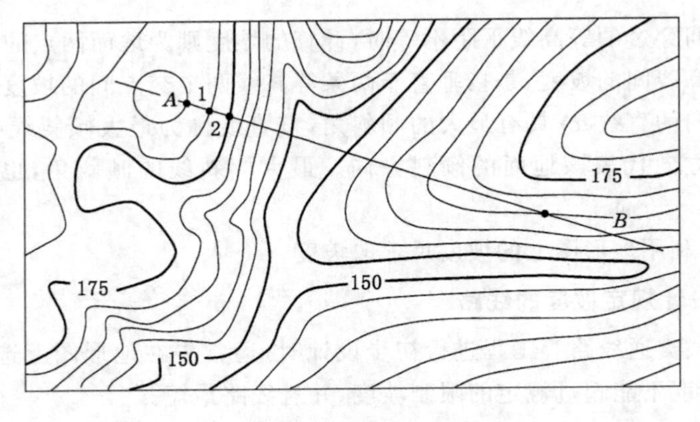

图 8-10 断面线 AB

如图 8-10 所示，要求在等高距为 5 m、比例尺为 1∶5 000 的地形图上，沿 AB 方向绘制地形断面图，方法如下：

在地形图上绘出断面线 AB，依次交于等高线 1，2，3，…点。

(1) 如图 8-11，在另一张白纸（或毫米方格纸）上绘出水平线 AB，并作若干平行于 AB

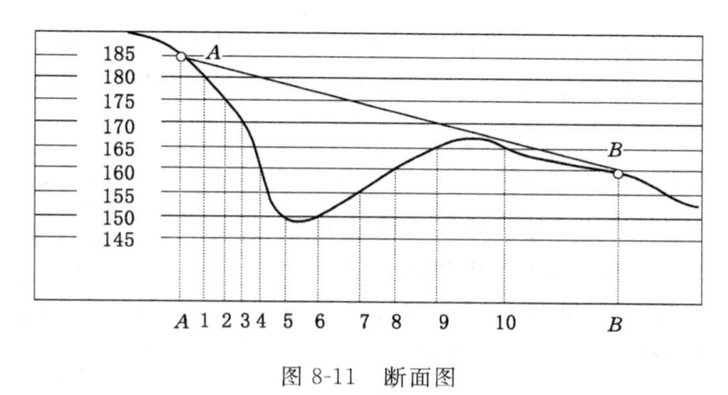

图 8-11　断面图

等间隔的平行线，间隔大小依竖向比例尺而定，再注记出相应的高程值。

(2) 把 1,2,3,…等交点转绘到水平线 AB 上，并通过各点作 AB 垂直线，各垂线与相应高程的水平线的交点即为断面点。

(3) 用平滑曲线连接各断面点，则得到沿 AB 方向的断面图，如图 8-11 所示。

八、确定两地面点间是否通视

要确定地面上两点之间是否通视，可以根据地形图来判断。如果地面两点间的地形比较平坦时，通过在地形图上观看两点之间是否有阻挡视线的建筑物就可以进行判断。但在两点间之间地形起伏变化较复杂的情况下，则可以采用绘制简略断面图来确定其是否通视，如图 8-11 所示，可以通过图判断 A、B 两点是否通视。

九、在地形图上绘出填挖边界线

在平整场地的土石方工程中，可以在地形图上确定填方区和挖方区的边界线。如图 8-12所示，要将山谷地形平整为一块平地，并且其设计高程为 45 m，则填挖边界线就是 45 m 的等高线，可以直接在地形图上确定。

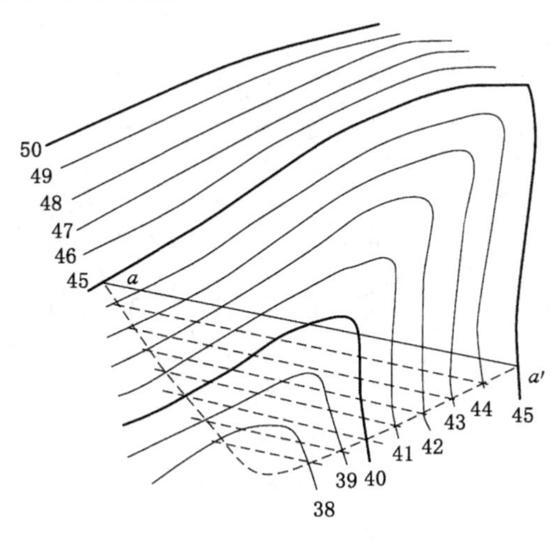

图 8-12　确定填挖边界

如果在场地边界 aa' 处的设计边坡为 1∶1.5(即每 1.5 m 平距下降深度 1 m)，欲求填方坡脚边界线，则须在图上绘出等高距为 1 m、平距为 1.5 m、一组平行于 aa' 的表示斜坡面的等高线。如图 8-12 所示，根据地形图同一比例尺绘出间距为 1.5 m 的平行等高线与地形图同高程等高线的交点，即为坡脚交点。依次连接这些交点，即绘出填方边界线。同理，根据设计边坡，也可绘出挖方边界线。

十、确定汇水面积

在交通线路的涵洞、桥梁或水库的堤坝等工程建设中，需要确定有多大面积的雨水量汇集到桥涵或水库，即需要确定汇水面积，以便进行桥涵和堤坝的设计工作。通常是在地形图上确定汇水面积。

汇水面积是由山脊线所构成的区域。如图 8-13 所示，某公路经过山谷地区，欲在 m 处建造涵洞，cn 和 em 为山谷线，注入该山谷的雨水是由山脊线(即分水线)a、b、c、d、e、f、g 及公路所围成的区域。区域汇水面积可通过面积量测方法得出。另外，根据等高线的特性可知，山脊线处处与等高线相垂直，且经过一系列的山头和鞍部，可以在地形图上直接确定。

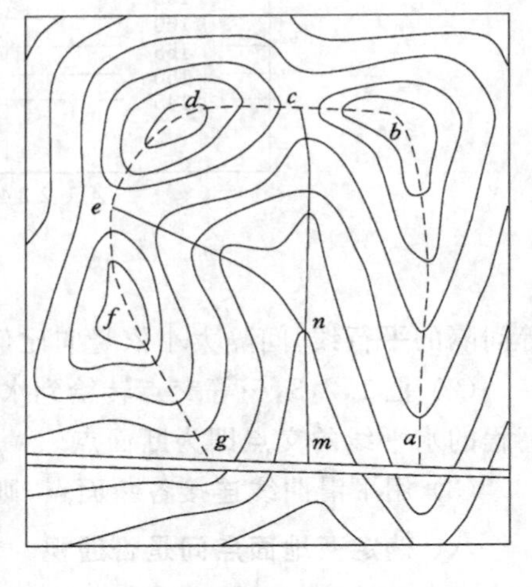

图 8-13 确定汇水面积

1. 简述按规定坡度设计线路的流程。
2. 简述断面图的绘制步骤。
3. 如图 8-14 所示。

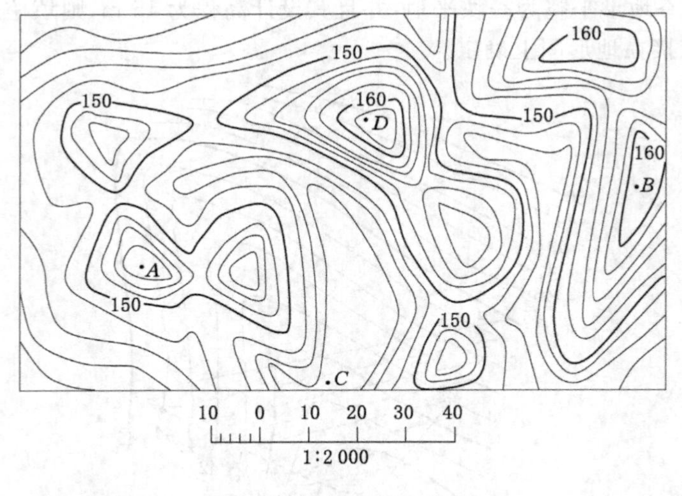

图 8-14 习题用图

(1) 求 A、B 两点的高程，并用图下直线比例尺求出 A、B 两点间的水平距离及坡度。

(2) 绘出 A、B 之间的地形断面图(平距比例尺为 1∶2 000，高程比例尺为 1∶200)。

(3) 找出图内山坡最陡处，并求出该最陡坡度值。

(4) 从 C 到 D 作一条坡度不大于 10% 的最短路线。

(5) 绘出过 C 点的汇水面积。

(6) 判断 A 与 B 之间、B 与 C 之间是否通视。

任务三　学会利用地形图计算面积

【知识要点】 利用地形图计算面积。

【技能目标】 学会利用地形图计算面积。

任务导入

面积量算是地形图应用中常遇到的问题，土地利用规划、城市规划、土地详查等都需要土地面积量算。面积量算可以在实施地依照量测数据进行，但不如利用地形图计算迅速简便，所以用地形图量算面积的方法得到广泛应用。从地形图获取有用信息，也是我们必须要掌握的技能。

任务分析

了解利用地形图量算面积的方法，学会用各种方法计算面积。

相关知识

利用地形图量算面积的方法有以下几种：

(1) 图解法。将欲求图形划分成一些简单的几何图形（如三角形、平行四边形、梯形等），然后根据从图上量取的线段长度进行计算。

(2) 解析法。根据由现场所测得的线段长度和角度，或根据它们的函数（坐标）进行计算。

(3) 方格网、网点法。利用图形占透明方格纸的方格数或网点个数来进行计算。

(4) 求积仪法。利用求积仪计算面积。

任务实施

一、几何图形法

当欲求面积的边界为直线时，可以把该图形分解为若干个规则的几何图形，例如三角形、梯形或平行四边形等，如图 8-15 所示。然后，量出这些图形的边长，这样就可以利用几何公式计算出每个图形的面积。最后，将所有图形的面积之和乘以该地形图比例尺分母的平方，即为所求面积。

二、坐标计算法

如果图形为任意多边形，并且，各顶点的坐标已知，则可以利用坐标计算法精确求算该图形的面积。如图 8-16 所示，各顶点按照逆时针方向编号，则面积为：

$$S = \frac{1}{2}\sum_{i=1}^{n} x_i (y_{i-1} - y_{i+1}) \tag{8-8}$$

上式中，当 $i=1$ 时，y_{i-1} 用 y_n 代替；当 $i=n$ 时，y_{i+1} 用 y_1 代替。

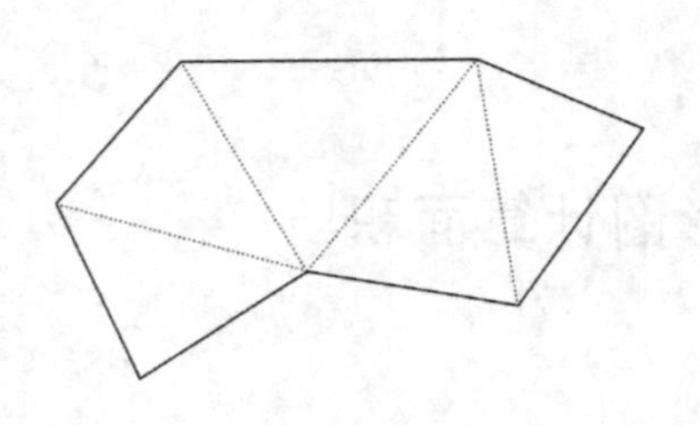

图 8-15　几何法算面积

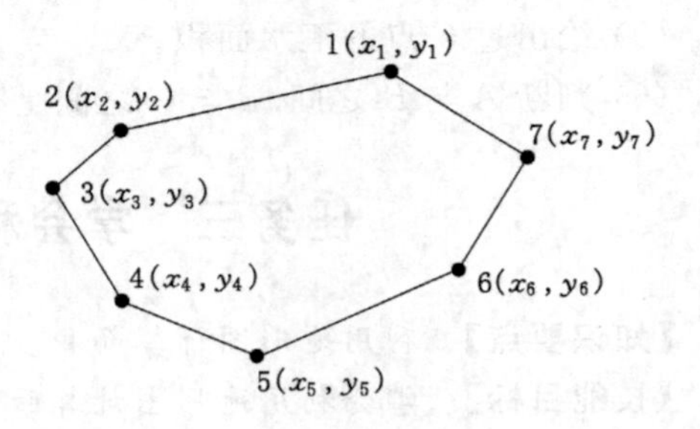

图 8-16　坐标法算面积

三、透明方格法

对于不规则图形，可以采用图解法求算图形面积。通常使用绘有单元图形的透明纸蒙在待测图形上，统计落在待测图形轮廓线以内的单元图形个数来量测面积。

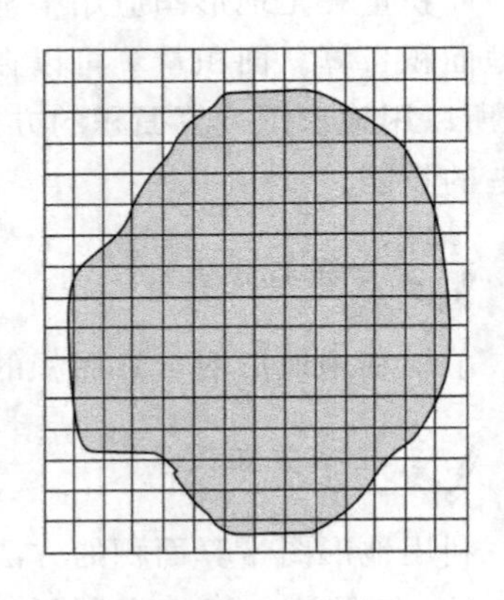

图 8-17　方格法

透明方格法通常是在透明纸上绘出边长为 1 mm 的小方格，如图 8-17，每个方格的面积为 1 mm^2，而所代表的实际面积则由地形图的比例尺决定。量测图上面积时，将透明方格纸固定在图纸上，先数出完整小方格数 n_1，再数出图形边缘不完整的小方格数 n_2。然后，按下式计算整个图形的实际面积：

$$S = \left(n_1 + \frac{n_2}{2}\right) \cdot \frac{M^2}{10^6} \ \mathrm{m}^2 \qquad (8\text{-}9)$$

上式中，M 为地形图比例尺分母。

四、透明平行线法

透明方格网法的缺点是数方格困难，为此，可以使用图 8-18 所示的透明平行线法。被测图形被平行线分割成若干个等高的长条，每个长条的面积可以按照梯形公式计算。例如，图中绘有斜线的面积，其中间位置的虚线为上底加下底的平均值 d_i，可以直接量出，而每个梯形的高均为 h，则其面积为：

$$S = \sum_{i=1}^{n} d_i \cdot h = h \sum_{i=1}^{n} d \qquad (8\text{-}10)$$

五、电子求积仪的使用

电子求积仪是一种用来测定任意形状图形面积的仪器，如图 8-19 所示。

在地形图上求取图形面积时，先在求积仪的面板上设置地形图的比例尺和使用单位，再利用求积仪一端的跟踪透镜的十字中心点绕图形一周来求算面积。电子求积仪具有自动显示量测面积结果、储存测得的数据、计算周围边长、数据打印、边界自动闭合等功能，计算精度可以达到 0.2%。同时，具备各种计量单位，例如，公制、英制，有计算功能，当数据量溢出时会自动移位处理。由于采用了 RS-232 接口，可以直接与计算机相连进行数据管理和处理。

为了保证量测面积的精度和可靠性，应将图纸平整地固定在图板或桌面上。当需要测量的面积较大，可以采取将大面积划分为若干块小面积的方法，分别求这些小面积，最后把

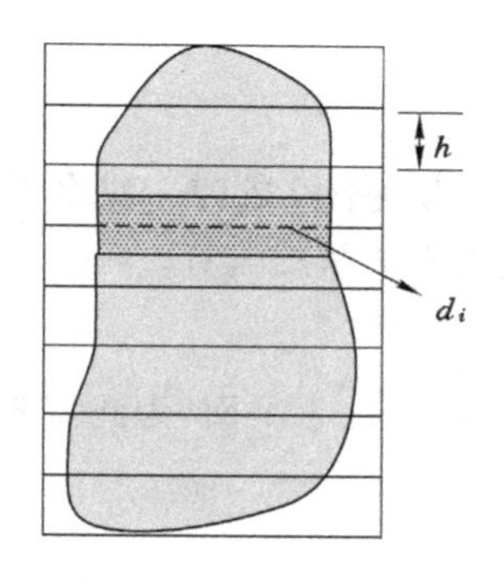

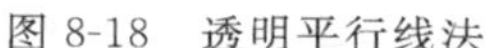
图 8-18　透明平行线法

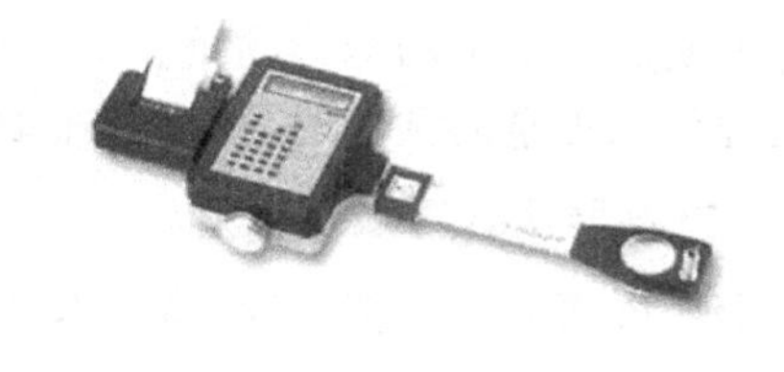
图 8-19　电子求积仪

量测结果加起来。也可以在待测的大面积内划出一个或若干个规则图形(四边形、三角形、圆等),用解析法求算面积,剩下的边、角小块面积用求积仪求取。

思考与练习

1. 计算图形面积常用的方法有哪些?

2. 已知多边形 A、B、C、D 的顶点坐标 (x,y) 依次为:(100.00,100.00)、(160.43,165.25)、(102.78,225.69)、(34.19,177.83),试计算多边形 $ABCD$ 的面积。

任务四　学会在平整土地中应用地形图

【知识要点】 地形图在平整土地中的应用。

【技能目标】 学会利用地形图计算填挖土方量。

任务导入

地形图在工程建设中的应用主要体现在场地平整、地质勘探、规划设计等几个方面。利用地形图完成土方量计算,也是我们必须掌握的技能。

任务分析

了解地形图的应用,掌握土方量的计算原理。

相关知识

在工程建设中通常需要平整土地,计算填挖土石方量,在此方面地形图又可大显身手了。常用的手工计算方法是在此区域范围的地形图上绘上方格网,用内差法求出各顶点的高程。顶点的高程值减去设计高程就是填挖的高度值。正号表示挖,负号表示填。在每格内分别计算填或挖的面积,再乘以由相应区域各顶点高程计算出的填挖高度平均值即得每格填挖的土方量。各格累积即计算出整个施工范围内的填挖土方量。方格大小的选择与精度要求及地形的复杂程度有关。手工计算计算量较大,方格网越密计算工作量越大。目前通常是利用计算机通过数字高程模型计算土方量,精度高、速度快。

任务实施

为了使起伏不平的地形满足一定工程的要求，需要把地表平整成为一块水平面或斜平面。在进行工程量的预算时，可以利用地形图进行填、挖土石方量的概算。

一、方格网法计算填挖方

对于坡度较为平缓的地面，常需要将地面平整为某一高程的水平面，为此需要计算填挖土方量。

如图 8-20 所示，计算步骤如下：

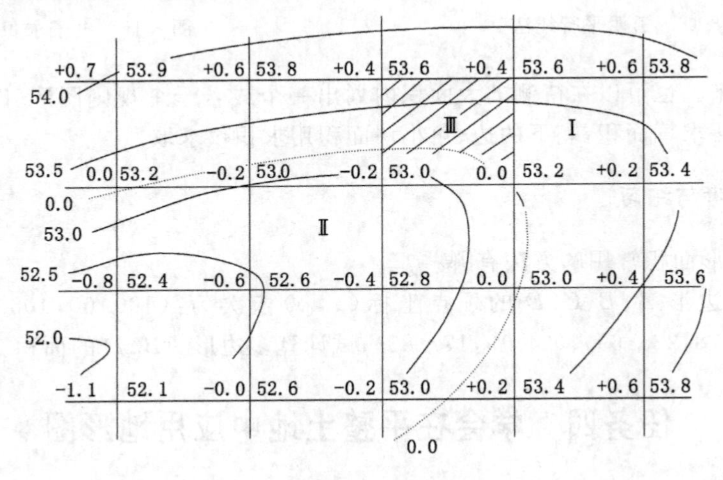

图 8-20　方格网法计算填挖土方量

(一) 绘制方格网

方格的边长取决于地形的复杂程度和土石方量估算的精度要求，一般取 10 m 或 20 m。然后，根据地形图的比例尺在图上绘出方格网。

(二) 求各方格角点的高程

根据地形图上的等高线和其他地形点高程，采用目估法内插出各方格角点的地面高程值，并标注于相应顶点的右上方。

(三) 计算设计高程

将每个方格角点的地面高程值相加，并除以 4 则得到各方格的平均高程，再把每个方格的平均高程相加除以方格总数就得到设计高程 $H_{设}$。$H_{设}$ 也可以根据工程要求直接给出。

(四) 确定填、挖边界线

根据设计高程 $H_{设}$，在地形图 8-20 上绘出高程为 $H_{设}$ 的高程线(如图中虚线所示)，在此线上的点即为不填又不挖，也就是填、挖边界线，亦称零等高线。

(五) 计算各方格网点的填、挖高度

将各方格网点的地面高程减去设计高程 $H_{设}$，即得各方格网点的填、挖高度，并注于相应顶点的左上方，正号表示挖，负号表示填。

(六) 计算各方格的填、挖方量

下面以图 8-20 中方格Ⅰ、Ⅱ、Ⅲ为例，说明各方格的填、挖方量计算方法。

（1）方格Ⅰ的挖方量

$$V_1 = \frac{1}{4}(0.4 + 0.6 + 0 + 0.2) \cdot A = 0.3A \tag{8-11}$$

（2）方格Ⅱ的填方量：

$$V_2 = \frac{1}{4}(-0.2 - 0.2 - 0.6 - 0.4) \cdot A = -0.35A \tag{8-12}$$

（3）方格Ⅲ的填、挖方量：

$$V_3 = \frac{1}{4}(0.4 + 0.4 + 0 + 0) \cdot A_{挖} - \frac{1}{4}(0 - 0.2 - 0) \cdot A_{挖} = 0.2A_{挖} - 0.05A_{填} \tag{8-13}$$

式中　A——每个方格的实际面积；

$A_{挖}$——方格Ⅲ中挖方区域的实际面积；

$A_{填}$——方格Ⅲ中填方区域的实际面积。

（七）计算总的填、挖方量

将所有方格的填方量和挖方量分别求和，即得总的填、挖土石方量。如果设计高程 $H_{设}$ 是各方格的平均高程值，则最后计算出来的总填方量和总挖方量基本相等。

当地面坡度较大时，可以将地形整理成某一坡度 i 的倾斜面，并保证填、挖土石方量基本平衡，可按下述方法确定填、挖边界线并计算填、挖土石方量：

（1）根据地面总体倾斜方向绘制方格网，即使方格网的纵格线方向与地面总体倾斜方向一致或垂直，其中一条横格线应通过场地中心，如图 8-21 所示。图中方格边长为 20 m。

（2）根据等高线高程内插确定各网格顶点处地面高程，并注记在相应方格中顶点的右上方。

（3）用与计算水平场地设计高程相同的方法，计算场地的平均高程，并以此高程作为场地重心（即中心水平线）的设计高程 $H_{设}$，如图 8-21 中为 63.5 m，并标注在中心水平线下面

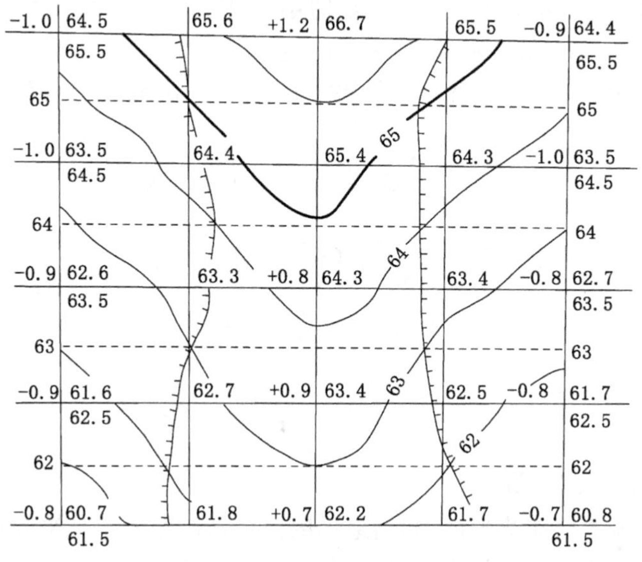

图 8-21　平整为倾斜平面时的填、挖方量计算

的两端。

(4) 根据重心设计高程 $H_{重}$ 和设计坡度 i 及中心水平线到坡顶、坡底间的水平距离 D，用 $H_{顶(底)} = H_{重} \pm i \times D$ 计算坡顶线和坡底线的设计高程。如图 8-21 中坡顶和坡底的设计高程分别为 65.5 m 和 61.5 m。同样方法确定其他顶点的设计高程。设计高程标注在相应顶点的右下角。

(5) 计算各方格网顶点的填挖深度。

(6) 根据设计坡度及坡顶和坡底的高程，用内插法确定坡面等高线(用虚线表示的直线)，它们与地面等高线的交点即为填、挖分界点，填挖分界点的连线即为填、挖分界线(用坎的符号表示的线)。

(7) 计算填、挖土石方量。计算方法与水平场地计算填、挖方量方法相同。

由图 8-21 可知，当把地面平整为水平面时，每个方格角点的设计高程值相同。而当把地面平整为倾斜面时，每个方格角点的设计高程值则不一定相同，这就需要在图上绘出一组代表倾斜面的平行等高线。绘制这组等高线必备的条件是：等高距、平距、平行等高线的方向(或最大坡度线方向)以及高程的起算值。它们都是通过具体的设计要求直接或间接提供的，如图 8-21 所示。绘出倾斜面等高线后，通过内插法即可求出每个方格角点的设计高程值。这样，便可以计算各方格网点的填、挖高度，并计算出每个方格的填、挖方量及总填、挖方量。

二、等高线法计算填挖方量

如果地形起伏较大时，可以采用等高线法计算土石方量。首先从设计高程的等高线开始计算出各条等高线所包围的面积，然后将相邻等高线面积的平均值乘以等高距即得总的填挖方量。

如图 8-22 所示，地形图的等高距为 5 m，要求平整场地后的设计高程为 492 m。首先在地形图中内插出设计高程为 492 m 的等高线(如图中虚线)，再求出 492 m、495 m、500 m，3 条等高线所围成的面积 A_{492}、A_{495}、A_{500}，即可算出每层土石方的挖方量为：

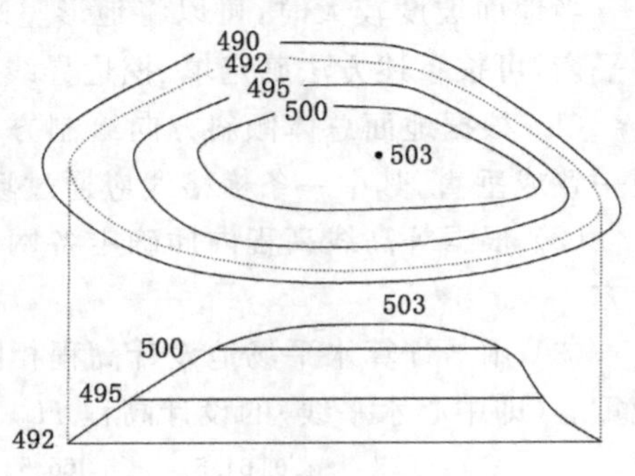

图 8-22　等高线法计算填挖方

$$V_{492\text{-}495} = \frac{1}{2}(A_{492} + A_{495}) \cdot 3 \tag{8-14}$$

$$V_{495\text{-}500} = \frac{1}{2}(A_{495} + A_{500}) \cdot 5 \tag{8-15}$$

$$V_{500\text{-}503} = \frac{1}{3}A_{500} \cdot 3 \tag{8-16}$$

则，总的土石方挖方量为：

$$V_{总} = \sum V = V_{492\text{-}495} + V_{495\text{-}500} + V_{500\text{-}505} \tag{8-17}$$

三、断面法计算填挖方量

这种方法是在施工场地范围内，利用地形图以一定间距绘出地形断面图，并在各个断面图上绘出平整场地后的设计高程线。然后，分别求出断面图上地面线与设计高程线所围成的面积，再计算相邻断面间的土石方量，求其和即为总土石方量。

思考与练习

1. 简述方格网法计算填挖方的步骤。

2. 简述等高线法计算填挖方的步骤。

3. 为了将某地块整理成平面，在该区域地形图上绘制方格网如图 8-23，请计算该地块的设计高程。

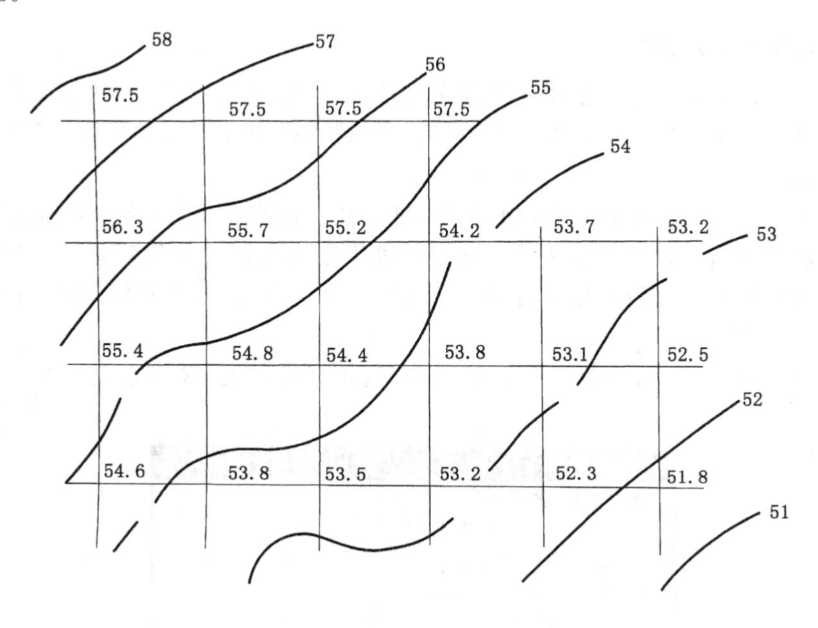

图 8-23　第 3 题图

任务五　CASS 软件案例实战

【知识要点】 CASS 软件应用。

【技能目标】 学会使用 CASS 软件完成相关操作。

任务导入

CASS 软件是广州南方测绘科技股份有限公司基于 CAD 平台开发的一套集地形、地籍、空间数据建库、工程应用、土石方算量等功能为一体的软件系统。该软件在业内应用非常广泛，是目前主流成图和土石方计算软件系统。在工程实践中熟练使用 CASS 软件进行数据处理，也是我们必须要掌握的技能。

任务分析

了解 CASS 软件操作，为解决生产、生活中遇到的实际问题提供辅助决策。

相关知识

CASS 软件提供了方格网法、等高线法、DTM 法和断面法等丰富的土方计算方法，对不同的工程条件可灵活地采用合适的土方计算模型。

任务实施

一、方格网法土方计算

由方格网来计算土方量是根据实地测定的地面点坐标(X,Y,Z)和设计高程，通过生成方格网来计算每一个方格内的填挖方量，最后累计得到指定范围内填方和挖方的土方量，并绘出填挖方分界线。

系统首先将方格的四个角上的高程相加(如果角上没有高程点，通过周围高程点内插得出其高程)，取平均值与设计高程相减。然后通过指定的方格边长得到每个方格的面积，再用长方体的体积计算公式得到填挖方量。方格网法简便直观，易于操作，因此这一方法在实际工作中应用非常广泛。

用方格网法算土方量，设计面可以是平面，也可以是斜面，还可以是三角网，如图 8-24 所示。

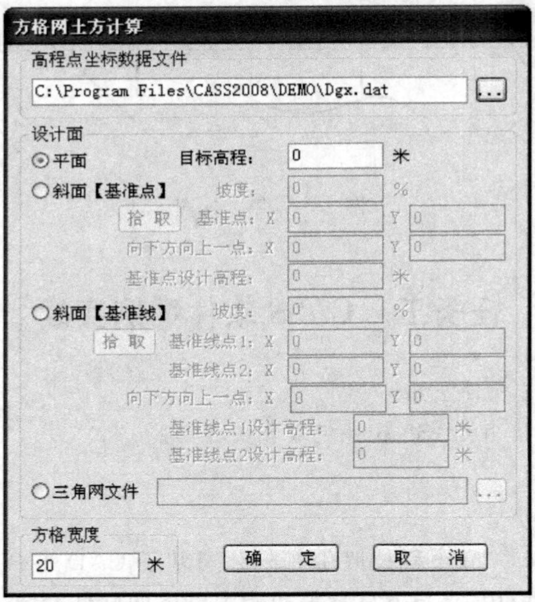

图 8-24　方格网土方计算对话框

(1) 设计面是平面时的操作步骤

用复合线画出所要计算土方的区域，一定要闭合，但是尽量不要拟合。因为拟合过的曲线在进行土方计算时会用折线迭代，影响计算结果的精度。

选择“工程应用\方格网法土方计算”命令。命令行提示：“选择计算区域边界线”，选择土方计算区域的边界线(闭合复合线)。

屏幕上将弹出如图 8-24 所示的方格网土方计算对话框，在对话框中选择所需的坐标文件；在“设计面”栏选择“平面”，并输入目标高程；在“方格宽度”栏，输入方格网的宽度，这是每个方格的边长，默认值为 20 m。由原理可知，方格的宽度越小，计算精度越高。但如果给的值太小，超过了野外采集的点的密度也是没有实际意义的。

点击“确定”，命令行提示：最小高程＝××.×××，最大高程＝××.×××，总填方＝××××.×立方米，总挖方＝×××.×立方米。

同时图上绘出所分析的方格网，填挖方的分界线（绿色折线），并给出每个方格的填挖方，每行的挖方和每列的填方。结果如图 8-25 所示。（如果看不到图形，可以选择“显示\显示缩放\范围”命令）。

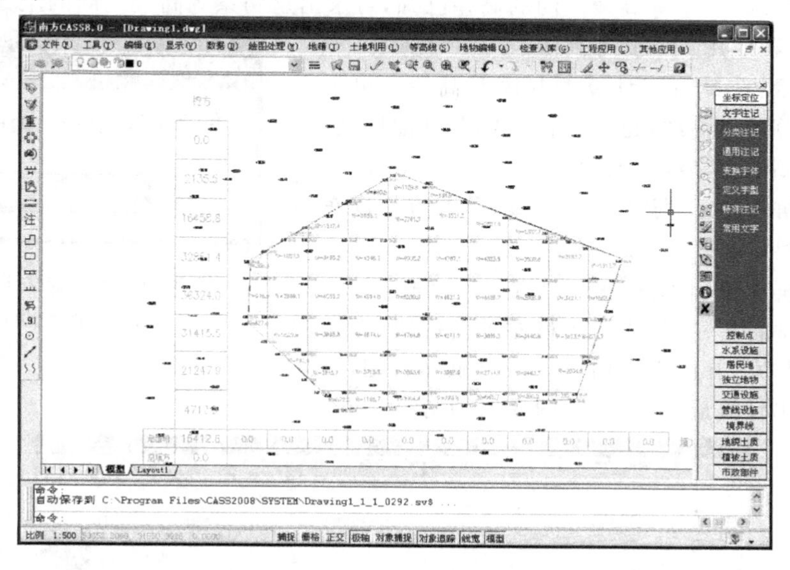

图 8-25　方格网法土方计算成果图

（2）设计面是斜面时的操作步骤

设计面为斜面时的操作步骤与平面的基本相同，区别在于在方格网土方计算对话框“设计面”栏中，有选择“斜面（基准点）”或“斜面（基准线）”两种情况。

① 设计面是斜面（基准点）时，需要确定坡度、基准点和向下方向上一点的坐标，以及基准点的设计高程。

点击“拾取”，命令行提示：点取设计面基准点：确定设计面的基准点；指定斜坡设计面向下的方向：点取斜坡设计面向下的方向。

② 设计面是斜面（基准线），需要输入坡度并点取基准线上的两个点以及基准线向下方向上的一点，最后输入基准线上两个点的设计高程即可进行计算。

点击“拾取”，命令行提示：点取基准线第一点：点取基准线的一点；点取基准线第二点：点取基准线的另一点。指定设计高程低于基准线方向上的一点：指定基准线方向两侧低的一边。

方格网计算的成果如图 8-25。

（3）设计面是三角网文件时的操作步骤

选择设计的三角网文件，点击“确定”，即可进行方格网土方计算。三角网文件由“等高线”菜单生成。

二、等高线法土方计算

用户将纸质地形图扫描矢量化后可以得到图形。但这样的图都没有高程数据文件，所以无法用前面的几种方法计算土方量。

一般来说，这些图上都会有等高线，所以，CASS 软件开发了由等高线计算土方量的功能，专为这类用户设计。

用此功能可计算任两条等高线之间的土方量，但所选等高线必须闭合。由于两条等高线所围面积可求，两条等高线之间的高差已知，可求出这两条等高线之间的土方量。

点取“工程应用”下的“等高线法土方计算”。

屏幕提示：选择参与计算的封闭等高线。可逐个点取参与计算的等高线，也可按住鼠标左键拖框选取。但是只有封闭的等高线才有效。

回车后屏幕提示：输入最高点高程：<直接回车不考虑最高点>。

回车后屏幕弹出如图 8-26 总方量消息框。

图 8-26　等高线法土方计算总方量消息框

回车后屏幕提示：请指定表格左上角位置（直接回车不绘制表格）。在图上空白区域点击鼠标右键，系统将在该点绘出计算成果表格，如图 8-27 所示。

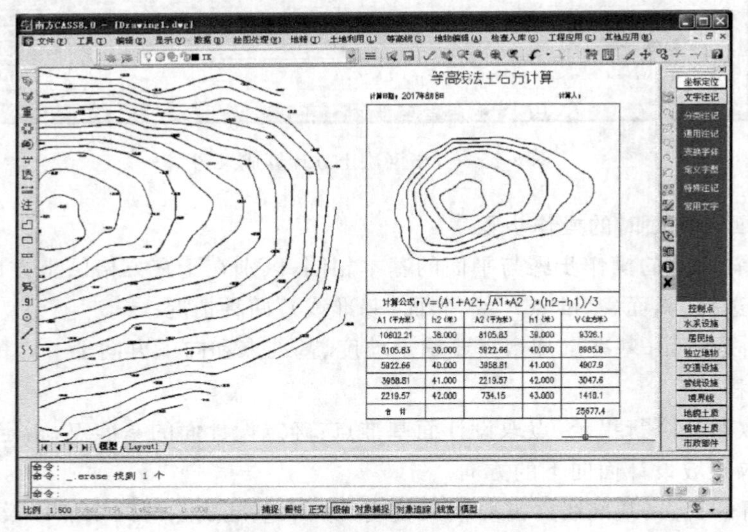

图 8-27　等高线法土方计算

可以从表格中看到每条等高线围成的面积和两条相邻等高线之间的土方量，另外，还有计算公式等。

三、区域土方量平衡

土方平衡的功能常在场地平整时使用。当一个场地的土方平衡时，挖掉的土石方刚好等于填方量。以填挖方边界线为界，从较高处挖得的土石方直接填到区域内较低的地方，就可完成场地平整。这样可以大幅度减少运输费用。此方法只考虑体积上的相等，并未考虑砂石密度等因素。

在图上展出点，用复合线绘出需要进行土方平衡计算的边界。

点取"工程应用\区域土方平衡\根据坐标数据文件(根据图上高程点)"，如果要分析整个坐标数据文件，可直接回车，如果没有坐标数据文件，而只有图上的高程点，则选根据图上高程点。

命令行提示：选择边界线、点取第一步所画闭合复合线、输入边界插值间隔(米)：＜20＞。

这个值将决定边界上的取样密度，如果密度太大，超过了高程点的密度，实际意义并不大。一般用默认值即可。

如果前面选择的是"根据坐标数据文件"，这里将弹出对话框，要求输入高程点坐标数据文件名，如果前面选择的是"根据图上高程点"，此时命令行将提示：

选择高程点或控制点：用鼠标选取参与计算的高程点或控制点。

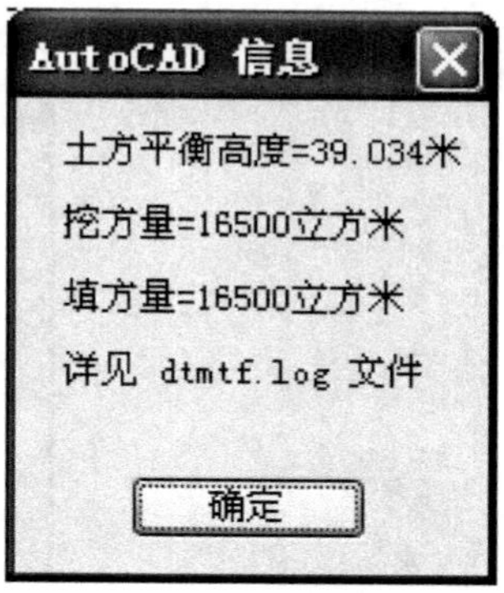

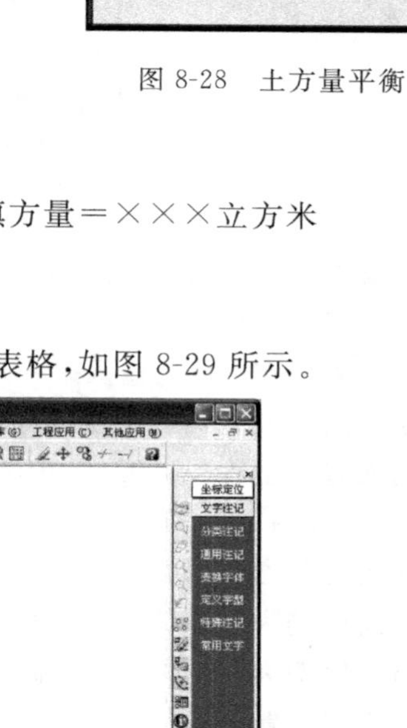

图 8-28　土方量平衡

回车后弹出如图 8-28 所示的对话框：

同时命令行出现提示：

平场面积＝××××平方米

土方平衡高度＝×××米，挖方量＝×××立方米，填方量＝×××立方米

点击对话框的确定按钮，命令行提示：

请指定表格左下角位置：＜直接回车不绘制表格＞

在图上空白区域点击鼠标左键，在图上绘出计算结果表格，如图 8-29 所示。

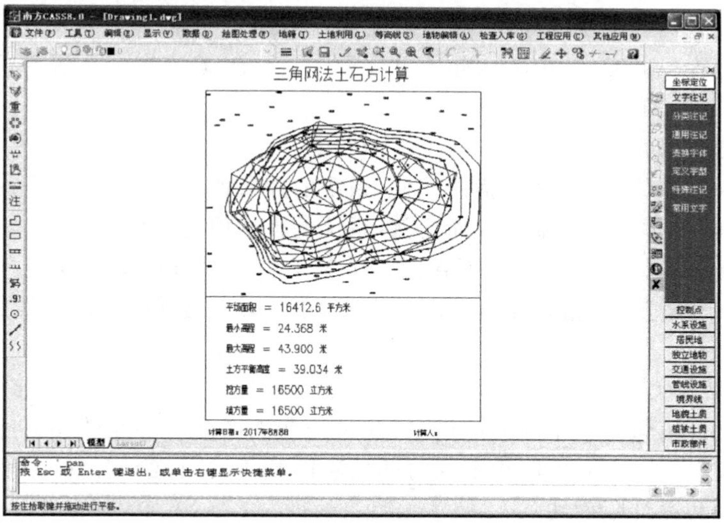

图 8-29　区域土方量平衡

四、断面图的绘制

绘制断面图的方法有 4 种：由坐标文件生成；根据里程文件绘制；根据等高线绘制；根据

三角网绘制。

（一）由坐标文件生成

坐标文件指野外观测得的包含高程点文件，方法如下：

先用复合线生成断面线，点取“工程应用\绘断面图\根据已知坐标”功能。提示：选择断面线 用鼠标点取上步所绘断面线。屏幕上弹出“断面线上取值”的对话框，如图 8-30 所示，如果选择已知“坐标获取方式”栏中选择“由数据文件生成”，则在“坐标数据文件名”栏中选择高程点数据文件。

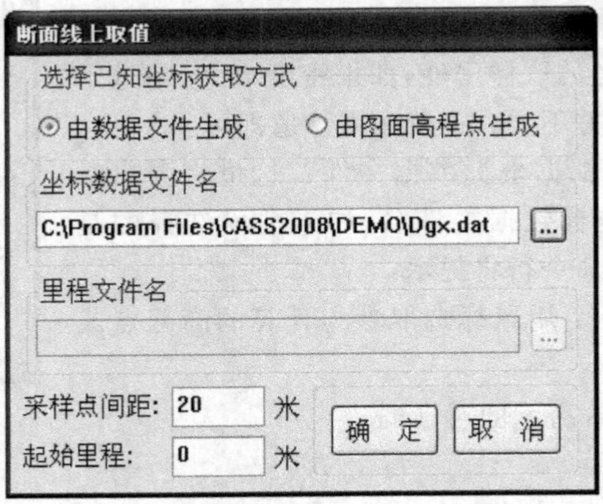

断面线上取值
选择已知坐标获取方式
⊙由数据文件生成 ○由图面高程点生成
坐标数据文件名
C:\Program Files\CASS2008\DEMO\Dgx.dat ...
里程文件名
...
采样点间距：20 米
起始里程：0 米
确 定 取 消

图 8-30 根据已知坐标绘断面图

如果选“由图面高程点生成”，此步则为在图上选取高程点，前提是图面存在高程点，否则此方法无法生成断面图。

输入采样点间距：输入采样点的间距，系统的默认值为 20 m。采样点的间距的含义是复合线上两顶点之间若大于此间距，则每隔此间距内插一个点。

输入起始里程＜0.0＞系统默认起始里程为 0。点击“确定”之后，屏幕弹出绘制纵断面图对话框，如图 8-31 所示。

输入相关参数，如：

横向比例为 1∶＜500＞ 输入横向比例，系统的默认值为 1∶500。

纵向比例为 1∶＜100＞ 输入纵向比例，系统的默认值为 1∶100。

断面图位置：可以手工输入，亦可在图面上拾取。可以选择是否绘制平面图、标尺、标注；还有一些关于注记的设置。点击“确定”之后，在屏幕上出现所选断面线的断面图。如图 8-32 所示。

（二）根据里程文件绘制

一个里程文件可包含多个断面的信息，此时绘断面图就可一次绘出多个断面。里程文件的一个断面信息内允许有该断面不同时期的断面数据，这样绘制这个断面时就可以同时绘出实际断面线和设计断面线。

（三）根据等高线绘制

如果图面存在等高线，则可以根据断面线与等高线的交点来绘制纵断面图。选择“工程应用\绘断面图\根据等高线”命令，命令行提示：请选取断面线。选择要绘制断面图的断面线，屏幕弹出绘制纵断面图对话框，如图 8-32 所示。

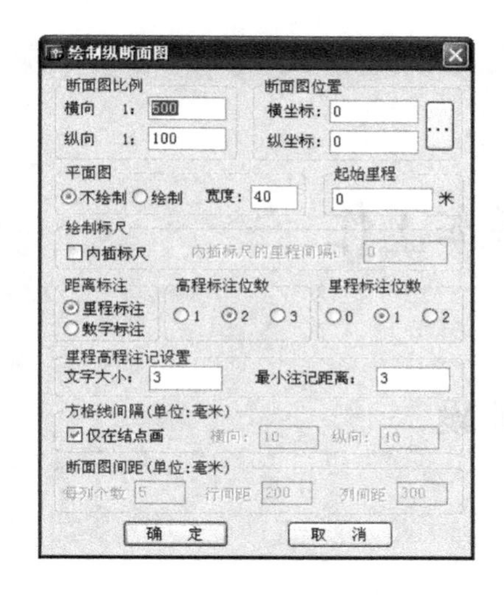

图 8-31　绘制纵断面图对话框

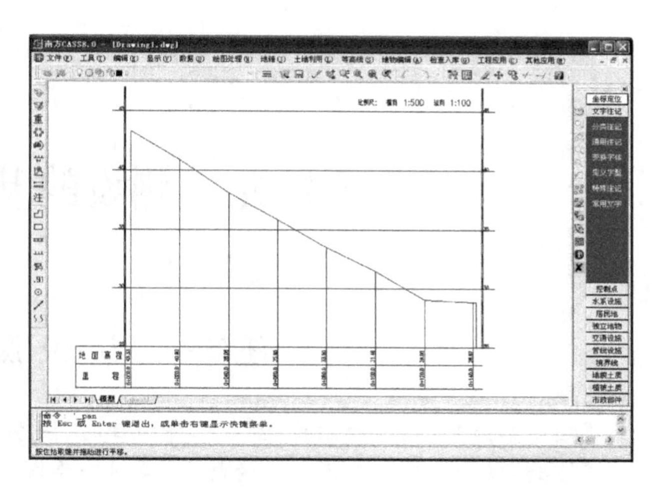

图 8-32　纵断面图

（四）根据三角网绘制

如果图面存在三角网,则可以根据断面线与三角网的交点来绘制纵断面图。选择“工程应用\绘断面图\根据三角网”命令,命令行提示:请选取断面线。选择要绘制断面图的断面线,屏幕弹出绘制纵断面图对话框,如图 8-32 所示。

思考与练习

1. 简述 CASS 软件方格网法计算土方量的步骤。
2. 简述 CASS 软件绘制断面图的步骤。

项目九　测设的基本工作

任务一　认识测设

【知识要点】　测设的意义;测设工作的目的、任务。

【技能目标】　理解测设工作的特点、原则和要求。

任务导入

测设又称为标定、放样或施工测量,是测量工作的任务之一。测设工作贯穿于工程施工建设的全过程。

任务分析

测设对象的多样性和特殊性,决定了测设的目的、内容和特点,测设应遵循工作原则,并按要求进行。

相关知识

一、测设的目的、内容和特点

1. 测设的目的

按照设计和施工的要求将设计对象(如建筑物、构筑物)的平面位置在施工场地上标定出来,作为施工的依据,并在施工过程中进行一系列的测量工作,以衔接和指导各工序之间的施工。

2. 测设的内容

(1) 为正确测设建立控制网。

(2) 测设对象详细放样。

(3) 测设结果的检查、验收。

(4) 变形观测

3. 测设工作的特点

(1) 测设对象有变化。随着工程施工的进展,测设对象会不断发生变化。例如在地面建筑施工中,先要进行建筑基线和方格网的测设,再进行建筑物定位及轴线的测设。在地质勘探工程中,先进行基线的测设,再进行勘探线、勘探网的测设,最后是钻孔位置的测设等。

(2) 测设精度有侧重。在测绘地形图时,要求测量精度要分布均匀。但在测设时,对于重要测设对象或其局部，测设精度要求有所侧重。例如：在测设同一地面建筑物时，主轴线的测设误差只能使整个建筑物的位置产生微小的偏移，影响不大，但对其细部的测设必须保证其位置准确，否则将直接影响建筑物各个部位的几何关系。因此，测设细部的精度一般要比测设主轴线的精度高。

（3）测设方法有变化。对于不同的测设对象，要根据测设现场情况和精度要求选用不同精度的仪器和测设方法。例如：当控制点和设计高程点的高差较小时，可采用水准仪测设设计高程。当高差较大时，只能用钢尺配合水准仪等其他工具进行测设设计高程。

（4）测设受施工影响。测设工作受施工工序影响，受施工场地和环境的影响。

二、测设工作应遵循的原则

（1）高级控制低级；

（2）边测设边检核。

对测设工作的要求主要有：

（1）测设精度应满足工程质量要求。必须严格按工程施工设计图的要求进行测设，保证测设精度。

（2）测设应满足施工进度的要求。测设与施工的进度和质量有密切的关系，且相互影响。测量人员应熟悉施工进度安排，掌握现场实际进展情况，利用施工各阶段的组织间歇和时间安排及时做好测设工作。

（3）测设应严格按相关测量规范和细则进行。

（4）测设应认真严谨，避免错误和粗差。

（5）测设应满足施工安全的要求。

思考与练习

1. 测设的目的是什么？测设工作的内容有哪些？

2. 测设工作有哪些特点？

3. 测设工作应遵循什么原则？

4. 对测设工作有什么要求？

任务二　学会测设距离、水平角和设计高程

【知识要点】 测设水平距离；测设水平角；测设设计高程。

【技能目标】 学会测设水平角、距离和设计高程。

测设工作的主要任务就是将设计的待建工程上的特征点、轴线等的平面位置和高程按照设计要求标定在实地上。对于测量人员来说，这些点、线位置的测设实际上是通过测设水平角、水平距离和测设设计高程来实现的。

任务分析

测设的基本工作有：测设水平角、测设水平距离和测设设计高程3项。

相关知识

1. 测设水平角

指根据一个已知点和已知方向，测设另一个方向，使其与已知方向的夹角等于设计值。测设水平角也称为水平角放样。

2. 测设水平距离

指以一个已知点为起点，沿给定的方向线测设一点，使该点到起点的水平距离为给定的设计值。测设水平距离又称为距离放样。

3. 测设设计高程

指根据已知水准点的高程，用水准测量的方法测设另一点，使该点的高程等于设计值。测设设计高程又称为高程放样或标定高程。同时测设多个相同设计高程的点称为抄平。

任务实施

一、测设水平角的方法

测设水平角常用的仪器有光学经纬仪、电子经纬仪和全站仪等。无论用哪种仪器，其测设方法都是相同的。测设水平角的方法有一般方法和精密方法。

1. 一般方法测设水平角

当测设精度要求不高时，可用盘左、盘右取平均值的方法测设水平角。

如图9-1所示，O为已知点，OA为已给定的方向线，欲在O点测设OB_1方向，使OB_1方向线与OA方向线的水平角为设计值β。

测设步骤如下：

(1) 安置经纬仪于O点，盘左位置照准A点，置水平度盘为$0°00'00''$。

(2) 顺时针转动照准部，使水平度盘读数接近设计角度β值时制动，然后用水平微动螺旋缓慢调节照准部转运，使水平度盘的读数为β值。

(3) 在望远镜的视线方向上先钉一木桩，再在木桩上钉一小钉，使小钉与十字丝竖丝重合，定出B'。

(4) 倒转望远镜，盘右位置照准A点，置水平度盘为$180°00'00''$。

(5) 顺时针转动照准部，使水平度盘读数接近设计角度$180°00'00''+\beta$值时，制动照准部。再用水平微动螺旋缓慢调节，使水平度盘的读数为$180°00'00''+\beta$值时，在视线方向的木桩上定出B''点。

(6) 若B'与B''重合，则所测设的角度为β。若两点不重合，取两点连线的中点B_1，则OB_1方向与OA方向的夹角为所测设的β角。

2. 精密方法测设水平角

当测设精度要求高时，用作垂线改正的方法测设水平角。如图9-2所示，O点为已知点，OA为已知方向线，需要精确测设设计水平角β。

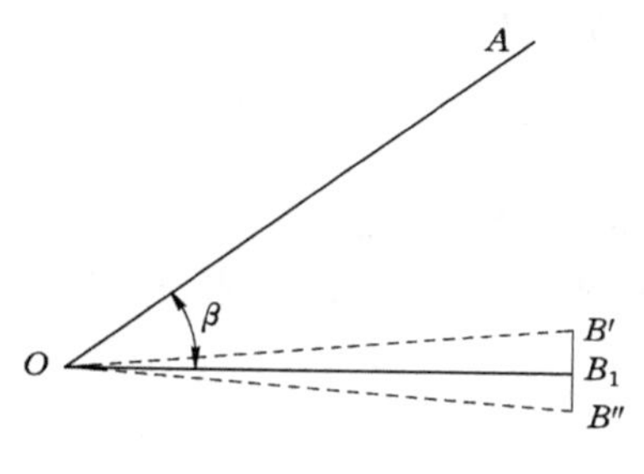

图 9-1　一般方法测设水平角

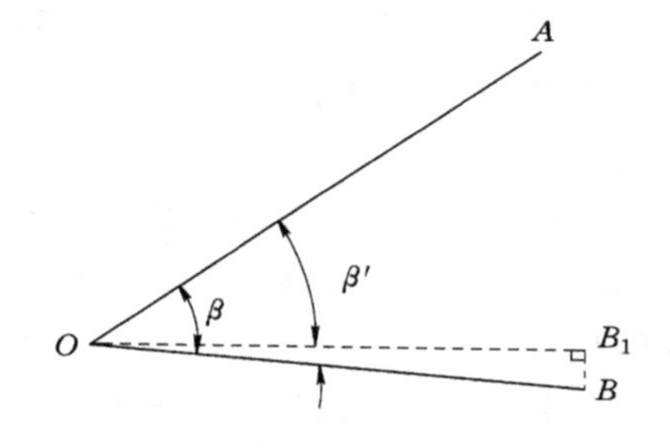

图 9-2　精密方法测设水平角

测设步骤如下：

(1) 在 O 点安置经纬仪，先用一般方法测设 β 角，确定出 B_1 点。

(2) 用测回法多测回(测回数取决于精度要求)观测已测设的水平角，取平均值得 β'。

(3) 设 $\Delta\beta=\beta'-\beta$，根据 OB_1 的水平距离和 $\Delta\beta$，计算过 B_1 点且垂直于 OB_1 方向的改正值 B_1B。即

$$B_1B = OB_1 \times \tan\Delta\beta \approx OB_1 \times \frac{\Delta\beta}{\rho''} \tag{9-1}$$

式中 $\rho''=206\ 265''$

(4) 过 B_1 点作 OB_1 的垂线。当 $\Delta\beta<0$ 时，在垂线上向外量取 B_1B 进行改正；当 $\Delta\beta>0$ 时，在垂线上向内量取 CC' 进行改正。改正后的 OB 与 OA 的水平角即为测设的 β 角。

二、测设水平距离的方法

很近的水平距离测设一般用钢尺，当精度要求较高时采用光电测距仪或全站仪测设。

1. 用钢尺测设水平距离

如图 9-3 所示，已知 A 点及 AB 方向线，要求在 AB 方向上测设一点 C，使 AC 的水平距离为设计值 D。

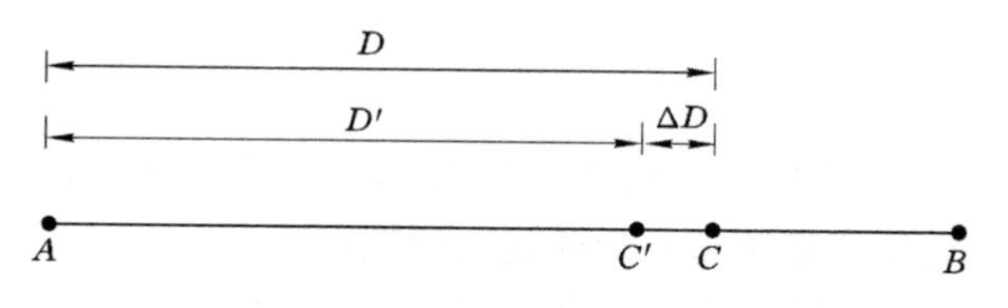

图 9-3　用钢尺测设水平距离

(1) 一般方法测设水平距离

步骤如下：

① 用钢尺从 A 点沿 AB 方向丈量出长度为设计值 D，得 C' 点。

② 从 C' 点返量至 A 点，得到返测距离 D'。

③ 计算往、返测量的相对误差，若在容许范围($\frac{1}{3\ 000}\sim\frac{1}{2\ 000}$)之内，取平均值。

④ 计算平均值与设计值之间的差值 ΔD

$$\Delta D = D' - D \tag{9-2}$$

⑤ 当 ΔD 为正时，从 C' 沿 $C'A$ 方向改正 ΔD，得到 C 点；当 ΔD 为负时，从 C' 沿 AC' 方

向改正 ΔD，得到 C 点。AC 的水平距离就是设计水平距离 D。

(2) 精密方法测设水平距离

步骤如下：

① 如图 9-3 所示，在 AB 直线上按一般方法步骤的①定出 C' 点。

② 用精密量距的方法丈量 AC' 的距离，并加尺长、湿度和倾斜改正，求出 AC' 的精确水平距离 D'。

③ 计算 D' 与 D 的差值 $\Delta D=D'-D$。

④ 当 ΔD 为正时，从 C' 点沿 $C'A$ 方向改正 ΔD，得到 C 点；当 ΔD 为负时，从 C' 点沿 AC' 方向改正 ΔD，得到 C 点。AC 的水平距离就是设计水平距离 D。

2. 用光电测距仪测设水平距离

测设步骤：

① 如图 9-4 所示，安置光电测距仪于 A 点，照准已知方向。

② 在照准的方向上，前、后移动反射棱镜的位置，当测距仪显示的距离值略大于测设的距离 D 时，打木桩，定出 C' 点。

③ 在 C' 点安置棱镜。测出竖直角 α 及加气象改正后的斜距 S。计算水平距离 $D'=S\cos\alpha$，求出 D' 与测设值 D 的差值 $\Delta D=D'-D$。

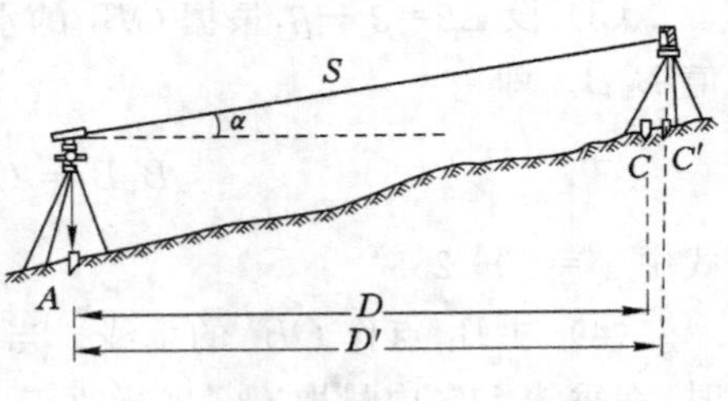

图 9-4 用光电测距仪或全站仪测设水平距离

④ 根据 ΔD 的符号，在实地用小钢尺沿已知方向改正 C' 点到 C 点。用木桩定出点位。

⑤ 将反光棱镜安置在 C 点，测量 AC 的距离，若不等于 D 值，再进行改正。直至测设的距离为设计值 D。

3. 利用全站仪的距离放样功能测设水平距离

全站仪可进行平距、斜距或高差放样。距离放样时，屏幕显示测量距离与预置距离之差。

测设步骤如下：

① 如图 9-4 所示，在 A 点安置全站仪。开机后，在距离测量模式下，单击“放样”或按相应的数字键，屏幕弹出设置放样距离测量模式对话框。

② 选择待放样的距离测量模式为斜距，输入数据 0 后单击“确定”。此时屏幕显示输入平距对话框。输入待放样水平距离的数据后，单击“确定”。

③ 用望远镜按设定方向瞄准棱镜后，屏幕显示测量距离与预设距离的差值。根据差值前后移动棱镜的位置，直至屏幕显示测量距离与预设距离的差值为零。

三、测设设计高程的方法

点的设计高程常用水准仪来测设。其测设方法有视线高程法和高程传递法。

1. 视线高程法

(1) 测设单个点的设计高程

如图 9-5 所示，已知 A 点的高程为 H_A，需要测设 B 点，使 B 点的设计高程为 H_B。

测设步骤如下：

① 在距 A、B 两点等距离处安置水准仪，并粗略整平。

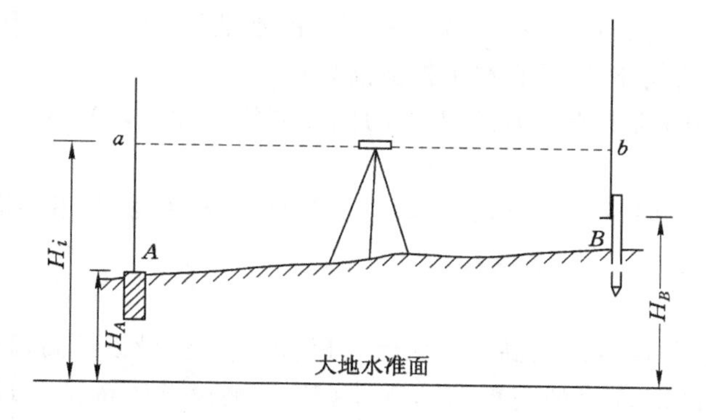

图 9-5　视线高程法

② 在木桩 A 上放置水准尺作为后视尺。用望远镜照准后视尺，精平后读数 a。

③ 计算视线高程

$$H_i = H_A + a$$

④ 计算标定数据

$$b_{应} = H_i - H_B \tag{9-3}$$

⑤ 扶尺手将水准尺置于 B 点木桩的侧面。用望远镜照准水准尺调焦、精平。

⑥ 观测员指挥扶尺手上、下移动水准尺，当望远镜十字丝的中丝在水准尺上的读数为 $b_{应}$ 时，沿水准尺尺底在木桩侧面划线。此线的高程即为设计值 H_B。

(2) 测设多个点的相同设计高程(抄平)

如图 9-6 所示，E 点木桩桩顶的高程为 H_E，现欲在木桩 A、B、C 上同时测设设计高程都为 H_B 的位置。

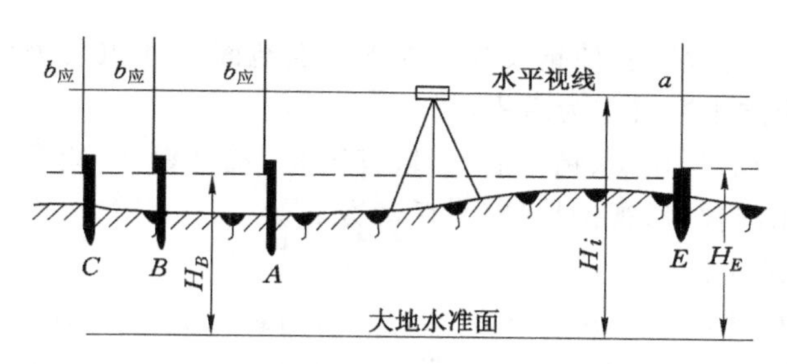

图 9-6　抄平

测设步骤如下：

① 在仪器到木桩 E 和到各木桩的距离尽量相等处安置水准仪，并粗略整平。

② 在木桩 E 上立水准尺作为后视尺。用望远镜照准后视尺，精平后读数为 a。

③ 计算视线高程

$$H_i = H_E + a。$$

④ 计算标定数据

$$b_{应} = H_i - H_B。$$

⑤ 扶尺手将水准尺置于 A 木桩的侧面。用望远镜照准 A 木桩侧面的水准尺，调焦、精平。

⑥ 观测员指挥扶尺手上、下移动 A 木桩侧面的水准尺，当望远镜十字丝的中丝在水准尺上的读数为 $b_{应}$ 时，沿水准尺尺底在木桩侧面划线。

⑦ 用与⑤、⑥相同的步骤在 B、C 木桩的侧面划线。此时，A、B、C 木桩侧面所划线的高程都为设计高程 H_B。

若木桩 A、B、C 在同一直线上，其划线处的连线为水平线；若不在同一直线上，则其划线处位于同一水平面上。

2. 高程传递法

当设计高程与已知高程间的高差较大时，可借助钢尺测设设计高程。

如图 9-7 所示，已知 A 点的高程 H_A，现欲在坑底测设设计高程为 H_B 的位置。

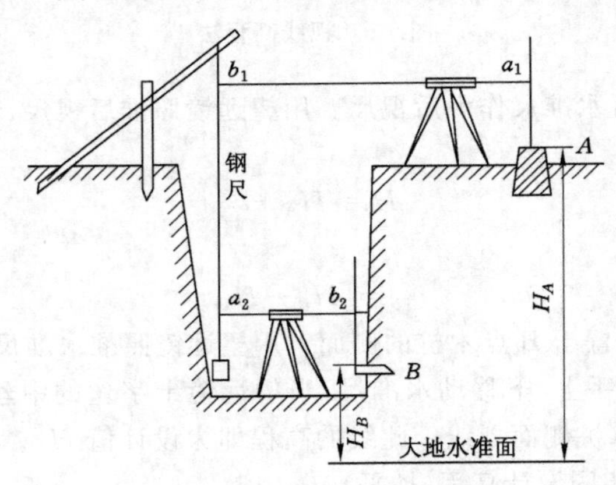

图 9-7 高程传递法

测设步骤如下：

① 从地面悬挂钢尺到坑底，使钢尺零点在下。在地面上 A 点与钢尺之间的适当位置安置水准仪。在 A 点竖立水准尺作为后视尺。

② 望远镜照准后视尺，调焦、精平后，读取读数 a_1；前视钢尺，读取读数 b_1。

③ 在坑底安置水准仪，后视钢尺，精平后读数 a_2。

④ 计算测设数据 $b_{应}$：

$$b_{应}=(H_A+a_1)-(b_1-a_2)-H_B=(H_A-H_B)+(a_1-b_1)+a_2 \tag{9-4}$$

⑤ 观测员指挥扶尺手上、下移动 B 点附近的水准尺，当望远镜十字丝的中丝在水准尺上的读数为 $b_{应}$ 时，沿水准尺底面水平钉入一木桩，木桩顶面的高程即为设计高程。

思考与练习

1. 施工测量的基本工作有哪几项？

2. 怎样理解水平角、水平距离和高程测设工作？

3. 如图 9-8 所示，已知给定的 OA 方向线，试完成下列任务：

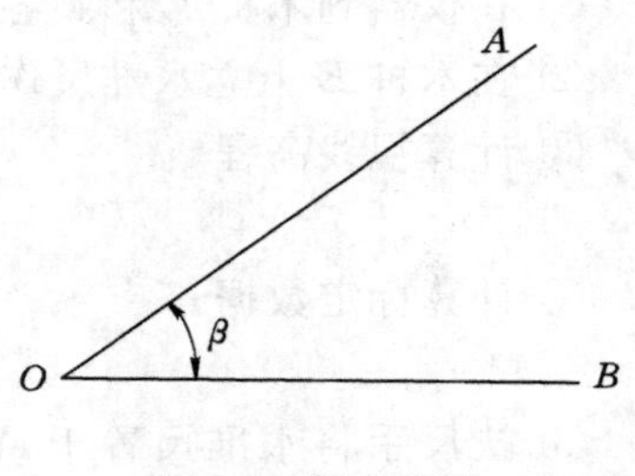

图 9-8 第 3 题图

(1) 测设 OB 方向线，使其与 OA 方向线间的水平角为 $\beta=73°52'30''$。

(2) 以 O 点为起点，沿 OB 方向线测设 41.286 m 的

水平距离。

4. 如图 9-9 所示，已知 M 点的高程为H_M=1 453.200 m。试完成下列任务：

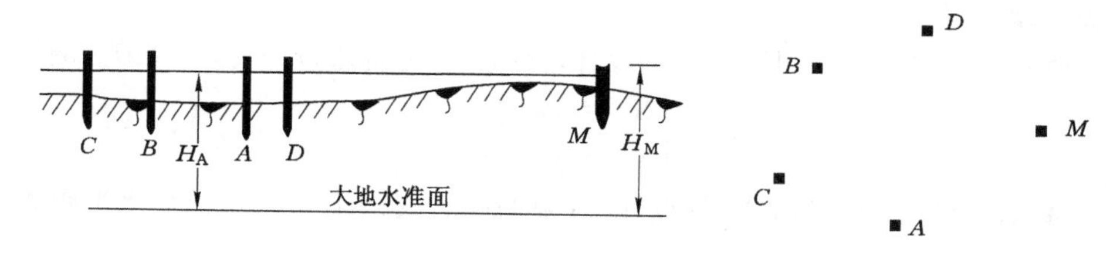

图 9-9　第 4 题图

(1) 在 A 点的木桩上测设设计高程为 H_A=1 452.647 m 的位置。

(2) 在 B、C、D 三点的木桩上测设设计高程同为 1 453.500 m 的位置。

任务三　学会测设点的平面位置

【知识要点】 测设点的平面位置。

【技能目标】 学会用直角坐标法、极坐标法、角度交会法、距离交会法测设点的平面位置。

任务导入

对测量人员来说，待测设对象可以看成是由点、线组成的。按照图纸的设计要求测设点的平面位置是测绘工作者应该掌握的基本技能。

任务分析

点的平面位置的测设方法，应根据测设现场的控制网形式、控制点分布、精度要求、现场条件和测设对象的特点、仪器工具配备等因素来选择。

相关知识

测设点的平面位置，就是利用已知控制点，根据设计坐标，在施工场地标出施工点的平面位置的工作。其基本测设方法有：直角坐标法、极坐标法、角度交会法、距离交会法。测设过程一般有计算测设数据和到现场测设两步。

任务实施

一、用直角坐标法测设点的平面位置

当施工场地布设有相互垂直的建筑基线或建筑方格网，且待测设的点靠近控制网边线，量距方便时，宜采用直角坐标法测设点的平面位置。该方法计算简单、测设方便。测设时使用经纬仪和钢尺。

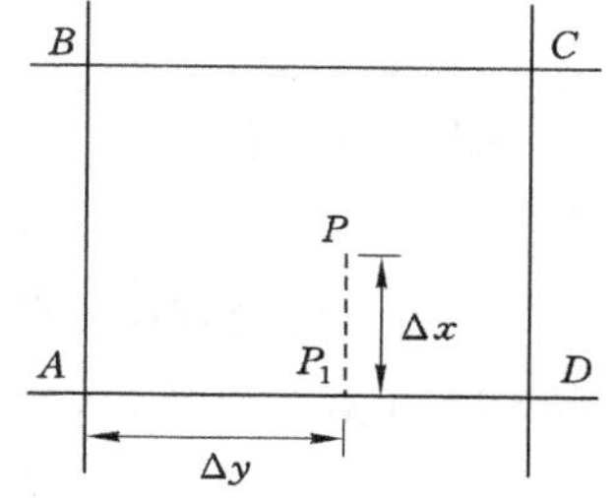

图 9-10　直角坐标法测设点的平面位置

如图 9-10 所示，A、B、C、D 为建筑方格网中格网线的

交点，它们的坐标是已知的。P 为设计的待测设点，其设计坐标为(X_P,Y_P)。要求将 P 点测设在施工场地上。

测设步骤如下：

(1) 根据 A 点坐标和待测设点 P 的设计坐标，计算坐标增量，坐标增量即为测设数据。

$$\begin{cases}\Delta x = x_P - x_A \\ \Delta y = y_P - y_A\end{cases} \tag{9-5}$$

(2) 将仪器安置在 A 点，照准 D 点，以 A 点为起点，在 AD 方向上测设水平距离 Δy 得 P_1 点。

(3) 将仪器安置于 P_1 点，后视 A 点，测设 90°水平角，标出方向线。

(4) 在标出的方向线上，以 P_1 点为起点，测设水平距离 Δx 值，所得到的位置即为设计点 P 的平面位置。

二、用极坐标法测设点的平面位置

当欲测设的点距控制点较近且量距方便时，可采用极坐标法测设点的平面位置。

极坐标法是在一个控制点上，以已知方向线为起始边，测设一个水平角，给出方向线，然后从测站点开始，沿方向线测设设计水平距离，得到测设点的平面位置。测设时可用经纬仪和钢尺，也可用全站仪。

如图 9-11 所示，A、B 两点为已知控制点，其坐标为 $A(X_A,Y_A)$，$B(X_B,Y_B)$，欲测设点 1 的设计坐标为 (X_1,Y_1)。要求将 1 点测设在施工场地上。

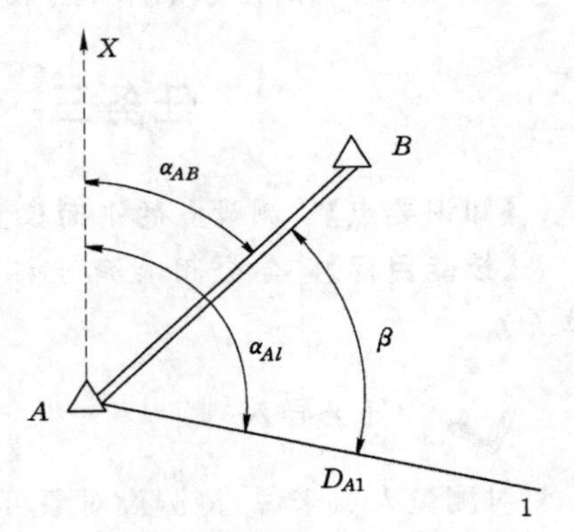

图 9-11 极坐标法测设点的平面位置

测设步骤如下：

(1) 计算测设数据：

AB 的方位角：

$$\alpha_{AB} = \arctan\frac{Y_B - Y_A}{X_B - X_A} \tag{9-6}$$

$A1$ 的方位角：

$$\alpha_{A1} = \arctan\frac{Y_1 - Y_A}{X_1 - X_A} \tag{9-7}$$

水平角测设值：

$$\beta = \alpha_{A1} - \alpha_{AB} \tag{9-8}$$

水平距离测设值：

$$D_{A1} = \sqrt{(X_1 - X_A)^2 + (Y_1 - Y_A)^2} \tag{9-9}$$

(2) 安置经纬仪或全站仪于 A 点，用测设水平角的方法测设 β 角，得到 $A1$ 方向线。

(3) 以 A 点为起始点，在 $A1$ 方向线上测设水平距离 D_{A1}，即得到 1 点位置。

当用全站仪测设时，启动设置测站、定向和放样 3 个程序即可完成。

三、用角度交会法测设点的平面位置

当待测设点远离控制点或不便测距时，宜采用角度交会法。角度交会法多用于桥梁、码头、水利等工程的施工测量中。测设使用的仪器为经纬仪。

角度交会法是在两个控制点上设站，分别测设水平角后得到的两个方向线的交点位置即为待测设点的平面位置。

如图 9-12(a)所示，A、B 为两已知控制点，其坐标为：$A(X_A,Y_A)$，$B(X_B,Y_B)$。欲测设点 P 的设计坐标为(X_P,Y_P)。要求将点 P 测设在施工场地上。

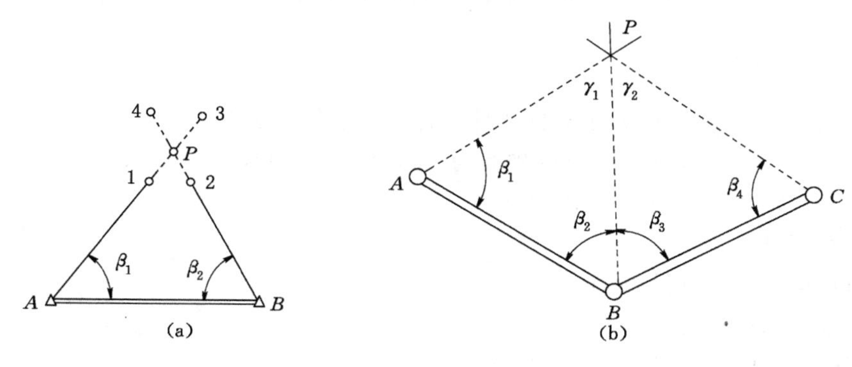

图 9-12　角度交会法测设点的平面位置

测设步骤如下：

(1) 计算标定数据

根据 A、B 两点的已知坐标和 P 点的设计坐标，计算出 α_{AB}、α_{AP} 和 α_{BP}，再计算出标定要数据 β_1 和 β_2。

$$\beta_1 = \alpha_{AP} - \alpha_{AB} \tag{9-10}$$

$$\beta_2 = \alpha_{BP} - \alpha_{BA} \tag{9-11}$$

(2) 分别安置经纬仪于 A、B 两点。后视 B 点或 A 点，用测设水平角的方法分别测设 β_1 和 β_2。得到两条方向线。

(3) 在两条方向线上的适当位置画出直线 1—3 和 2—4，其交点即为 P 点。

为了提高测设精度，通常用 3 个控制点用经纬仪进行交会，如图 9-12(b)所示。测设时，在 A、B、C 点处各安置经纬仪，分别测设 β_1、β_2 和 β_4，其方向线的交点即是 P 点。若 3 个方向线的交点不重合，取交点连成的三角形的重心作为 P 点的最终位置。

四、用距离交会法测设点的平面位置

当测设点至控制点的距离不超过一整尺的长度，且施工场地平坦、便于量距时，多采用距离交会法测设点的平面位置。

距离交会法就是利用从两个控制点开始，各测设一段设计水平距离，交会出设计点的平面位置。

如图 9-13 所示，A、B 为两已知控制点，其坐标为：$A(x_A,y_A)$，$B(x_B,y_B)$ 。欲测设点 P 的设计坐标为(x_P,y_P)。要求将点 P 测设在施工场地上。

测设步骤如下：

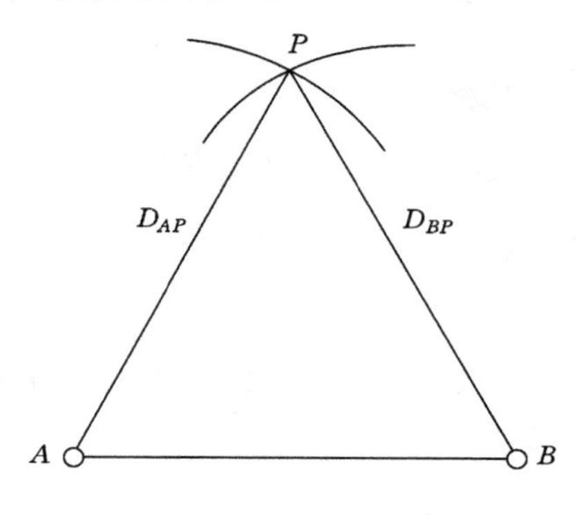

图 9-13　距离交会法测设点的平面位置

(1) 计算测设数据

$$D_{AP}=\sqrt{(x_P-x_A)^2+(y_P-y_A)^2} \tag{9-12}$$

$$D_{BP}=\sqrt{(x_P-x_B)^2+(y_P-y_B)^2} \tag{9-13}$$

(2) 在施工场地上,同时用两盘钢卷尺,分别以控制点 A、B 为圆心,以 D_{AP} 和 D_{BP} 为半径在地面上移动画圆弧,两个圆弧的交点即为测设点的位置 P。

思考与练习

1. 测设点的平面位置的方法有哪几种?各适用于什么条件下?

2. 已知$\alpha_{MN}=310°20'00''$,M 点的坐标为:$X_M=54.225$ m,$Y_M=136.716$ m 。设计的 A 点坐标为:$X_A=92.240$ m,$Y_A=140.253$ m。

完成下列任务:

(1) 用直角坐标法测设 A 点。

(2) 用极坐标法测设 A 点。

(3) 用全站仪测设 A 点。

任务四　学会测设坡度线

【知识要点】 坡度;坡度的表示方法。

【技能目标】 学会用水平视线法和倾斜视线法测设坡度线。

任务导入

在平整场地、铺设管道及道路、铁路、渠道等工程施工中,经常需要测设设计给定的坡度线,以保证施工坡度。

任务分析

坡度线测设是根据施工地点附近水准点的高程、设计坡度和坡度线端点的设计高程,用高程测设的方法,将坡度线上各点按设计高程测设在实地上。

相关知识

坡度即直线上两端点的高差 h 与其水平距离 D 之比。一般用符号 i 表示。用公式表示为:

$$i=\frac{h}{D}\times 100\% \tag{9-14}$$

坡度 i 有正、负之分,上坡为正,下坡为负,如+2%、-8‰,前者为百分比,后者为千分比。

任务实施

测设坡度线的方法分为水平视线法和倾斜视线法两种。

一、水平视线法测设坡度线

如图 9-14 所示，N 点为附近的高程控制点，A、B 为设计坡度线的两个端点，设计高程为 H_A、H_B，其水平距离为 D_{AB}。要求在沿 A、B 方向的木桩上测设出 1、2 等点的位置，使 A—1—2—B 连线的坡度为设计坡度 i。

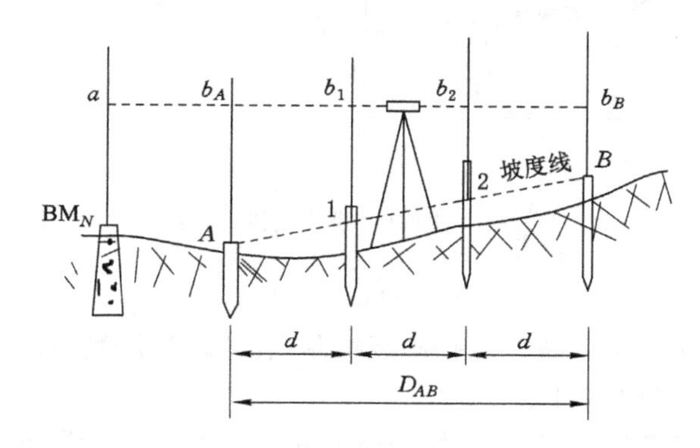

图 9-14　水平视线法测设坡度线

测设步骤如下：

(1) 沿 A、B 方向按规定间距 d 施工场地打入若干个木桩。

(2) 在控制点 BM_N 上放置水准尺作为后视尺。在适当位置安置水准仪，照准后视尺，精平后读数 a。

(3) 计算视线高程：$H_i = H_N + a$。

(4) 计算各木桩上各点的设计高程。

1 点的设计高程为：$H_1 = H_A + i \times d$

2 点的设计高程为：$H_2 = H_1 + i \times d$

B 点的设计高程为：$H_B = H_2 + i \times d$

检核 B 点的设计高程：$H_B = H_A + i \times D_{AB}$

(5) 根据各点的设计高程，计算各木桩水准尺上应读的前视读数 b_A、b_1、b_2、b_B。

A 点水准尺上应读前视读数 b_A 为：$b_A = H_i - H_A$

1 点水准尺上应读前视读数 b_1 为：$b_1 = H_i - H_1$

2 点水准尺上应读前视读数 b_2 为：$b_2 = H_i - H_2$

B 点水准尺上应读前视读数 b_B 为：$b_B = H_i - H_B$

(6) 观测员指挥扶尺手将水准尺分别紧贴于各木桩的侧面，并上下移动，用望远镜观察水准尺的移动情况，当水准尺的读数为应读的前视读数时，沿水准尺底部在木桩侧面划一横线，得到点 A、1、2、B，则连线 A—1—2—B 的坡度为设计坡度 i。

二、倾斜视线法测设坡度线

如图 9-15(a)所示，A、B 为设计坡度线的两个端点，其水平距离为 D_{AB}，A 点高程为 H_A。要沿 AB 方向测设一条坡度为 i 的坡度线。

测设步骤如下：

(1) 计算 B 点的设计高程 H_B。

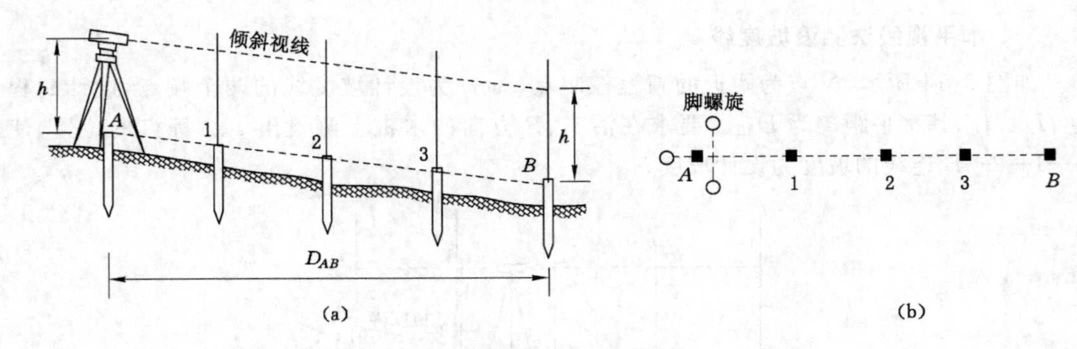

图 9-15　倾斜视线法测设坡度线

$$H_B = H_A + i \times D_{AB}$$

(2) 分别在 A、B 处打入木桩。根据附近控制点的高程，用测设高程的方法，将 A、B 两点的设计高程测设于两个木桩上。

(3) 在 A 点安置水准仪。安置时，使基座上两个脚螺旋的连线与 AB 方向垂直，另一个脚螺旋置于 AB 方向线上，如图 9-13(b)所示。量取望远镜调焦螺旋中心到木桩顶端的铅垂距离 h。

(4) 扶尺手将水准尺置于 B 点木桩已测设高程的位置。观测员旋转水准仪基座在 AB 方向上的脚螺旋或调微倾螺旋，使十字丝中丝在 B 点水准尺上的读数为仪器高 h。此时倾斜视线与测设的坡度线平行。

(5) 观测员指挥扶尺手将水准尺分别紧贴于中间点 1、2、3 的木桩侧面并上下移动，当水准尺的读数为 h 时，沿水准尺底面在木桩侧面画线作为标记。各木桩侧面标记的连线为设计坡度线，其坡度为 i。

若设计坡度较大时，可用经纬仪代替水准仪测设坡度线。

思考与练习

1. 什么是坡度？如何表示？

2. 测设坡度线的方法有哪几种？

3. 倾斜视线法测设坡度线时，对水准仪的安置有什么要求？

4. 设 N 点的高程为 $H_N = 1\ 450.500$ m，设计 A 点高程为：$H_A = 1\ 450.300$ m，AB 的水平距离 $D_{AB} = 50.000$ m。AB 连线的设计坡度为 $i = +5\%$。

试完成下列任务：

(1) 用水平视线法测设 AB 的坡度线（从 A 点开始，每隔 10 m 定一点）。

(2) 用倾斜视线法测设 AB 的坡度线。

参考文献

[1] 陈晓宁.现代测绘仪器学[M].西安:西安地图出版社,2003.
[2] 高见,王晓春.地形测量技术[M].武汉:武汉理工大学出版社,2012.
[3] 高井祥.测量学[M].徐州:中国矿业大学出版社,2007.
[4] 顾孝烈,鲍峰,程效军.测量学[M].3版.上海:同济大学出版社,2006.
[5] 合肥工业大学,重庆建筑大学,天律大学,等.测量学[M].4版.北京:中国建筑工业出版社,1995.
[6] 孔令惠编.测绘CAD[M].武汉:武汉理工大学出版社,2012.
[8] 李聚方,赵杰.地形测量[M].郑州:黄河水利出版社,2004.
[7] 李勇.测量学[M].沈阳:东北大学出版社,2011.
[9] 索效荣,李天和.地形测量[M].北京:煤炭工业出版社,2007.
[10] 吴贵才,张小勤,姬婧.地形测量[M].徐州:中国矿业大学出版社,2005.
[11] 武汉测绘科技大学《测量学》编写组.测量学[M].3版.北京:测绘出版社,1991.
[12] 谢爱萍,王福增.数字测图技术[M].武汉:武汉理工大学出版社,2012.
[13] 谢跃进,于春娟.测量学基础[M].郑州:黄河水利出版社,2012.
[14] 周小莉.测绘基础[M].成都:西南交通大学出版社,2014.